大数据人才培养校企合作系列教材

U0166583

MySQL 8.0 数据库
管理与应用

◎主　编　吴少君　赵增敏

◎副主编　侯广旭　闫昊伸　董捷迎　王　晖

◎主　审　何　琳

电子工业出版社

Publishing House of Electronics Industry

北京·BEIJING

内 容 简 介

本书以当今最新的 MySQL 8.0 为蓝本,系统地讲述了 MySQL 数据库管理与应用的相关理论知识和操作技能。全书共分为三篇 9 章,主要内容包括:第一篇数据库基础篇:初识 MySQL 8.0、数据库与表的创建与管理、数据查询与应用、索引与视图的创建与管理;第二篇数据库应用篇:MySQL 编程、存储例程的创建;第三篇数据库管理篇:事务控制与锁定管理、数据库的备份与恢复、数据库的安全管理。本书中所有实例源代码均在 Windows 10 平台上调试通过。

本书既可作为职业院校计算机类相关专业的教学用书,也可作为数据库管理、开发和维护人员的参考书。

图书在版编目(CIP)数据

MySQL 8.0 数据库管理与应用 / 吴少君,赵增敏主编. 一北京:电子工业出版社,2021.11

ISBN 978-7-121-37247-6

Ⅰ. ①M… Ⅱ. ①吴… ②赵… Ⅲ. ①SQL 语言—程序设计Ⅳ. ①TP311.132.3

中国版本图书馆 CIP 数据核字(2019)第 174564 号

责任编辑:郑小燕

印　　刷:三河市华成印务有限公司
装　　订:三河市华成印务有限公司
出版发行:电子工业出版社
　　　　　北京市海淀区万寿路 173 信箱　邮编　100036
开　　本:880×1 230　1/16　印张:21　字数:483.84 千字
版　　次:2021 年 11 月第 1 版
印　　次:2024 年 9 月第 3 次印刷
定　　价:49.80 元

前　言

MySQL 是一种关系型数据库管理系统，最初由瑞典 MySQL AB 公司研发和推广，目前，由美国 Oracle 公司开发、分发并提供技术支持。MySQL 可以跨平台运行，支持多线程、多用户和重负载，具有快速可靠、易于使用、安全性好、连接性好、开源免费等优点。MySQL 软件采用了双授权政策，分为社区版和商业版。由于体积小、速度快、总体拥有成本低，尤其是开放源码这一特点，MySQL 作为数据库服务器被广泛应用于中小型网站开发中。

本书以当今最新的 MySQL 8.0 为蓝本，系统地讲述了 MySQL 数据库管理与应用的相关理论知识和操作技能。全书共分为三篇 9 章。第一篇数据库基础篇（1-4 章）：第 1 章为初识 MySQL 8.0，主要包括数据库基本概念、MySQL 概述、MySQL 的下载和安装及 MySQL 程序介绍；第 2 章为数据库与表的创建与管理，主要包括数据库操作、表操作、数据完整性约束及表记录操作；第 3 章为数据查询与应用，主要包括 SELECT 语句概述、选择查询输出项、选择查询数据源、设置查询条件、查询结果分组、查询结果排序、限制查询结果行数、子查询及组合查询结果；第 4 章为索引与视图的创建与管理，主要包括索引概述、创建索引、视图概述、创建视图及视图操作；第二篇数据库应用篇（5-6 章）：第 5 章为 MySQL 编程，主要包括常量和变量、运算符和表达式及系统内置函数；第 6 章为存储例程的创建，主要包括存储过程、编写例程语句、存储函数、触发器及事件；第三篇数据库管理篇（7-9 章）：第 7 章为事务控制与锁定管理，主要包括开始事务、提交和回滚事务、设置事务特征、获取和释放表级锁定、锁定与事务的交互及表级锁定与触发器；第 8 章为数据库的备份与恢复，主要包括使用 SQL 语句和使用客户端工具进行备份和恢复；第 9 章为数据库的安全管理，主要包括创建和修改用户、重命名用户、修改密码、删除用户、创建角色、授予和撤销权限、激活角色及删除角色。

本书中所有实例源代码均上机测试通过。所用操作系统平台为 Windows 10 专业版，MySQL 数据库服务器版本为 MySQL 8.0.16，主要命令行客户端程序为 mysql、mysqldump、mysqlimport 等，GUI 客户端程序为 MySQL Workbench 和 Navicat for MySQL。

本书由吴少君、赵增敏担任主编并负责统稿，由何琳担任主审。由侯广旭、闫昊伸、董捷迎、王晖担任副主编。邓凯、关斌、张宇楠、王洋参与编写。其中第 1 章由吴少君、侯广旭编写；第 2 章由侯广旭、闫昊伸编写；第 3 章由赵增敏、王洋编写；第 4 章由董捷迎、王晖编写；第 5 章由邓凯、张宇楠编写；第 6 章由吴少君、邓凯编写；第 7 章由侯广旭、关斌编写；第 8 章由闫昊伸、王洋编写；第 9 章由赵增敏、王晖编写；此外还有许多企业专家参加本书编写、案例搜集、代码测试等工作，在此一并致谢。由于编者水平所限，书中疏漏和错误之处在所难免，欢迎广大读者提出宝贵意见。

为了方便教师教学，本书还配有电子课件、习题答案和实例源代码。请有此需要的教师登录华信教育网（www.hxedu.com.cn）免费注册后进行下载，有问题时请在网站留言板留言或与电子工业出版社联系（E-mail：hxedu@phei.com.cn）。

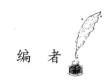

编　者

目　　录

第一篇　数据库基础篇

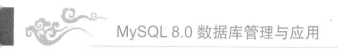

第三篇 数据库管理篇

第一篇

数据库基础

第 1 章　初识 MySQL 8.0

MySQL 是一种关系型数据库管理系统，最初由瑞典 MySQL AB 公司开发和推广，目前属于美国 Oracle 公司旗下产品。MySQL 被广泛应用于中小型网站开发中。本章主要介绍 MySQL 基础知识，包括数据库基本概念、MySQL 概述、MySQL 的下载和安装及 MySQL 程序介绍等。

1.1　数据库基本概念

在学习使用 MySQL 之前，首先需要理解与数据库相关的基本概念，包括数据库、关系型数据库、数据库管理系统、数据库系统及结构化查询语言等。

1.1.1　数据库

数据库是按照数据结构来组织、存储和管理数据的仓库，数据库建立在计算机的存储设备上。在日常工作中，经常需要把一些相关的数据放进这样的"仓库"中，并根据管理的需要进行相应的处理。

例如，企业或事业单位的人事部门通常会把本单位职工的基本情况（如职工号、姓名、出生日期、性别、籍贯、工资、简历等）存放在一张表中，这张表就可以看作一个数据库。有了这个数据库，便可以根据需要随时查询某个职工的基本情况，也可以查询工资收入在某个范围内的职工人数等。这些工作都能够在计算机上自动进行，人事管理的工作效率得到了极大的提高。

严格地讲，数据库是长期存储在计算机内、有组织、可共享的数据集合。数据库中的数据按照一定的数据模型组织和存储在一起，具有尽可能小的冗余度、较高的数据独立性和易扩展性等特点，并且可以在一定范围内为多个用户共享。

这种数据集合的特点是，尽可能不重复，以最优方式为某个特定组织的多种应用程序提供服务，其数据结构独立于它的应用程序，对数据的添加、删除、修改和查询等操作通过软件进行统一管理和控制。

1.1.2　关系型数据库

关系型数据库是建立在关系模型基础上的数据库，它借助集合代数等数学概念和方法来处理数据库中的数据。关系模型是在 20 世纪 70 年代提出来的，它至今仍然是数据存储的标准。关系模型由关系数据结构、关系操作集合、关系完整性约束 3 个部分组成。现实世界中的各种实体及实体之间的各种联系都可以使用关系模型来表示。简而言之，关系模型就是指二维表模型，一个关系型数据库就是由二维表及其之间的联系所组成的数据组织。

在关系模型中，关系可以理解为一张二维表，每个关系都具有一个名称，即表名。二维表中的行在数据库术语中通常称为记录或元组；二维表中的列称为字段或属性；字段的取值范围称为域，也就是字段的取值限制；一组可以唯一标识记录的字段称为关键字，唯一关键字称为主键，主键可以由一个或多个字段组成；关系模式是指对关系的描述，其格式为"表名(字段 1，字段 2，…，字段 n)"，称为表结构。在关系型数据库中，通过在不同表之间创建关系，可以将某个表中的字段链接到另一个表中的字段，从而防止出现数据冗余。

1.1.3　数据库管理系统

数据库管理系统（DBMS）是一种管理数据库的软件，可以用于创建、使用和维护数据库。DBMS 对数据库进行统一的管理和控制，以保证数据库的安全性和完整性。用户通过 DBMS 访问数据库中的数据，数据库管理员（DBA）通过 DBMS 进行数据库的维护工作。DBMS 可以使多个应用程序和用户使用不同的方法来创建、修改和查询数据库。大部分 DBMS 提供数据定义语言（DDL）和数据操作语言（DML），允许用户定义数据库的模式结构和权限约束，实现添加数据、修改数据、删除数据和查询数据等操作。

目前，比较流行的数据库管理系统有 Oracle、MySQL、SQL Server、PostgreSQL、DB2、Sybase、Access、SQLite、MariaDB、Visual FoxPro 和 Informix 等。

1.1.4　数据库系统

数据库系统（DBS）通常由软件、数据库和数据库管理员组成，其中，软件主要包括操作系统、各种宿主语言、实用程序及数据库管理系统。数据库通过数据库管理系统进行统一管理，数据的添加、修改、删除和检索都要通过数据库管理系统来实现。数据库管理员负责创建、监控和维护整个数据库，使数据能够被任何拥有使用权限的人有效使用。

1.1.5　结构化查询语言

结构化查询语言（Structured Query Language，SQL）是一种关系型数据库操作语言，具有数据查询、数据定义、数据操作和数据控制功能，既可以用于定义和管理数据库中的对象，也可以用于检索、插入、修改和删除关系型数据库中的数据。

结构化查询语言包含以下 6 个部分。

（1）数据查询语言（DQL）：通过数据检索语句从表中获取数据。关键字 SELECT 是数据查询语句中使用最多的动词，其他常用的关键字有 WHERE、ORDER BY、GROUP BY 和 HAVING。这些关键字也经常与其他类型的 SQL 语句一起使用。

（2）数据操作语言（DML）：也称动作查询语言，用于添加、修改和删除表中的记录，在 DML 语句中，使用的动词主要包括 INSERT、UPDATE 和 DELETE。

（3）事务处理语言（TPL）：确保被 DML 语句影响的表的所有行得到及时更新，所使用的语句主要包括 BEGIN TRANSACTION、COMMIT 和 ROLLBACK。

（4）数据控制语言（DCL）：通过 GRANT 或 REVOKE 进行授权或撤销授权，确定单个用户、角色和用户组对数据库对象的访问权限。

（5）数据定义语言（DDL）：在数据库中创建新表或删除表，在表中创建索引等，也是动作查询的一部分。在 DDL 语句中，使用的动词主要包括 CREATE、ALTER 和 DROP。

（6）指针控制语言（CCL）：用于对表中的单独行进行操作。所用语句包括 DECLARE CURSOR、FETCH INTO 和 UPDATE WHERE CURRENT 等。

1.2　MySQL 概述

MySQL 是一种开源的关系型数据库管理系统。MySQL 软件采用了双授权政策，分为社区版和商业版。由于体积小、速度快、总体拥有成本低，尤其是开放源码这一特点，MySQL 一般中小型网站的开发都选择 MySQL 作为网站数据库。

1.2.1　什么是 MySQL

MySQL 是当今最受欢迎的开源 SQL 数据库管理系统，由瑞典 MySQL AB 公司开发、分发并提供技术支持。MySQL 官方网站（http://www.mysql.com/）提供了有关 MySQL 软件的最新信息。

1. MySQL 是一种数据库管理系统

数据库是数据的结构化集合。既可以是简单的购物清单、图片库，也可以是企业网络中的海量信息。要将数据添加到计算机数据库中，或者要访问和处理存储在数据库中的数据，就需要有一个数据库管理系统，如 MySQL 服务器。

2. MySQL 是一种关系型数据库管理系统

关系型数据库将数据存储在各个独立的表中，而不是将所有数据都存放在一个大的仓库中。从结构上讲，数据库被组织成一些速度优化的物理文件。从逻辑模型上看，MySQL 主要包括数据库、表、视图、行（记录）和列（字段）等对象，提供了十分灵活的编程环境。在实际应用中，可以设置一些规则来管理不同数据字段之间的关系，如一对一、一对多、唯一、必须或可选及不同表之间的"指针"等，数据库将强制执行这些规则。因此，如果使用设计良好的数据库，则在应用程序中就永远不会看到不一致、重复的数据，也不会看到孤立、过时或丢失的数据。

MySQL 中的 SQL 就是前面介绍的结构化查询语言。SQL 是用于访问数据库的最常用的标准化语言。根据所用的编程环境，既可以直接输入 SQL，也可以将 SQL 语句嵌入用其他语言编写的代码中，或者使用隐藏 SQL 语法的特定语言 API。"SQL 标准"一直在发展，目前存在多个版本。在任何时候使用短语"SQL 标准"都是表示当前最新版本的"SQL 标准"。

3. MySQL 是一种开源软件

开源意味着任何人都可以使用和修改该软件。任何人都可以从 Internet 上下载 MySQL 软件并使用它，且无须支付任何费用，还可以学习源代码并根据需要进行更改。MySQL 软件使用 GPL（GNU 通用公共许可证），规定在不同情况下如何使用该软件的内容。如果不接受 GPL 条款，或者需要将 MySQL 代码嵌入商业应用程序中，则应当购买商业许可版本。

4. MySQL 数据库服务器非常快速、可靠、可扩展且易于使用

无论是在台式机上，还是在笔记本电脑上，MySQL 服务器都可以与其他应用程序及 Web 服务器等一起轻松运行。如果将整个计算机专用于 MySQL，则可以调整设置以使用所有可用的内存、CPU 功率和 I/O 容量。MySQL 还可以扩展到联网的机器集群。

MySQL 服务器最初是为了比现有解决方案更快地处理大型数据库而开发的，并且成功地在高要求的生产环境中使用了多年。在不断发展的今天，MySQL 服务器仍然提供了丰富而有用的功能集、优良的连接性、速度和安全性，所有这些都使它非常适合访问 Internet 上的数据库。

5. MySQL 服务器适用于客户端/服务器或嵌入式系统

MySQL 数据库软件是一个客户端/服务器系统，是由支持不同后端的多线程 SQL 服务器、

各种不同的客户端程序和库、众多管理工具及各种应用程序编程接口（API）组成的。MySQL 服务器还可以作为嵌入式多线程库来使用，将其链接到应用程序可以获得更小、更快、更易于管理的独立产品。

6. 有大量的共享 MySQL 软件可以使用

MySQL 服务器具有一组实用功能，是与用户密切合作而开发的。开发者最喜欢的应用程序和语言很可能支持 MySQL 数据库服务器。

1.2.2 MySQL 的主要特点

MySQL 服务器具有以下主要特点。

（1）跨平台性。MySQL 使用 C 和 C++编写并使用多种编译器进行测试，从而保证了源代码的可移植性，使其能够工作在各种不同的平台上，这些平台包括 AIX、FreeBSD、HP-UX、Linux、Mac OS、Novell Netware、OpenBSD、OS/2 Wrap、Solaxis 和 Windows 系列等。

（2）真正的多线程。MySQL 是一种多线程数据库产品，它可以方便地使用多个 CPU，其核心线程采用完全的多线程。MySQL 使用多线程方式运行查询，可以使每个用户至少拥有一个线程，对于多 CPU 系统来说，查询的速度和所能承受的负荷都将高于其他系统。

（3）提供多种编程语言支持。MySQL 为多种编程语言提供了 API，这些编程语言包括 C、C++、Eiffel、Java、Perl、PHP、Python、Ruby 和 TCL 等。

（4）本地化。服务器提供多种语言支持，可以通过多种语言向客户端提供错误消息，常见的字符集编码，如中文的 GBK 和 BIG5、日文的 Shift_JIS 等，都可以作为数据库中的表名和列名来使用。所有数据都保存在所选择的字符集中，并根据默认字符集和排序规则进行排序和比较。可以动态更改服务器时区，并且各个客户端都可以指定自己的时区。

（5）数据类型丰富。MySQL 提供的数据类型很多，包括带符号整数和无符号整数、单字节整数和多字节整数、FLOAT、DOUBLE、CHAR、VARCHAR、TEXT、BLOB、DATE、TIME、DATETIME、TIMESTAMP、YEAR、SET、ENUM 和 OpenGIS 空间类型等。

（6）安全性好。MySQL 采用十分灵活和安全的权限和密码系统，允许基于用户名和主机的验证。当连接到 MySQL 服务器时，所有的密码传输均采用加密形式，从而保证了密码安全。

（7）处理大型数据库。使用 MySQL 服务器可以处理包含 5000 万条记录的数据库。另据报道，有些用户已将 MySQL 服务器用于含 60000 个表和约 50 亿条记录的数据库。

（8）连接性好。在任何操作系统平台上，客户端都可以使用 TCP/IP 连接到 MySQL 服务器。在 Windows 系统中，客户端可以使用命名管道进行连接。在 UNIX 系统中，客户端可以使用 UNIX 域套接字文件建立连接。Connector / ODBC（MyODBC）接口为使用 ODBC 连接的客户端程序提供了 MySQL 支持；Connector / J 接口为使用 JDBC 连接的 Java 客户端程序提供了

MySQL 支持；Connector / NET 接口使开发人员能够轻松地创建需要与 MySQL 进行安全、高性能数据连接的.NET 应用程序。

（9）客户端和工具。MySQL 提供了丰富的客户端程序和实用程序，其中，不仅包含命令行程序，如 mysql、mysqldump 和 mysqladmin 等，而且还有可视化界面的应用程序，如 MySQL Workbench。MySQL 提供的命令行实用程序 mysqlcheck 用来检查、分析、优化和修复表；另一个命令行实用程序 myisamchk，则可以在 MyISAM 表上执行这些操作。

1.2.3　MySQL 的版本

MySQL 版本主要包括企业版、标准版、群集版和社区版，其中，前 3 种版本均为商用软件，可以提供官方技术支持，但需要付费才能使用，只有社区版是完全免费的版本。

1. MySQL 企业版

MySQL 企业版（Enterprise Edition）售价约为 5000 美元。MySQL 企业版包括最全面的高级功能、管理工具和技术支持，可实现最高级别的 MySQL 可扩展性、安全性、可靠性和正常运行时间。它降低了开发、部署和管理业务关键型 MySQL 应用程序的风险、成本和复杂性。

2. MySQL 标准版

MySQL 标准版（Standard Edition）售价约为 2000 美元，能够提供高性能和可扩展的联机事务处理（OLTP）应用程序。该版本包括 InnoDB，使其成为完全集成事务安全、符合 ACID 规则的数据库。此外，通过 MySQL 复制可以提供高性能和可伸缩的应用程序。

3. MySQL 群集版

MySQL 群集版（Cluster Carrier Grade Edition）售价约为 10000 美元，是集线性、可扩展性和高可用性于一体的分布式数据库，提供了内存中的实时访问，并在跨分区和分布式数据集之间保持事务一致性，是为关键任务应用而设计的。MySQL 群集版内置了跨多个地理站点的群集之间的复制，具有数据位置感知功能的无共享架构，是在商用硬件和全球分布式云基础架构上运行的理想选择。

4. MySQL 社区版

MySQL 社区版（Community Edition）是世界上最流行的开源数据库的免费下载版本，它遵循 GPL 许可协议，并由一个庞大而活跃的开源技术交流社区提供支持。MySQL 社区版可以在 20 多个平台和操作系统上使用，主要组成部分包括 SQL 和 NoSQL、MySQL 文档存储、事务性数据字典、可插拔的存储引擎体系结构（InnoDB、NDB、MyISAM 等）、MySQL 复制、

MySQL 组复制、MySQL InnoDB 群集、MySQL 路由器、MySQL 分区、存储过程、触发器、视图、性能架构、信息架构、MySQL 连接器（ODBC、JDBC、.NET 等）和 MySQL 工作台。

1.2.4 MySQL 8.0 的新特性

与以前版本相比，MySQL 8.0 中增加了一些新特性，主要包括以下几个方面。

（1）数据字典。MySQL 8.0 中现在的版本包含一个事务数据字典，用于存储有关数据库对象的信息。在以前的版本中，字典数据存储在元数据文件和非事务表中。

（2）原子 DDL 语句。InnoDB 表的 DDL 语句现在支持事务完整性，原子 DDL 语句将数据字典更新、存储引擎操作和与 DDL 操作关联的二进制日志写入操作组合到单个原子操作中。即使服务器在操作过程中暂停，该操作也可以提交，并在数据字典、存储引擎和二进制日志中保留使用的更改，或者回滚。

（3）安全性。MySQL 系统数据库中的授权表现是 InnoDB（事务）表。以前版本中这些表都是 MyISAM（非事务）表。授权表存储引擎的更改是相应的账户管理语句行为更改的基础。提供了新的 caching_sha2_password 身份验证插件，实现了 SHA-256 密码散列，在连接时使用缓存来解决延迟问题，还支持更多连接协议，具有优越的安全性和性能特征，在现在的版本中是首选的身份验证插件。

（4）角色支持。MySQL 8.0 支持角色，这些角色被命名为权限集合，可以创建和删除角色。角色既可以拥有授予和撤销权限，也可以向用户账户授予和撤销角色，还可以从授予该账户的角色中选择账户的活动适用角色，并且在该账户的会话期间更改这些角色。

（5）密码管理控制。MySQL 8.0 维护有关密码历史记录的信息，从而限制了以前版本中的密码的重用。DBA 可能要求在某些密码更改或时间段内不从先前的密码中选择新密码，既可以在全局及每个账户的基础上建立密码重用策略，也可以要求通过指定要替换的当前密码来验证更改账户密码的尝试。这些新功能为 DBA 提供了更完整的密码管理控制。

（6）FIPS 模式支持。FIPS 的全称是 Federal Information Processing Standards，即联邦信息处理标准。FIPS 是一套描述文件处理、加密算法和其他信息技术的标准。MySQL 8.0 支持 FIPS 模式，其前提是使用 OpenSSL 编译并且 OpenSSL 库和 FIPS 对象模块在运行时可用。FIPS 模式对加密操作施加了条件，如对可接受的加密算法的限制或对更长密钥长度的要求。

（7）资源管理。MySQL 8.0 支持资源组的创建和管理，并允许将服务器内运行的线程分配给特定组，以便线程根据组可用的资源执行。组属性可以控制其资源，以启用或限制组中线程的资源消耗。DBA 可以根据不同的工作负载修改这些属性。

（8）InnoDB 增强功能。每当最大自动递增计数器值发生变化时，该值将被写入 redo 日志中，并在每个检查点上保存到引擎专用系统表。当服务器重新启动时，当前的最大自动递增计数器值是持久的。

（9）默认字符集由 latin1 变为 utf8mb4。在 MySQL 8.0 之前版本中，默认字符集为 latin1，utf8 指向 utf8mb3；MySQL 8.0 版本的默认字符集为 utf8mb4，从而可以兼容 4 字节的 Unicode。

（10）MySQL 系统表全部换成事务型的 InnoDB 表。在默认情况下，MySQL 实例将不包含任何非事务型的 MyISAM 表，除非手动创建 MyISAM 表。

（11）参数修改持久化。MySQL 8.0 版本支持在线修改全局参数并持久化，通过加上 PERSIST 关键字，可以将修改的参数持久化到新的配置文件中，重启 MySQL 时，可以从该配置文件中获取最新的配置参数。

（12）新增降序索引。MySQL 8.0 之前版本虽然在语法上支持降序索引，但实际上创建的仍然是升序索引，在 MySQL 8.0 版本中，创建的是真正的降序索引。

1.3　MySQL 的下载和安装

若要使用 MySQL 来存储和处理数据，就需要下载 MySQL 软件并进行安装和配置。在本书中使用的是 MySQL 社区版，其当前最新版本为 8.0.16。下面首先讲述 MySQL 的下载和安装，然后介绍 MySQL 服务管理。

1.3.1　MySQL 的下载

MySQL 社区版 8.0.16 可以从 MySQL 官网下载，其主要组件包括 MySQL 服务器、MySQL Shell、MySQL Workbench、MySQL 路由、各种 MySQL 连接器、MySQL 示例数据库和 MySQL 文档等。所有这些组件都可以使用 MySQL 安装程序在安装向导提示下一次性完成。

若要下载 MySQL 社区版 8.0.16，则首先需要注册一个 Oracle 网络账户。登录该账户后，即可下载 MySQL 社区版 8.0.16 安装程序。具体的下载网址如下：

```
https://dev.mysql.com/downloads/windows/installer/8.0.html
```

在如图 1.1 所示的下载 MySQL 安装程序页面中有以下两个选项，可以根据情况进行选择。

- 如果要在具有联机连接的情况下运行 MySQL 安装程序，请在上面的 mysql-installer-web-community-8.0.16.0.msi 行中单击"Download"按钮，由此可以得到的安装程序文件名为 mysql-installer web-community-8.0.16.0.msi。
- 如果要在没有联机连接的情况下运行 MySQL 安装程序，请在下面的 mysql-installer-community-8.0.16.0.msi 行中单击"Download"按钮，由此得到的安装程序文件名为 mysql-installer- community-8.0.16.0.msi。

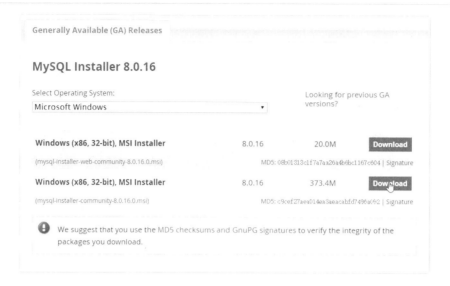

图 1.1　下载 MySQL 安装程序页面

> **注意**：从下载页面上看，MySQL 安装程序是 32 位的 MSI 安装程序，不过它同时可以用于安装 32 位和 64 位的 MySQL 软件产品。

1.3.2　MySQL 的安装

在 Windows 10 平台上安装 MySQL 社区版 8.0.16，可以在安装向导的提示下完成所有操作，主要包括以下操作步骤。

（1）运行安装程序 mysql-installer-community-8.0.16.0.msi，当出现如图 1.2 所示的"License Agreement"对话框时，勾选"I accept the license terms"复选框，然后单击"Next"按钮。

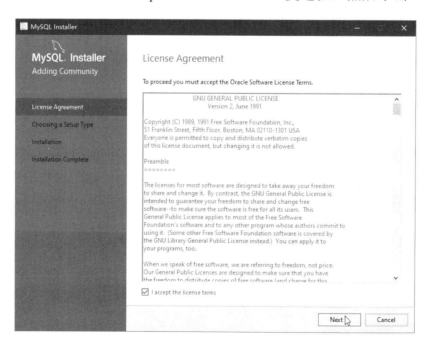

图 1.2　接受软件许可协议

（2）在如图 1.3 所示的对话框中选择"Developer Default"单选项，然后单击"Next"按钮。

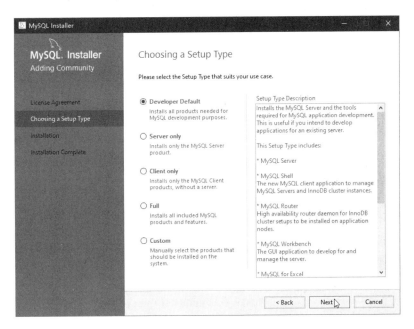

图 1.3　选择安装类型

选择"Developer Default"选项时，将安装开发 MySQL 应用程序所需的所有产品，包括MySQL Server、MySQL Shell、MySQL Router、MySQL Workbench、MySQL for Excel、MySQLfor Visual Studio、MySQL Connectors、MySQL 示例和教程及 MySQL 文档等。

（3）如果当前计算机上未安装 Visual Studio 2012、2013、2015 或 2017，则会出现如图 1.4所示的"Check Requirements"对话框，此时，可以直接单击"Next"按钮。

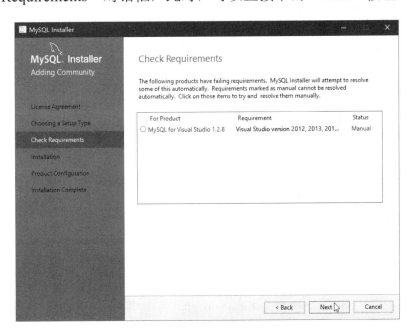

图 1.4　不安装 MySQL for Visual Studio 组件

（4）在如图 1.5 所示的"Installation"对话框中，单击"Execute"按钮。

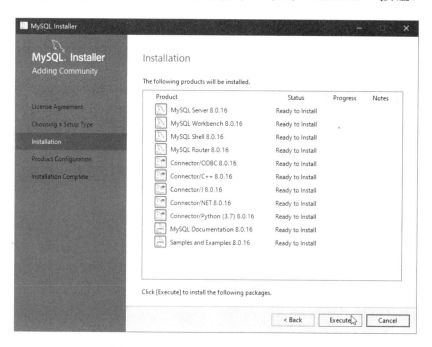

图 1.5　要安装的 MySQL 组件列表

（5）当完成各组件安装后，在如图 1.6 所示的"Installation"对话框中，单击"Next"按钮。

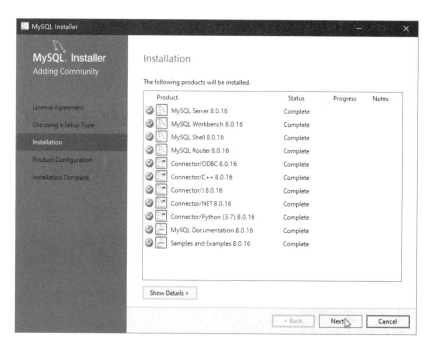

图 1.6　完成 MySQL 组件安装

（6）在如图 1.7 所示的"Product Configuration"对话框中，单击"Next"按钮。

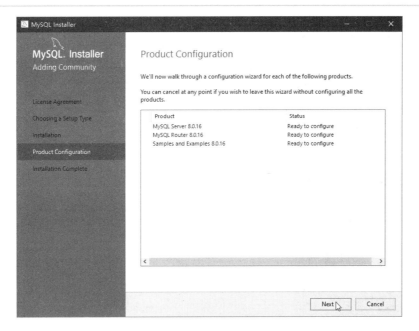

图 1.7 配置 MySQL 产品

（7）在如图 1.8 所示的"High Availability"对话框中，选择"Standalone MySQL Server/ Classic MySQL Replication"单选项，然后单击"Next"按钮。

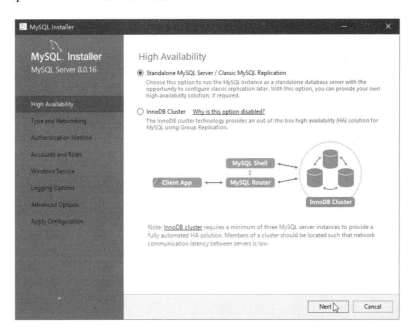

图 1.8 配置独立的 MySQL 服务器实例

选择这个选项可以将 MySQL 实例作为独立服务器运行，并且以后还有机会来配置经典复制；同时，可以根据需要提供高可用性解决方案。

（8）当出现如图 1.9 所示的"Type and Networking"对话框时，从"Config Type"列表框选择"Development Computer"，依次勾选"TCP/IP"和"Open Windows Firewall ports for network access"复选框，并在"Port"和"X Protocol Port"文本框中分别输入 3306 和 33060，然后单击"Next"按钮。

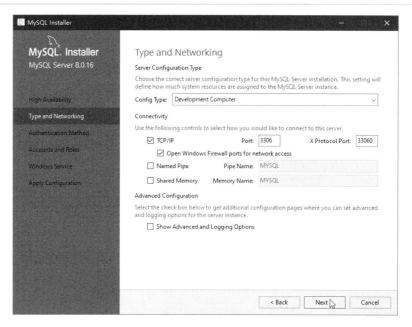

图 1.9　配置服务器类型和连接性

（9）在如图 1.10 所示的"Authentication Method"对话框中选择"Use Strong Password Encryption for Authentication (RECOMMENDED)"单选项，然后单击"Next"按钮。

图 1.10　配置身份认证方式

MySQL 8.0 支持基于一种新的身份验证方法，建立在改进的基于 SHA256 的更强密码的基础上。建议所有新的 MySQL 服务器的安装都使用这种方法。

注意：服务器端的这个新身份验证插件需要新版本的连接器和客户端，它们增加了对这种新的 MySQL 8.0 默认身份验证（caching_sha2_password 身份验证）的支持。

（10）在如图 1.11 所示的"Accounts and Roles"对话框中设置 root 账户的密码，然后单击"Next"按钮。根据需要，也可以在该对话框下部单击"Add User"按钮以添加新的账户。

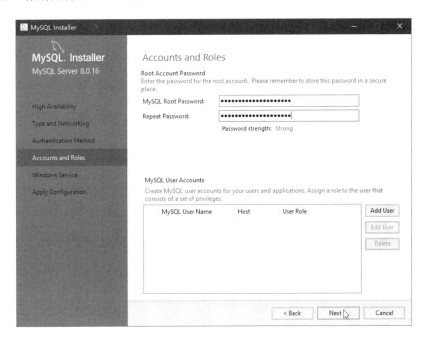

图 1.11　设置 MySQL 账户和角色

（11）在如图 1.12 所示的"Windows Service"对话框中勾选"Configure MySQL Server as a Windows Service"复选框，在"Windows Service Name"框中输入"MySQL80"，并勾选"Start the MySQL Server at System Startup"复选框，在"Run Windows Service as ..."下方选择"Standard System Account"单选项，然后单击"Next"按钮。

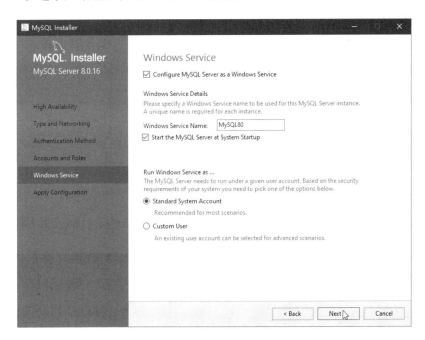

图 1.12　配置 Windows 服务选项

（12）在如图 1.13 所示的"Apply Configuration"对话框的"Configuration Steps"选项卡中，单击"Execute"按钮。

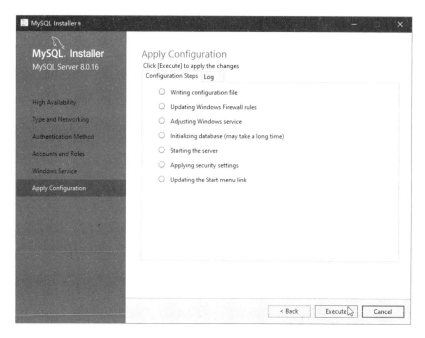

图 1.13　应用 MySQL 服务器配置

（13）在如图 1.14 所示的"Apply Configuration"对话框的"Configuration Steps"选项卡中，单击"Finish"按钮。此时，MySQL 服务器配置已经完成。当再次出现"Product Configuration"对话框时，单击"Next"按钮，继续对其他 MySQL 产品进行配置。

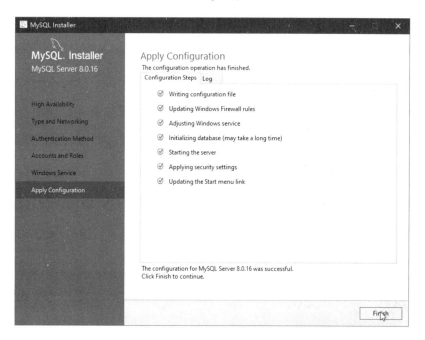

图 1.14　完成 MySQL 服务器配置

（14）当出现如图 1.15 所示的"MySQL Router Configuration"对话框时，不进行任何设

置，直接单击"Finish"按钮。当再次出现"Product Configuration"对话框时，单击"Next"
按钮，继续对其他 MySQL 产品进行配置。

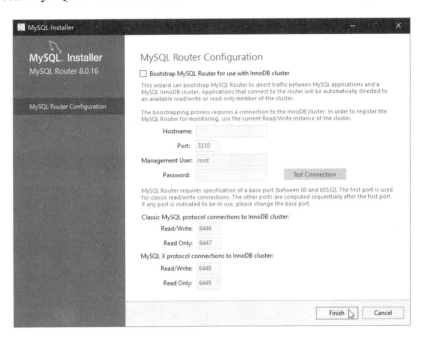

图 1.15　配置 MySQL 路由

（15）在如图 1.16 所示的"Connect To Server"对话框中，输入用户名和密码，然后单击
"Check"按钮，当看到"All connections succeeded"信息时，单击"Next"按钮。

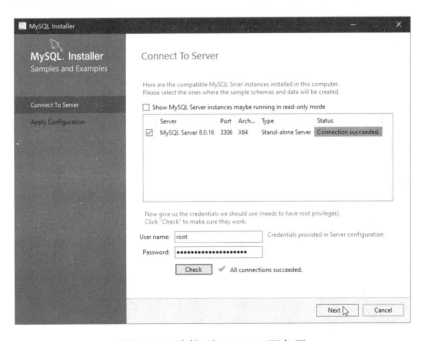

图 1.16　连接到 MySQL 服务器

（16）在如图 1.17 所示的"Apply Configuration"对话框中，单击"Execute"按钮，通过
运行 SQL 脚本来创建 MySQL 示例数据库。

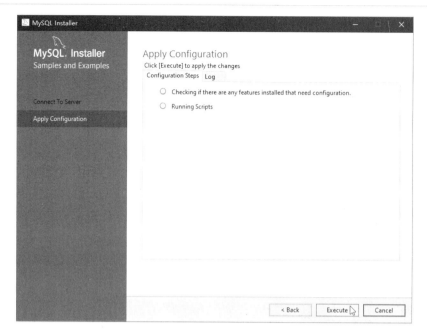

图 1.17　运行 SQL 脚本

（17）当出现如图 1.18 所示的"Apply Configuration"对话框时，MySQL 示例数据库已经创建成功，单击"Finish"按钮。当再次出现"Product Configuration"对话框时，单击"Next"按钮，最终完成所有 MySQL 产品的配置过程。

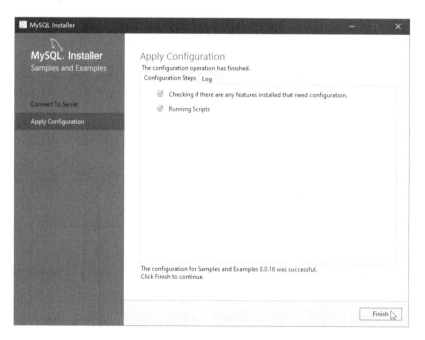

图 1.18　MySQL 示例数据库创建成功

（18）在如图 1.19 所示的"Installation Complete"对话框中，单击"Finish"按钮，完成 MySQL 安装。

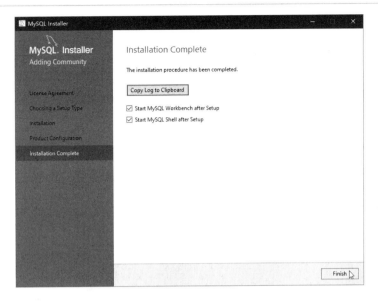

图 1.19　完成 MySQL 安装

1.3.3　MySQL 服务管理

在安装 MySQL 的过程中，MySQL 服务器是作为 Windows 服务来安装的，这项服务的名称默认为 MySQL80。在 Windows 平台上，MySQL 服务可以通过图形界面方式或命令行方式来进行管理。

1. 图形界面方式

使用 Windows 服务管理工具对 MySQL 服务进行管理。按【Win+R】组合键，当弹出"运行"对话框时，在"打开"文本框中输入"services.msc"，在"服务"列表中选择"MySQL80"服务项，使用工具栏中的按钮可以启动（▷）、停止（■）、暂停（Ⅱ）或重启（▷Ⅰ）所选的服务，如图 1.20 所示。

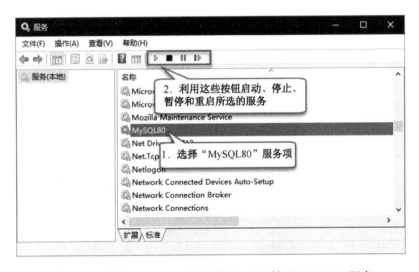

图 1.20　利用 Windows 服务管理工具管理 MySQL 服务

2. 命令行方式

将 MySQL 服务器安装目录下的 bin 文件夹路径添加到 Windows 环境变量 path 中，并以管理员身份进入命令提示符（cmd），使用 Windows 网络命令 net 或 MySQL 服务器程序 mysqld.exe 对 MySQL 服务进行管理。

（1）启动 MySQL 服务。

```
net start MySQL80
```

（2）停止 MySQL 服务。

```
net stop MySQL80
```

（3）安装 MySQL 服务（默认服务名为 MySQL）。

```
mysqld install <服务名>
```

（4）卸载 MySQL 服务。

```
mysqld --remove
```

1.4　MySQL 程序介绍

在安装 MySQL 的过程中，会同时安装各种各样的 MySQL 客户端程序和实用工具，既可以用于管理或连接 MySQL 服务器，也可以对 MySQL 数据库进行访问。

1.4.1　MySQL 命令行工具

MySQL 提供了一些在命令提示符下运行的命令行程序，这些程序包含在 MySQL Server 8.0\ bin 文件夹中。常用的 MySQL 命令行程序如表 1.1 所示。

表 1.1　常用的 MySQL 命令行程序

程　　序	说　　明
mysqld	SQL 守护程序，即 MySQL 服务器。要使用客户端程序，则必须首先运行 mysqld 程序，因为客户端是通过连接服务器来访问数据库的
mysql	MySQL 命令行工具，可以通过交互方式输入 SQL 语句或从文件以批处理模式执行 SQL 语句。在服务器上创建数据库、查询和操作数据时主要通过这个工具来实现
mysqladmin	MySQL 服务器管理程序，可以用于创建或删除数据库、重载授权表、将表刷新到硬盘上及重新打开日志文件，还可以用来检索版本、进程及服务器的状态信息
mysqlcheck	表维护客户端程序，用于检查、修复、分析及优化表
mysqldump	数据库备份客户端程序，可将 MySQL 数据库作为 SQL 语句、文本或 XML 转存到文件中

续表

程　　序	说　　明
mysqlimport	数据导入客户端程序，使用 LOAD DATA INFILE 将文本文件导入 MySQL 数据库的相关表中
mysqlpump	数据库备份客户端程序，将 MySQL 数据库作为 SQL 转存到文件中
mysqlshow	显示数据库、表、列及索引相关信息的客户端程序
perror	显示系统或 MySQL 错误代码含义的实用工具

MySQL 命令行工具 mysql 的使用方法如下。

mysql 是一个简单的 SQL 外壳程序，它具有行编辑功能，支持交互式和非交互式使用。
当交互使用时，查询结果以 ASCII 表格式显示。当以非交互式模式使用时，查询结果以制表
符分隔格式显示。也可以使用命令行选项来更改输出格式。

1. 调用 mysql 工具

使用 mysql 工具的方法很简单，可以在命令提示符下调用它，命令格式如下。

```
mysql -h<hostname> -u<username> -p<password>
```

其中，<hostname>指定要连接的 MySQL 服务器的主机名，如果要连接本机上的 MySQL
服务器，则主机名可用 localhost 表示；<username>指定用户名，如 root；<password>表示登
录密码，如果使用了-p 选项而未指定密码，则会显示 "Enter Password:"，以提示输入密码。

例如，要以 root 用户账户身份连接到本机上的 MySQL 服务器上，可以输入以下命令。

```
mysql -uroot -p
```

输入正确的密码后，将显示欢迎信息并出现提示符 "mysql>"，如图 1.21 所示。

在 "mysql>" 提示符下可以输入一个 SQL 语句，并以 ";" "\g" 或 "\G" 结束，然后按
回车键执行该语句。如果要退出 mysql 命令行工具，则可以执行 "quit" 或 "exit" 命令。

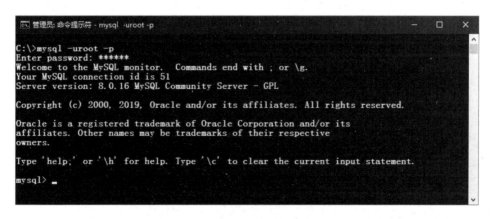

图 1.21　调用 mysql 命令行工具

2. mysql 选项

mysql 命令行工具提供了许多选项，其中，多数选项都有短格式和长格式，这两种格式

分别以"-"和"--"开头。如果选项后面还有参数，则使用短格式时直接跟参数，使用长格式时选项与参数用等号分隔。下面列出常用的 mysql 选项。

- -C（--compress）：压缩在客户端和服务器之间发送的所有信息。
- -D（--database=name）：要使用的数据库。
- --default-auth=name：要使用的默认身份验证客户端插件。
- --default-character-set=charset：指定默认字符集。
- --defaults-file=path：只从指定文件中读取默认选项。
- --delimiter=name：设置语句分隔符。
- -e（--execute=name）：执行语句并退出。
- -f（--force）：即使出现一个 SQL，错误仍继续。
- -?（--help）：显示帮助消息并退出。
- -h（--host=hostname）：连接给定主机上的 MySQL 服务器。
- -H（--html）：产生 HTML 输出。
- -p（--password[=password]）：当连接服务器时使用的密码。如果使用短选项形式（-p），则选项与密码之间不能有空格。如果在命令行中（--password）或（-p）选项后面没有密码，则提示输入一个密码。
- -P（--port=port_num）：用于连接的 TCP/IP 端口号。
- --prompt=format_str：将提示设置为指定的格式。默认为"mysql>"。
- --protocol={TCP | SOCKET | PIPE | MEMORY}：指定使用的连接协议。
- -q（--quick）：不缓存每个查询的结果，按照接收顺序打印每一行。如果输出被挂起，则服务器会慢下来。使用该选项时，mysql 不使用历史文件。
- --reconnect：如果与服务器之间的连接断开，则系统会自动尝试重新连接。每次连接断开后则尝试一次重新连接。要想禁止重新连接，则使用--skip-reconnect。
- -t（--tables）：用表格式显示输出。这是交互式应用的默认设置，但可用来以批处理模式产生表输出。
- --tee=file_name：将输出复制添加到给定的文件中。该选项在批处理模式下不工作。
- --unbuffered，-n：每次查询后刷新缓存区。
- -u（--user=username）：当连接服务器时 MySQL 使用的用户名。
- -V（--version）：显示版本信息并退出。
- -E（--vertical）：垂直输出查询输出的行。没有该选项时，则可以用"\G"结尾来指定单个语句的垂直输出。
- -X（--xml）：产生 XML 输出。

3. mysql 命令

mysql 可以将发出的 SQL 语句发送到待执行的服务器，此外，还有一些 mysql 命令可以由 mysql 自己解释。要查看这些命令，则可在"mysql>"提示下输入"help"或"\h:"。

下面列出了一些 mysql 的常用命令，每个命令有长形式和短形式。长形式对大小写不敏感；短形式对大小写敏感。长形式后面可以加一个分号结束符，但短形式不可以加分号结束符。

- ?（\?）：与 help 命令相同。
- clear（\c）：清除命令。
- connect（\r）：重新连接到服务器，可选参数为 db 和 host。
- delimiter（\d）：设置语句定界符，将本行中的其余内容作为新的定界符。在该命令中，应避免使用反斜线"\"，因为这是 MySQL 的转义符。
- edit（\e）：使用 $EDITOR 编辑命令行。只适用于 UNIX。
- ego（\G）：将命令发送到 MySQL 服务器，以垂直方式显示结果。
- exit（\q）：退出 mysql 工具，与 quit 命令相同。
- go（\g）：将命令发送到 MySQL 服务器。
- help（\h）：显示帮助信息。
- prompt（\R）：更改 mysql 提示符。
- quit（\q）：退出 mysql 命令行工具。
- source（\.）：执行 SQL 脚本文件，后面跟的文件名作为参数。
- status（\s）：从服务器获取状态信息。此命令提供连接和使用的服务器相关的部分信息。
- system（\!）：执行一个系统外壳命令。只适用于 UNIX。
- tee（\T）：设置输出文件[to_outfile]。要想记录查询及其输出，则应使用 tee 命令。屏幕上显示的所有数据被追加到给定的文件后面。对于调试也很有用。
- use（\u）：使用另一个数据库，以数据库名作为参数。

4. 从文本文件执行 SQL 语句

事先将要执行的 SQL 语句保存到一个脚本文件（.sql）中，然后通过 mysql 命令从该文件读取输入。为此，首先创建一个脚本文件 script.sql，并编写想要执行的语句，然后按以下方式调用 mysql 命令。

```
mysql db_name < script.sql > output.tab
```

执行脚本文件包含的批处理后，输出结果写入文件 output.tab 中。

如果在文本文件中包含一个 use db_name 语句，则不需要在命令行中指定数据库名。

```
mysql < script.sql
```

如果正在运行 mysql 命令，则可以使用 source 或\.命令执行 SQL 脚本文件。

```
mysql> source script.sql;
mysql> \. script.sql;
```

1.4.2 MySQL 工作台

MySQL 命令行工具 mysql 是基于字符界面的程序，使用起来有诸多不便。而实际上，使用开发者默认选项安装 MySQL 时，还会安装一个图形工具，这就是 MySQL Workbench，通常称为 MySQL 工作台。MySQL 工作台是可视化的数据库设计和管理工具，可以用于管理 MySQL 服务器和数据库，其功能十分强大，而且操作过程是可视化的。

1. MySQL 工作台的功能

MySQL 工作台有社区版和商业版两个版本。社区版免费提供。商业版则提供了其他企业功能，如访问 MySQL 企业备份、MySQL 防火墙和 MySQL 审核。MySQL 工作台主要包括以下 5 个功能。

（1）SQL 开发。使用 MySQL 工作台能够创建和管理与数据库服务器的连接。除能够配置连接参数外，MySQL 工作台还提供了一个内置的 SQL 编辑器，可以用来在数据库连接上执行 SQL 查询。

（2）数据建模（设计）。使用 MySQL 工作台能够以图形方式创建数据库架构模型，并在架构与实时数据库之间创建反向和正向工程，还可以使用表编辑器在数据库中创建和管理表。表编辑器提供了易于使用的功能，可以用于编辑表、列、索引、触发器、分区、选项、插入和权限、例程和视图。

（3）服务器管理。使用 MySQL 工作台可以对 MySQL 服务器实例进行管理，包括创建和管理 MySQL 用户、执行数据库备份和恢复、检查和审核数据、查看数据库运行状况和监视 MySQL 服务器的性能。

（4）数据迁移。使用 MySQL 工作台可以将数据从 Microsoft SQL Server、Microsoft Access、Sybase Ase、SQLite、SQL Anywhere、PostreSQL 和其他关系型数据库迁移到 MySQL。数据迁移还支持将数据从早期版本的 MySQL 迁移到最新版本。

（5）MySQL 企业支持。如果使用 MySQL 工作台企业版，则可以支持 MySQL 企业备份、MySQL 防火墙和 MySQL 审核等功能。

2. 运行 MySQL 工作台

要在 Windows 平台上运行 MySQL 工作台社区版，则可执行以下操作。

（1）单击"开始"按钮，弹出"开始"菜单；展开"MySQL"文件夹，单击"MySQL Workbench 8.0 CE"快捷方式。

（2）当出现如图 1.22 所示的欢迎界面时，在"MySQL Connecions"下方单击"Local instance MySQL80"链接，以 root 账户连接到 MySQL 服务器。

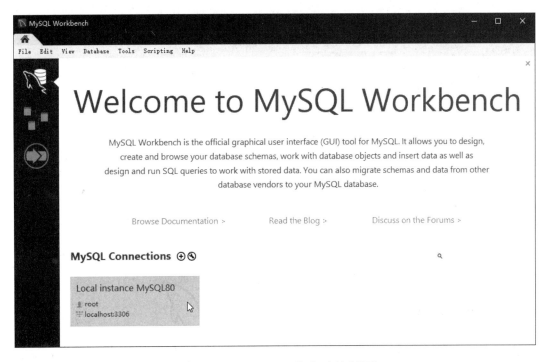

图 1.22　MySQL 工作台欢迎界面

（3）在如图 1.23 所示的"Connect to MySQL Server"对话框中，输入 root 账户的登录密码，然后单击"OK"按钮。如果想保存登录密码，则可勾选"Save password in vault"复选框。

图 1.23　连接到 MySQL 服务器

（4）当连接到 MySQL 服务器后，将会显示出如图 1.24 所示的 MySQL 工作台用户界面，其中包含菜单栏、工具栏、数据库导航窗格、SQL 编辑器窗口和操作输出窗口等组成部分。

MySQL 工作台工具栏中包含以下 10 个按钮：A. 创建新查询；B. 打开 SQL 脚本文件；C. 打开对象检查器；D. 创建数据库；E. 创建表；F. 创建视图；G. 创建存储过程；H. 创建存储函数；I. 搜索表格数据；J. 重新连接数据库管理系统。

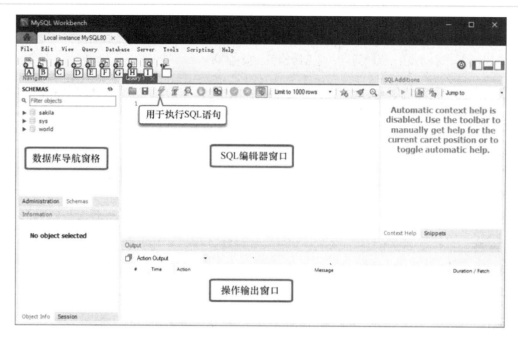

图 1.24　MySQL 工作台用户界面

3. 设置数据库存储位置

在默认情况下，Windows 操作系统上安装 MySQL 后，数据库的存储位置将会被设置为 "C:/ProgramData/MySQL/MySQL Server 8.0/Data" 文件夹。如果想更改数据库存储位置，则可以在 MySQL 工作台中执行以下操作。

（1）在数据库导航窗格底部单击 "Administration" 按钮，选择 "INSTANCE" 下方的 "Options File" 选项以设置 MySQL 配置文件，如图 1.25 所示。

（2）在标题为 "Administration - Options File" 窗格中勾选 "datadir" 复选框，并在右侧输入或选择新的数据目录的路径，如图 1.26 所示。

图 1.25　选择配置文件

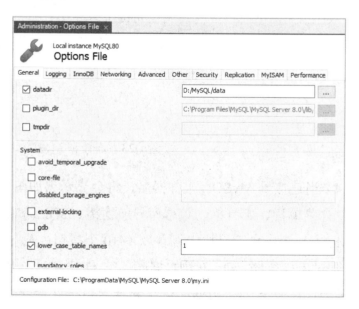

图 1.26　更改数据库存储位置

说明：在 Windows 平台上，MySQL 配置文件的名称为 my.ini，默认情况下，其存储位置为 "C:/ProgramData/MySQL/MySQL Server 8.0/" 文件夹。

（3）单击 "Administration - Options File" 窗格底部的 "Apply" 按钮，将所做更改保存到 MySQL 配置文件中，如图 1.27 所示。

图 1.27 将更改保存到配置文件

（4）在如图 1.28 所示的 "Apply Changes to MySQL Configuration File" 窗口右下角单击 "Apply" 按钮。

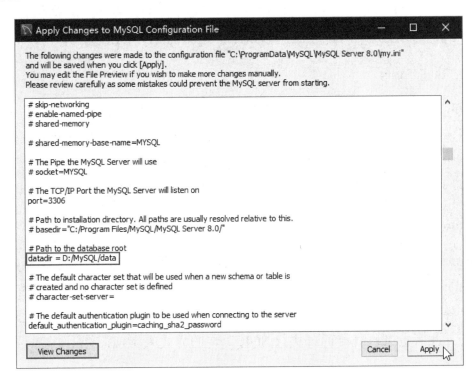

图 1.28 确认配置文件更改

（5）将原数据目录中的所有内容复制到新设置的数据目录中。

（6）重启 MySQL 服务器，使新设置生效。

1.4.3 其他 MySQL 图形管理工具

除 MySQL 命令行工具和 MySQL 工作台外，还有许多可视化的 MySQL 管理工具，可以通过图形界面或网页对 MySQL 数据库进行管理和操作。下面介绍几款比较常用的 MySQL 图形管理工具。

1. Navicat for MySQL

Navicat for MySQL 是一套由 PremiumSoft 公司出品的用于管理 MySQL 数据库的桌面应用程序。使用它能同时连接 MySQL 和 MariaDB 数据库，并与 Amazon RDS、Amazon Aurora、Oracle Cloud、Microsoft Azure、阿里云、腾讯云和华为云等云数据库兼容。它提供了智能数据库设计器、简单的 SQL 编辑、无缝数据迁移和多元化操作工具，为 MySQL 数据库管理、开发和维护提供了一款直观而强大的图形界面。

2. SQLyog

SQLyog 是 Webyog 公司出品的一款简洁高效、功能强大的图形化 MySQL 数据库管理工具。它提供了数据库同步与数据库结构同步工具、数据库备份与还原功能，支持 XML、HTML、CSV 等多种格式数据的导入与导出，可以运行批量 SQL 脚本文件，在新版本中更是增加了强大的数据迁移。使用 SQLyog 可以通过网络来维护远端的 MySQL 数据库。

3. MySQL GUI Tools

MySQL GUI Tools 是一个可视化的 MySQL 数据库管理控制台。它提供了 4 个好用的图形化应用程序，即数据库设计工具、数据迁移工具、MySQL 管理器及查询浏览器，可以方便地进行数据库管理和数据查询。这些图形化管理工具可以大大提高数据库管理、备份、迁移和查询及管理数据库实例效率，即使没有丰富的 SQL 语言基础的用户，也可以应用自如。

4. phpMyAdmin

phpMyAdmin 是一个利用 PHP 编写的免费软件工具，旨在通过 Web 管理 MySQL 数据库。它为管理 MySQL 数据库提供了一个 Web 接口，可以在任何地方通过网页对远端的 MySQL 数据库进行管理，各种常用操作（如管理数据库、表、列、关系、索引、用户和权限等）既可以通过网页执行，同时也可以直接通过执行 SQL 语句的方式来实现。

习　题　1

一、选择题

1. 在下列各项中，（　　）不属于数据库管理系统。

    A. Python   B. SQL Server   C. Oracle   D. MySQL

2. 在下列各项中，DDL 表示（　　）。

    A. 数据查询语言   B. 数据操作语言   C. 事务处理语言   D. 数据定义语言

3. MySQL 由（　　）公司开发、分发并提供技术支持。

A. Microsoft   B. IBM   C. Oracle   D. Adobe

4. 在下列各项中，（　　）不是 MySQL 的特点。

    A. 跨平台性   B. 真正的多线程

    C. 数据类型丰富   D. 不能处理大型数据库

5. 在下列 MySQL 版本中，（　　）是免费的。

    A. 社区版   B. 群集版   C. 标准版   D. 企业版

6. 在下列各项中，（　　）不是 MySQL 8.0 的新特性。

    A. 数据字典   B. 原子 DDL 语句

    C. 参数修改持久化   D. 不支持角色

二、判断题

1. 数据库是按照数据结构来组织、存储和管理数据的仓库，它建立在计算机的存储设备上。（　　）

2. 关系模型由关系数据结构和关系操作集合两个部分组成。（　　）

3. MySQL 8.0 是开源软件，其所有版本都是免费软件。（　　）

4. 在 MySQL 8.0 中，caching_sha2_password 是首选的身份验证插件。（　　）

5. MySQL 8.0 的默认字符集为 utf8。（　　）

6. MySQL 服务器程序的文件名是 mysql.exe。（　　）

7. 使用 Windows 服务管理工具可以对 MySQL 服务进行管理。（　　）

三、操作题

1. 下载最新版本的 MySQL 企业版并进行安装。

2. 使用命令行工具安装、启动、停止和卸载 MySQL 服务。

3. 使用 mysql 客户端工具登录 MySQL 服务器并退出。

4. 运行 MySQL Workbench 客户端程序并了解其用户界面组成。

5. 下载、安装并运行 Navicat for MySQL 应用程序。

第 2 章　数据库与表的创建与管理

MySQL 数据库是一种关系型数据库，其特点是将数据分别存储在一些不同的表中，而不是将所有数据都存放在一个大的仓库中。数据库可以视为各种数据对象的容器，这些对象包括表、视图、存储过程及触发器等。其中，表是最基本的数据对象，其作用就是存储数据。要利用数据库来存储和管理数据，则首先要在 MySQL 服务器上创建数据库，然后才能在数据库中创建表和其他数据对象，并在表中添加数据。本章介绍数据库和表的基本操作，主要包括创建和管理数据库、创建和操作表、实施数据完整性约束及对表记录进行操作等。

2.1　数据库操作

在安装 MySQL 的过程中，会自动安装一些系统数据库，这些数据库包括 information_schema、mysql、performance_schema 及 sys。如果安装时选择安装 MySQL 示例数据库，则还会安装两个示例数据库，即 sakila 和 world。在实际应用中，用户可以根据需要在 MySQL 服务器上创建自己的数据库。

2.1.1　创建数据库

在 MySQL 中，可以使用 CREATE DATABASE 语句创建一个具有给定名称的数据库，语法格式如下：

```
CREATE {DATABASE | SCHEMA} [IF NOT EXISTS] 数据库名
[创建选项] ...
创建选项：
[DEFAULT] CHARACTER SET [=] 字符集名
| [DEFAULT] COLLATE [=] 排序规则名 | DEFAULT ENCRYPTION [=] {'Y' | 'N'}
```

其中，花括号 "{}" 中的短竖线 "|" 表示二选一；方括号 "[]" 中的内容为可选项。花括号、方括号和短竖线符号都是用来说明语法格式的，输入语句时，不要输入这些符号本身。

使用 CREATE DATABASE 时必须拥有创建数据库的权限。在具有活动 LOCK TABLES

语句的会话中，不允许使用 CREATE DATABASE。CREATE SCHEMA 是 CREATE DATABASE
的同义词。

数据库名指定新建数据库的名称。由于 MySQL 数据库实现一个目录，因此，数据库名
称必须符合操作系统中的文件夹命名规则。在 MySQL 中，对象名称和关键字不区分大小写。

如果指定的数据库已经存在且指定了 IF NOT EXISTS，则不会发生错误。如果指定的数
据库已经存在但未指定 IF NOT EXISTS，则会发生错误。

创建选项用于指定数据库的特征，这些特征存储在数据字典中。CHARACTER SET 子句
指定默认数据库字符集，COLLATE 子句指定默认数据库排序规则。在 MySQL 8.0 中，默认
数据库字符集为 utf8mb4，默认排序规则为 utf8mb4_0900_ai_ci。DEFAULT ENCRYPTION 子
句是在 MySQL 8.0.16 中引入的，用于定义默认数据库加密设置，可由数据库中创建的表继承。

> 提示：字符集是一套符号和编码，排序规则是在字符集内用于比较字符的一套规则。
> MySQL 服务器支持多种字符集。要显示可用的字符集名称和默认的排序规则，则可以使用
> SHOW CHARACTER SET 语句。在 MySQL 配置文件 my.ini 中使用 character-set-server 选项
> 来设置默认的数据库字符集。与简体中文相关的字符集和默认排序规则有：gb18030/
> gb18030_chinese_ci、gb2312/gb2312_chinese_ci、gbk/gbk_chinese_ci。

MySQL 中的数据库实现一个目录，这个目录包含的文件与数据库中的表相对应。刚创建
时，数据库中没有任何表，所以 CREATE DATABASE 语句仅在 MySQL 数据目录下创建一个
空目录。MySQL 8.0 不支持通过在数据目录下手动创建目录来创建数据库。

在 MySQL 中，可以使用 SHOW CREATE DATABASE 语句显示创建命名数据库的
CREATE DATABASE 语句，从而可以查看该数据库的默认字符集和排序规则。

【例 2.1】创建一个名为 db1 的数据库。

（1）在命令提示符下，使用 mysql 客户端工具连接 MySQL 服务器。

```
C:\>mysql -uroot -p
Enter password: ******
```

（2）在 mysql 提示符下，使用 CREATE DATABASE 语句创建数据库。

```
mysql> CREATE DATABASE db1;
Query OK, 1 row affected (0.51 sec)
```

（3）使用 SHOW CREATE DATABASE 语句显示 CREATE DATABASE 创建命名数据库的
语句，查看数据库 db1 的默认字符集、排序规则和加密设置，并以垂直方式显示结果。

```
mysql> SHOW CREATE DATABASE db1\G
*************************** 1. row ***************************
      Database: db1
Create Database: CREATE DATABASE 'db1' /*!40100 DEFAULT CHARACTER SET utf8mb4
COLLATE utf8mb4_0900_ai_ci */ /*!80016 DEFAULT ENCRYPTION='N' */
```

```
1 row in set (0.00 sec)
```

在 MySQL 中，可以用注释语句添加注释文字，有以下 3 种语法格式。

```
# 注释内容
-- 注释内容
/* 注释内容 */
```

本例中，注释/*!40100 ...*/中的部分表示当 MySQL 服务器版本号大于 4.1.00 时会被执行，分别将默认字符集和排序规则设置为 utf8mb4 和 utf8mb4_0900_ai_ci。注释/*!80016 ...*/中的部分表示当 MySQL 服务器版本号大于 8.0.16 时会被执行，指定不启用数据库加密。

【例 2.2】创建一个名为 db2 的数据库，默认字符集为 gbk，启用默认数据库加密。

（1）连接 MySQL 服务器。

```
C:\>mysql -uroot -p
Enter password: ******
```

（2）创建数据库 db2。

```
mysql> CREATE DATABASE db2
    -> DEFAULT CHARACTER SET gbk DEFAULT COLLATE gbk_chinese_ci
    -> DEFAULT ENCRYPTION='Y';
Query OK, 1 row affected (0.34 sec)
```

（3）查看 CREATE DATABASE 创建命名数据库的语句。

```
mysql> SHOW CREATE DATABASE db2\G
*************************** 1. row ***************************
      Database: db2
Create Database: CREATE DATABASE 'db2' /*!40100 DEFAULT CHARACTER SET gbk
*/ /*!80016 DEFAULT ENCRYPTION='Y' */
1 row in set (0.00 sec)
```

2.1.2 列举数据库

使用 SHOW DATABASES 可以列举 MySQL 服务器主机上的所有数据库，语法格式如下。

```
SHOW {DATABASES | SCHEMAS}
[LIKE '模式' | WHERE 表达式]
```

其中，SHOW SCHEMAS 是 SHOW DATABASES 的同义词。LIKE 子句（如果存在）指示要匹配的数据库名称，'模式'是一个字符串，其中可以包含 SQL 通配符 "%" 和 "_"，百分号 "%" 表示任意多个字符，下画线 "_" 表示单个任意字符。也可以使用 WHERE 子句来选择和使用更一般条件的行。

用户只能看到具有某种权限的数据库，除非拥有全局 SHOW DATABASES 权限。也可以使用 mysqlshow 命令获取此数据库清单。

　　如果服务器是使用--skip-show-database 选项启动的，则不能使用 SHOW DATABASES 语句，除非具有 SHOW DATABASES 权限。

　　也可以使用 mysqlshow 命令列出数据库清单。

　　【例 2.3】 查看当前 MySQL 服务器上的所有数据库。

　　使用 mysql 客户端工具，连接到 MySQL 服务器上，然后输入以下语句。

```
mysql> SHOW DATABASES;
```

执行结果如图 2.1 所示。

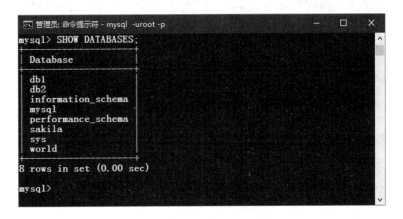

图 2.1　列举数据库清单

　　【例 2.4】 查看名称中包含字母"d"的所有数据库。

　　使用 mysql 客户端工具，连接到 MySQL 服务器上，然后输入以下语句。

```
mysql> SHOW DATABASES LIKE '%d%';
```

执行结果如图 2.2 所示。

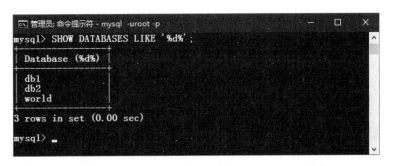

图 2.2　列出名称中包含字母"d"的数据库

　　【例 2.5】 使用 mysqlshow 命令列出当前 MySQL 服务器上的所有数据库。

　　在命令提示符下输入以下命令。

```
C:\>mysqlshow -uroot -p
Enter password: ******
```

执行结果如图 2.3 所示。

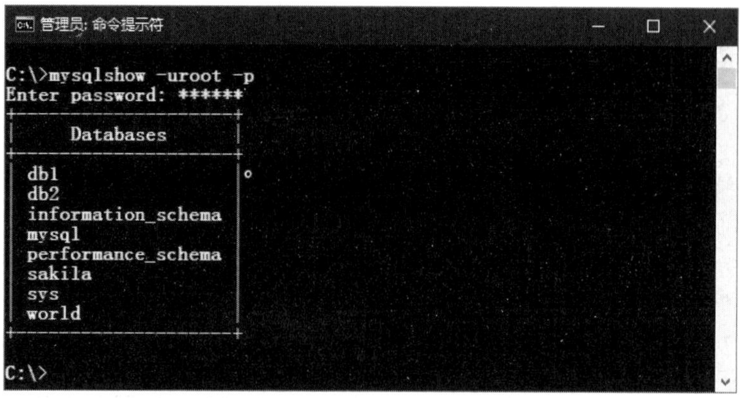

图 2.3 使用命令列出数据库清单

2.1.3 设置默认数据库

在 MySQL 服务器上有多个数据库，每个数据库中都可以包含多个数据库对象。当对数据库对象进行操作时，需要选择一个数据库作为当前的默认数据库来使用。使用 USE 语句可以设置默认的数据库，语法格式如下。

```
USE 数据库名
```

USE 语句可以通知 MySQL 将具有指定名称的数据库作为当前的默认数据库来使用，在后续对数据库对象操作（如创建表）的语句中，这个数据库将保持为默认数据库，直到语句段结束，或者直到发布另一个不同的 USE 语句。

在 MySQL 中，可以使用 DATABASE( )函数来获取当前的默认数据库的名称。如果没有默认的数据库，则 DATABASE( )函数将返回 NULL。

【例 2.6】设置不同的数据库作为默认数据库。

使用 mysql 客户端工具，连接到 MySQL 服务器上，然后执行以下语句。

（1）查看当前默认数据库。

```
mysql> SELECT DATABASE();
```

（2）设置数据库 db1 为默认数据库。

```
mysql> USE db1;
```

（3）查看当前默认数据库。

```
mysql> SELECT DATABASE();
```

（4）设置数据库 db2 为默认数据库。

```
mysql> USE db2;
```

（5）查看当前默认数据库。

```
mysql> SELECT DATABASE();
```

执行结果如图 2.4 所示。

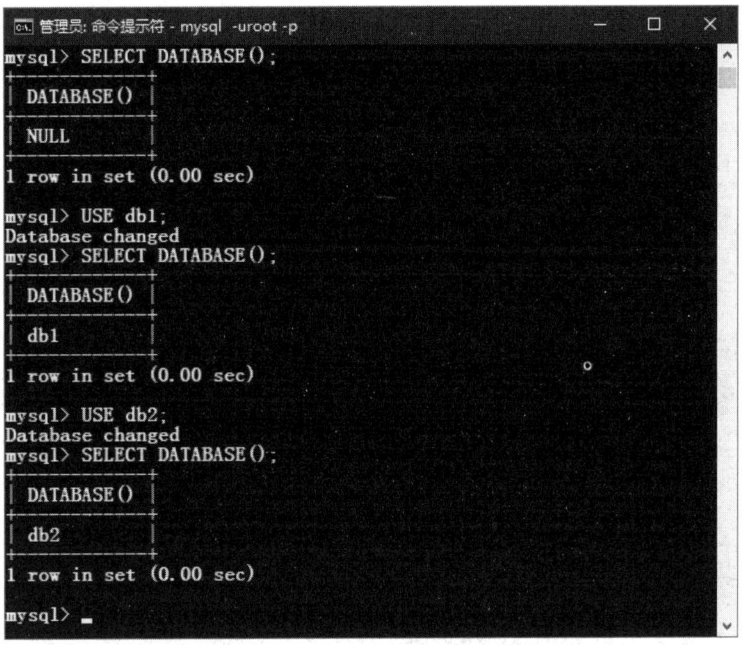

图 2.4　设置和查看默认数据库

2.1.4　修改数据库

在 MySQL 服务器上创建一个数据库之后，根据需要还可以使用 ALTER DATABASE 语句对该数据库进行修改，语法格式如下。

```
ALTER {DATABASE | SCHEMA} [数据库名]
修改选项 ...
修改选项:
[DEFAULT] CHARACTER SET [=] 字符集名 | [DEFAULT] COLLATE [=] 排序规则名·
| DEFAULT ENCRYPTION [=] {'Y' | 'N'}
```

ALTER DATABASE 语句用于更改数据库的整体特征。这些特征存储在数据字典中。要使用 ALTER DATABASE 语句，则需要拥有修改数据库的权限。

ALTER SCHEMA 是 ALTER DATABASE 的同义词。

数据库名指定要修改的数据库。如果省略数据库名，则 ALTER DATABASE 语句用于当前的默认数据库。

修改选项与创建数据库时的创建选项完全相同，这里不再赘述。

【例 2.7】将数据库 db1 的字符集修改为 utf8。

使用 mysql 客户端工具，连接到 MySQL 服务器上，然后输入以下语句。

（1）设置数据库 db1 为默认数据库。

```
mysql> USE db1;
```

（2）修改数据库 db1 的整体特征。

```
mysql> ALTER DATABASE
    -> DEFAULT CHARACTER SET utf8
    -> DEFAULT COLLATE utf8_general_ci;
```

（3）查看数据库 db1 的默认字符集。

```
mysql> SHOW CREATE DATABASE db1\G
```

执行结果如图 2.5 所示。

图 2.5　修改数据库 db1 的字符集

2.1.5　删除数据库

在 MySQL 中，可以使用 DROP DATABASE 语句从 MySQL 服务器上删除具有指定名称的数据库，语法格式如下。

```
DROP {DATABASE | SCHEMA} [IF EXISTS] 数据库名
```

数据库名指定要删除的数据库。IF EXISTS 用于防止在数据库不存在时发生错误。DROP DATABASE 必须拥有数据库的 DROP 权限。DROP SCHEMA 是 DROP DATABASE 的同义词。

由于执行 DROP DATABASE 语句时，将从给定的数据库目录中删除由 MySQL 在正常操作期间创建的文件和目录，从而删除数据库中的所有表并删除整个数据库，因此，使用这个语句时要非常小心，以防止发生误操作。

也可以使用 mysqladmin 客户端工具来删除数据库。

【例 2.8】使用 mysql 工具删除数据库 db1。

使用 mysql 客户端工具，连接到 MySQL 服务器上，然后执行以下语句。

（1）删除数据库 db1。

```
mysql> DROP DATABASE db1;
```

（2）列出数据库清单。

```
mysql> SHOW DATABASES;
```

执行结果如图 2.6 所示。

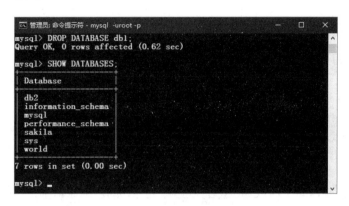

图 2.6　删除数据库 db1

【例 2.9】使用 mysqladmin 客户端工具删除数据库 db2。

在命令提示符下执行以下命令。

（1）使用 mysqladmin 客户端工具，连接 MySQL 服务器并删除数据库 db2。

```
C:\>mysqladmin -uroot -p DROP db2
Enter password: ******
```

（2）当出现提示信息"Do you really want to drop the 'db2' database [y/N]"时，输入 y，确认数据库删除操作。

（3）使用 mysqlshow 客户端工具，连接 MySQL 服务器并列出所有数据库的清单。

```
C:\>mysqlshow -uroot -p
Enter password: ******
```

执行结果如图 2.7 所示。

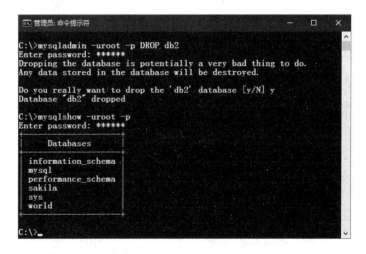

图 2.7　使用 mysqladmin 客户端工具删除数据库

2.2 表操作

表是数据库中的基础对象，是用来存储数据的。表由一些行和列组成，行和列分别称为记录和字段。新创建的数据库是不包含任何表的。要通过数据库来存储和管理数据，就必须在数据库中创建表。下面首先介绍数据类型和存储引擎，然后讲述表的相关操作。

2.2.1 数据类型

在创建表时，必须对每个列设置数据类型。为了优化存储，在任何情况下，都应当使用最精确的数据类型。MySQL 支持多种数据类型，包括数值类型、字符串（字符和字节）类型、日期时间类型、空间类型和 JSON 数据类型等。描述 MySQL 数据类型时使用以下约定。

- M：表示整数类型的最大显示宽度。对于浮点和定点类型，M 是可以存储的总位数（精度）。对于字符串类型，M 是最大长度。允许的最大值 M 取决于数据类型。
- D：适用于浮点和定点类型，用于指示小数点后面的位数。最大可能值为 30，但不应大于 M-2。
- [ ]：表示数据类型定义的可选部分。

在设置字段的数据类型时，通常会给字段添加一些约束条件，以便使字段存储的值更加符合预期。常用的约束条件如下。

- UNSIGNED：无符号，值从 0 开始，无负数。
- ZEROFILL：零填充，当数据的显示长度不够时，使用前补 0 的效果填充至指定长度，此时，字段会自动添加 UNSIGNED。
- NOT NULL：非空约束，表示字段的值不能为空。
- DEFAULT：为字段设置默认值，如果插入数据时没有给该字段提供值，则使用默认值。
- PRIMARY KEY：主键约束，表示唯一标识，不能为空，且一个表只能有一个主键。
- AUTO_INCREMENT：自增长，只能用于数值类型，而且配合索引使用，起始值默认从 1 开始，每次增加 1。
- BINARY：用于 CHAR 和 VARCHAR 值，将以区分大小写方式进行排序和比较。
- UNIQUE KEY：唯一约束，表示字段值不能重复，NULL 值除外。
- FOREIGN KEY：外键约束，旨在保证数据完整性和唯一性，实现一对一或一对多关系。

在 MySQL 中，常用的数据类型主要分为数值类型、字符串类型及日期时间类型。

1. 数值类型

数值类型包括整数类型、浮点类型和定点类型。

（1）整数类型（精确值）。

- BIT[(M)]：位字段类型。M 表示每个值的位数，取值范围为 1～64。如果 M 被省略，则默认为 1。
- TINYINT[(M)] [UNSIGNED] [ZEROFILL]：非常小整数，有符号数范围为 -128～127，无符号数范围为 0～255。
- BOOL、BOOLEAN：是 TINYINT(1) 的同义词。0 值被视为假，非 0 值被视为真。
- SMALLINT[(M)] [UNSIGNED] [ZEROFILL]：较小整数，有符号数范围为 -32768～32767，无符号数范围为 0～65535。
- MEDIUMINT[(M)] [UNSIGNED] [ZEROFILL]：中等大小整数，有符号数范围为 -8388608～8388607，无符号数范围为 0～16777215。
- INT[(M)] [UNSIGNED] [ZEROFILL]：正常大小整数，有符号数范围为 -2147483648～2147483647，无符号数范围为 0～4294967295。
- INTEGER[(M)] [UNSIGNED] [ZEROFILL]：这是 INT 的同义词。
- BIGINT[(M)] [UNSIGNED] [ZEROFILL]：大整数，有符号数范围为 -9223372036854775808～9223372036854775807，无符号数范围为 0～18446744073709551615。
- SERIAL：是 BIGINT UNSIGNED NOT NULL AUTO_INCREMENT UNIQUE 的别名。

（2）浮点类型。

- FLOAT[(M,D)] [UNSIGNED] [ZEROFILL]：较小（单精度）浮点数。这种类型的允许值为 -3.402823466E+38～-1.175494351E-38、0 以及 1.175494351E-38～3.402823466E+38，M 表示总位数，D 表示小数点后面的位数。
- DOUBLE[(M,D)] [UNSIGNED] [ZEROFILL]：正常大小（双精度）浮点数。允许值为 -1.7976931348623157E+308～-2.2250738585072014E-308、0 以及 2.2250738585072014E-308～1.7976931348623157E+308。M 表示总位数，D 表示小数点后面的位数。

（3）定点类型。

- DECIMAL[(M[,D])] [UNSIGNED] [ZEROFILL]：用于存储精确的小数。M 表示总位数，取值范围为 1～65，小数点和负号不计入 M；如果省略 M，则默认值为 10。D 表示小数点后面的位数，取值范围为 0～30，并且不得大于 M；如果 D 为 0，则值没有小数点或小数部分；如果省略 D，则默认值为 0。
- DEC[(M[,D])] [UNSIGNED] [ZEROFILL]、NUMERIC[(M[,D])] [UNSIGNED] [ZEROFILL]、FIXED[(M[,D])] [UNSIGNED] [ZEROFILL]：这些都是 DECIMAL 的同义词，其中，FIXED 同义词适用于与其他服务器的兼容性。

2. 字符串类型

字符串类型分为普通字符串和二进制字节字符串。MySQL 提供的字符串类型如下。

- CHAR[(M)]：固定长度的字符串，存储时始终用空格填充指定长度。M 表示以字符为单位的列长度，存储时占用 M 字节。M 的范围为 0～255。如果 M 省略，则长度为 1。

- VARCHAR(M)：可变长度的字符串，M 表示字符的最大列长度，取值范围为 0～65535，存储时占用 L+1 字节，L 为实际的字符长度，且 L≤M。

- BINARY[(M)]：固定长度的二进制字节字符串，可选的 M 表示以字节为单位的列长度。如果省略 M，则默认长度为 1。

- VARBINARY(M)：可变长度的二进制字节字符串。M 表示以字节为单位的最大列长度。

- TINYBLOB：最大长度为 255（2^8-1）字节的 BLOB 列。每个 TINYBLOB 值使用 1 字节来存储长度前缀，该前缀指示值的字节数。

- TINYTEXT[(M)]：最大长度为 255（2^8-1）字符的 TEXT 列。如果该值包含多字节字符，则有效最大长度会小一些。每个 TINYTEXT 值使用 1 字节长度来存储前缀，该前缀指示值的字节数。

- BLOB[(M)]：最大长度为 65535（$2^{16}-1$）字节的 BLOB 列。每个 BLOB 值使用 2 字节长度前缀来存储，该前缀指示值的字节数。如果指定可选长度 M，则 MySQL 会将列创建为最小的 BLOB 类型，其大小足以保存 M 字节的值。

- TEXT[(M)]：最大长度为 65535（$2^{16}-1$）字符的 TEXT 列。如果值包含多字节字符，则有效最大长度会小一些。每个 TEXT 值使用 2 字节长度来存储前缀，该前缀表示值的字节数。如果指定可选长度 M，则 MySQL 会将列创建为最小的 TEXT 类型，其大小足以容纳 M 个字符的值。

- MEDIUMBLOB：最大长度为 16777215（$2^{24}-1$）字节的 BLOB 列。每个 MEDIUMBLOB 值使用 3 字节来存储前缀，该前缀表示值的字节数。

- MEDIUMTEXT[(M)]：最大长度为 16777215（$2^{24}-1$）字节的 TEXT 列。如果值包含多字节字符，则有效长度会小一些。每个 MEDIUMTEXT 值使用 3 字节来存储前缀，该前缀表示值的字节数。

- LONGBLOB：最大长度为 4294967295 或 4GB（$2^{32}-1$）字节的 BLOB 列。LONGBLOB 列的最大有效长度取决于客户端/服务器协议中配置的最大数据包大小和可用内存。每个 LONGBLOB 值使用 4 字节长度来存储前缀，该前缀指示值的字节数。

- LONGTEXT[(M)]：最大长度为 4294967295 或 4GB（$2^{32}-1$）字节的 TEXT 列。如果值包含多字节字符，则有效最大长度会小一些。LONGTEXT 列的最大有效长度还取决于客户端/服务器协议中配置的最大数据包的大小和可用内存。每个 LONGTEXT 值使用 4 字节长度来存储前缀，该前缀指示值的字节数。

- ENUM('value1','value2',…)：枚举类型，是一个字符串对象，其值从允许值列表中选择，它只能有一个值，从值列表中选择，最多可以包含 65535 个不同的值。单个 ENUM 元素的最大支持长度为 M≤255 且（M×w）≤1020，其中 M 是元素文字的长度，w 是字符集中最大长度字符所需要的字节数。ENUM 值在内部用整数表示。

- SET('value1','value2',…)：集合类型，是一个字符串对象，可以有零个或多个值，最多可以包含 64 个不同的成员。单个 SET 元素的最大支持长度为 M≤255 且（M×w）≤1020，其中，M 是元素文字长度，w 是字符集中最大长度字符所需要的字节数。SET 值在内部用整数表示。

3. 日期时间类型

- TIME：时间类型，取值范围为'-838:59:59.000000'~'838:59:59.000000'。在 MySQL 中以 'HH:MM:SS' 格式显示 TIME 值，但允许使用字符串或数字为 TIME 列分配值。

- DATE：日期类型，取值范围为'1000-01-01'~'9999-12-31'。在 MySQL 中，可以使用 'YYYY-MM-DD'格式显示日期值，但允许使用字符串或数字为 DATE 列分配值。

- DATETIME：日期和时间组合，取值范围为'1000-01-01 00:00:00.000000'~'9999-12-31 23:59:59.999999'。MySQL 以 'YYYY-MM-DD HH:MM:SS' 格式显示 DATETIME 值，但允许使用字符串或数字为 DATETIME 列分配值。

- TIMESTAMP：时间戳类型，取值范围为'1970-01-01 00:00:01.000000' UTC 到'2038-01-19 03:14:07.999999' UTC。TIMESTAMP 列用于 INSERT 或 UPDATE 操作时记录日期和时间。如果不分配值，则表中第一个 TIMESTAMP 列自动设置为最近操作的日期和时间。也可以通过分配一个 NULL 值，将 TIMESTAMP 列设置为当前的日期和时间。TIMESTAMP 值返回后显示为 'YYYY-MM-DD HH:MM:SS' 格式的字符串，显示宽度固定为 19 个字符。

- YEAR：年份，取值范围为 1901 到 2155。

2.2.2　存储引擎

　　MySQL 引入了插件式存储引擎体系结构，允许将存储引擎加载到正在运行的 MySQL 服务器中。使用 MySQL 插件式存储引擎体系结构，可以为特定的应用需求选择专门的存储引擎，而不需要管理任何特殊的应用编码要求。存储引擎本身是数据库服务器的组件，负责对在物理服务器层面上维护的基本数据进行实际操作。下面是 MySQL 8.0 支持的存储引擎。

1. InnoDB

　　InnoDB 是 MySQL 8.0 中的默认存储引擎。它是符合 ACID 的事务安全存储引擎，具有提交、回滚和崩溃恢复功能，可以用来保护用户数据。行级锁定和 Oracle 样式的一致非锁定

读取增加了多用户并发性能。InnoDB 将用户数据存储在聚集索引中，以减少基于主键的常见查询的 I/O。为了保持数据的完整性，InnoDB 还支持引用完整性约束。

2. MyISAM

MyISAM 是在 Web 数据仓库和其他应用环境下最常使用的存储引擎之一。数据表占用空间很小，速度快，但不支持事务和外键，表级锁定限制了读/写工作负载的性能，因此，它通常用于 Web 和数据仓库配置中的只读或读取为主的工作场景。

3. Memory

Memory 存储引擎将所有数据存储在 RAM 中，以便在需要快速查找非关键数据的环境中提供快速访问。这种存储引擎以前称为 HEAP 引擎。它的应用正在减少，InnoDB 及其缓冲池内存区域提供了一种通用且持久的方式将大部分或全部数据保存在内存中，NDBCLUSTER 则为大型分布式数据集提供快速键值查找。

4. CSV

CSV 表实际上是以逗号分隔数据的文本文件，它允许以 CSV 格式导入或转储数据，以便与读取和写入相同格式的脚本和应用程序交换数据。由于 CSV 表未编制索引，因此通常在正常操作期间将数据保留在 InnoDB 表中，并且仅在导入或导出阶段使用 CSV 表。

5. Archive

Archive 存储引擎使用紧凑的无索引表，可以用于存储和检索大量很少引用的历史、存档或安全审计信息。

6. Blackhole

Blackhole 存储引擎接收但不存储数据，类似 UNIX / dev / null 设备。查询始终返回空集。这些表可用于将 DML 语句发送到从属服务器的复制配置，但主服务器不保留其自己的数据副本。

7. NDB

NDB（也称 NDBCLUSTER）是一种群集数据库引擎，特别适用于具有高性能查找要求的应用程序，这类查找需求要求具有尽可能长的正常工作时间和高可用性。

8. Merge

Merge 存储引擎允许 MySQL DBA 或开发人员将一系列相同的 MyISAM 表以逻辑的方式组合在一起，并将它们作为一个对象来使用，适用于数据仓库等 VLDB 环境。

9. Federated

Federated 存储引擎能够将多个分离的 MySQL 服务器连接起来，从多个物理服务器创建一个逻辑数据库，非常适合于分布式环境或数据集市环境。

10. Example

Example 引擎用作 MySQL 源代码中的示例，说明如何编写新的存储引擎。它主要是开发人员感兴趣的。存储引擎是一个什么都不做的"存根"。可以使用此引擎创建表，但不能在其中存储数据或从中检索数据。

对于整个服务器或数据库而言，并不一定要使用相同的存储引擎，根据需要可以为数据库中的不同表使用不同的存储引擎。例如，应用程序可能主要使用 InnoDB 表，其中一个 CSV 表用于将数据导出到电子表格，而一些 MEMORY 表用于临时工作空间。

下面给出在 MySQL 中查看和设置存储引擎的方法。

（1）查看 MySQL 服务器支持的存储引擎。

```
SHOW ENGINES;
```

（2）查看默认的存储引擎。

```
SHOW VARIABLES LIKE '%STORAGE_ENGINE%';
```

（3）在 MySQL 配置文件中设置默认的存储引擎。

```
default_storage_engine = InnoDB
```

（4）查看数据库中所有表的存储引擎。

```
SHOW TABLE STATUS FROM 数据库名;
```

（5）查看指定表的存储引擎。

```
SHOW TABLE STATUS FROM 数据库名 WHERE name='表名';
```

【例 2.10】查看 MySQL 服务器的默认存储引擎。

使用 mysql 客户端工具，连接到 MySQL 服务器上，然后输入以下语句。

```
mysql> SHOW VARIABLES LIKE '%STORAGE_ENGINE%';
```

执行结果如图 2.8 所示。

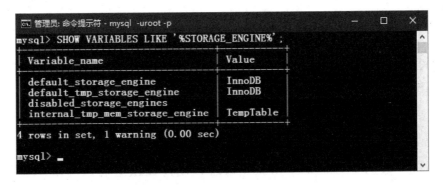

图 2.8　查看默认存储引擎

【例 2.11】查看 MySQL 示例数据库 world 中各表的存储引擎。

使用 mysql 客户端工具，连接到 MySQL 服务器上，然后输入以下语句。

```
mysql> SHOW TABLE STATUS FROM 'world'\G
```

执行结果如图 2.9 所示。

图 2.9　查看数据库 world 中各表的存储引擎

2.2.3　创建表

创建表实际上就是定义表的结构，包括设置表和列的属性，指定表中各列的名称、数据类型、是否允许为空、是否自动增长、是否具有默认值和哪些列是主键等，同时，还要确定使用何种类型的存储引擎等。

在 MySQL 中，可以使用 CREATE TABLE 语句在当前数据库中创建一个带有给定名称的表。这个语句的语法格式颇为复杂，不过在实际应用中应用得最多的是以下基本形式。

```
CREATE [TEMPORARY] TABLE [IF NOT EXISTS] 表名
(列定义, ...)
[CHARACTER SET 字符集名]
[COLLATE 排序规则名]
[COMMENT '表注释文字']
ENGINE=存储引擎名
列定义:
列名 数据类型 [NOT NULL|NULL] [DEFAULT 默认值]
[AUTO_INCREMENT] [UNIQUE [KEY] | PRIMARY KEY] [COMMENT '列注释文字']
```

其中，表名指定要创建的表的名称。在默认情况下，将在当前默认数据库中创建表，因此，创建表之前可以使用 USE 语句来设置一个默认数据库。如果指定的表已存在，或者没有当前数据库，或者数据库不存在，则都会出现错误。要执行 CREATE TABLE 语句，就必须拥有创建表的权限。

表名可以通过"数据库名.表名"形式来表示，以便在指定的数据库中创建表。无论是否存在当前数据库，都可以通过这种方式创建表。如果要使用加引号的识别名，则应该对数据库和表名称分别加反引号"'"，这个反引号可以用键盘上数字"1"左边的那个按键来输入。

例如，'mydb'.'mytbl'。

使用 TEMPORARY 关键词可以创建临时表。如果表已经存在，则可以使用 IF NOT EXISTS 子句来防止发生错误。

CHARACTER SET 子句设置表的默认字符集。COLLATE 子句设置表的默认排序规则。

COMMENT 子句给出表或列的注释。

ENGINE 指定表的存储引擎，常用的存储引擎有 InnoDB 和 MyISAM。InnoDB 是一种通用存储引擎，可以创建具有行锁定和外键的事务安全表。在 MySQL 8.0 中，InnoDB 是默认的 MySQL 存储引擎。MyISAM 是二进制便携式存储引擎，每个 MyISAM 表都以两个文件存储在磁盘上。这些文件的名称以表名开头，数据文件扩展名为.myd，索引文件扩展名为.myi。表定义存储在 MySQL 字典数据中。

列定义指定列（又称字段）的属性，包括列名和数据类型等。表名和列名都可以用反引号 "'" 括起来；数据类型可以使用 2.2.1 节中介绍的任何数据类型。

NOT NULL | NULL 指定列是否允许为空，如果未指定 NULL 或 NOT NULL，则创建列时默认为 NULL。使用 NOT NULL 可以设置非空约束，即此列不允许为空。

DEFAULT 子句为列指定一个默认值，这个默认值必须是一个常数，不能是一个函数或一个表达式。日期列的默认值不能被设置为一个函数，如 NOW( )或 CURRENT_DATE；不过，可以对 TIMESTAMP 列指定 CURRENT_TIMESTAMP 为默认值。

AUTO_INCREMENT 指定列为自动编号，该列必须指定为一种整数类型，其值从 1 开始，然后依次加 1。

UNIQUE KEY 将列设置为唯一索引。

PRIMARY KEY 将列设置为主键，主键列必须定义为 NOT NULL。一个表只能有一个主键（可包含多列）。

COMMENT 子句给出表的注释或列的注释。

【例 2.12】创建一个名为 sams 的数据库，然后在该数据库中创建一个名为 student 的表，用于存储学生信息，该表的结构在表 2.1 中描述。在本例中，sams 为 Student Achievement Management System 的缩写，意即学生成绩管理系统。本书中将以该数据库为主线来展开教学。

表 2.1　student 学生表结构

列 名 称	数 据 类 型	备 注	属 性
stuid	char(8)	学号	主键
stuname	varchar(10)	姓名	不允许为空
gender	enum('男', '女')	性别	不允许为空
birthdate	date	出生日期	不允许为空
major	enum('软件', '网络', '数媒')	专业	不允许为空
classname	char(6)	班级	不允许为空
remark	text	备注	允许为空

使用 mysql 客户端工具，连接到 MySQL 服务器上，然后执行以下语句。

（1）创建数据库 sams。

```
mysql> CREATE DATABASE IF NOT EXISTS sams;
```

（2）设置 sams 为默认数据库。

```
mysql> USE sams;
```

（3）在当前数据库中创建 student 表。

```
mysql> CREATE TABLE IF NOT EXISTS student (
    stuid char(8) NOT NULL COMMENT '学号' PRIMARY KEY,
    stuname varchar(10) NOT NULL COMMENT '姓名',
    gender enum ('女', '男') NOT NULL COMMENT '性别',
    birthdate date NOT NULL COMMENT '出生日期',
    major enum ('软件', '网络', '数媒') NOT NULL COMMENT '专业',
    classname char(6) NOT NULL COMMENT '班级',
    remark text NULL
);
```

执行结果如图 2.10 所示。

```
管理员: 命令提示符 - mysql -uroot -p
mysql> CREATE DATABASE IF NOT EXISTS sams;
Query OK, 1 row affected (0.17 sec)

mysql> USE sams;
Database changed
mysql> CREATE TABLE IF NOT EXISTS student (
    ->     stuid char(8) NOT NULL COMMENT '学号' PRIMARY KEY,
    ->     stuname varchar(10) NOT NULL COMMENT '姓名',
    ->     gender enum ('女', '男') NOT NULL COMMENT '性别',
    ->     birthdate date NOT NULL COMMENT '出生日期',
    ->     major enum ('软件', '网络', '数媒') NOT NULL COMMENT '专业',
    ->     classname char(6) NOT NULL COMMENT '班级',
    ->     remark text NULL
    -> );
Query OK, 0 rows affected (0.97 sec)
```

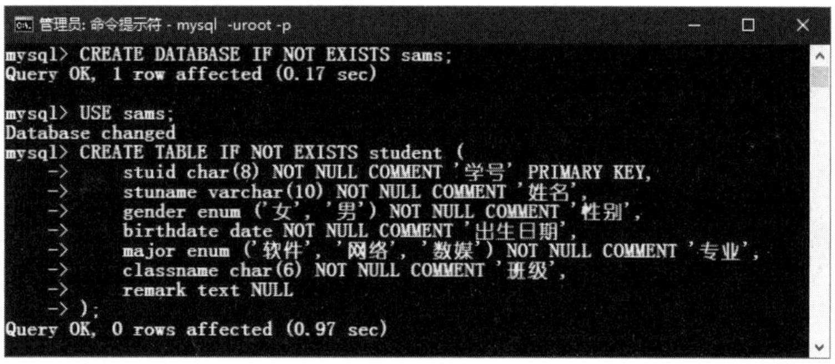

图 2.10　在 sams 数据库中创建 student 表

【例 2.13】在数据库 sams 中创建一个名为 course 的表，用于保存课程信息，该表的结构在表 2.2 中描述。

表 2.2　course 表结构

列 名 称	数 据 类 型	备　注	属　性
couid	tinyint	课程编号	主键，自动递增
couname	varchar(30)	课程名称	不允许为空
semester	tinyint	开课学期	不允许为空，取值为 1～6
hours	tinyint	学时	不允许为空

使用 mysql 客户端工具，连接到 MySQL 服务器上，然后执行以下语句。

（1）设置 sams 为默认数据库。

```
mysql> USE sams;
```

（2）在当前数据库中创建 course 表。

```
mysql> CREATE TABLE IF NOT EXISTS course (
    couid tinyint UNSIGNED AUTO_INCREMENT COMMENT '课程编号' PRIMARY KEY,
    couname varchar(30) NOT NULL COMMENT '课程名称',
    semester tinyint NOT NULL COMMENT '开课学期',
    hours tinyint UNSIGNED NOT NULL COMMENT '学时'
);
```

执行结果如图 2.11 所示。

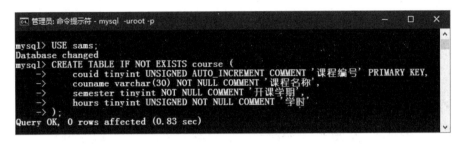

图 2.11　在 sams 数据库中创建 course 表

【例 2.14】在数据库 sams 中创建一个名为 score 的表，用于保存学生课程成绩信息，该表的结构在表 2.3 中描述。

表 2.3　score 成绩表结构

列　名　称	数 据 类 型	备　　注	属　　性
stuid	char(8)	学号	主键
couid	tinyint	课程编号	主键
score	tinyint	成绩	允许为空

使用 mysql 客户端工具，连接到 MySQL 服务器上，然后执行以下语句。

（1）设置 sams 为默认数据库。

```
mysql> USE sams;
```

（2）在当前数据库中创建 score 表。

```
mysql> CREATE TABLE IF NOT EXISTS score (
    stuid char(8) NOT NULL COMMENT '学号',
    couid tinyint NOT NULL COMMENT '课程编号',
    score tinyint NULL COMMENT '成绩',
    PRIMARY KEY (stuid, couid)
);
```

执行结果如图 2.12 所示。

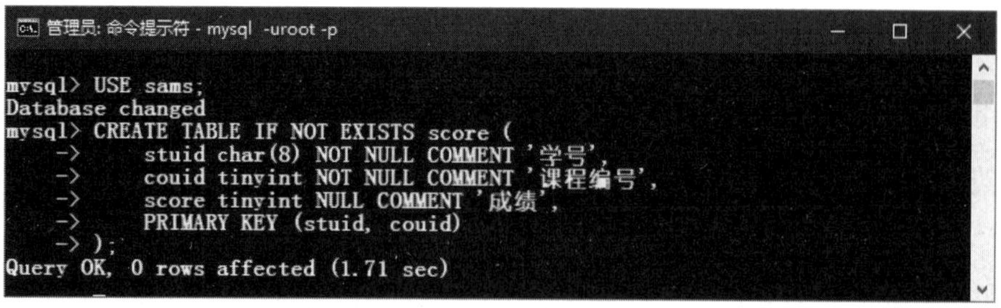

图 2.12　在 sams 数据库中创建 score 表

2.2.4　查看表信息

在一个数据库中创建表之后，可以使用下列语句来查看该数据库中与表有关的信息。

1. SHOW TABLES 语句

使用 SHOW TABLES 语句列出数据库中的所有非临时表，语法格式如下。

```
SHOW [FULL] TABLES [FROM 数据库名] [LIKE '模式']
```

SHOW TABLES 语句可以列举数据库中的其他视图。如果使用 FULL 修改符，则 SHOW FULL TABLES 就可以显示第二个输出列。对于表而言，第二列的值为 BASE TABLE；对于视图而言，第二列的值则为 VIEW。如果使用可选的 FROM 子句，则列出具有指定名称的数据库中的表清单；如果省略这个子句，则列出当前数据库中的表清单。

如果使用 LIKE 子句，则可以获得对于带有与字符串相匹配的名称的各表的输出。

【例 2.15】分别查看 MySQL 示例数据库 world 和自定义数据库 sams 包含哪些表。

使用 mysql 客户端工具，连接到 MySQL 服务器上，然后执行以下语句。

（1）设置 world 为默认数据库。

```
mysql> USE world;
```

（2）查看 world 数据库中包含哪些表。

```
mysql> SHOW TABLES;
```

（3）查看 sams 数据库中包含哪些表。

```
mysql> SHOW TABLES FROM sams;
```

执行结果如图 2.13 所示。

2. SHOW CREATE TABLE 语句

使用 SHOW CREATE TABLE 语句，可以显示用于创建给定表的 CREATE TABLE 语句，语法格式如下。

```
SHOW CREATE TABLE 表名
```

这个语句对视图也起作用。

```
管理员: 命令提示符 - mysql  -uroot -p                          —    □    ×
mysql> USE world;
Database changed
mysql> SHOW TABLES;
┌─────────────────┐
│ Tables_in_world │
├─────────────────┤
│ city            │
│ country         │
│ countrylanguage │
└─────────────────┘
3 rows in set (0.00 sec)

mysql> SHOW TABLES FROM sams;
┌────────────────┐
│ Tables_in_sams │
├────────────────┤
│ course         │
│ scores         │
│ student        │
└────────────────┘
3 rows in set (0.00 sec)
```

图 2.13　列出数据库包含的表清单

【例 2.16】在学生成绩管理数据库 sams 中，查看用于创建学生（student）表的 CREATE TABLE 语句。

使用 msyql 客户端工具，连接到 MySQL 服务器上，然后执行以下语句。

（1）设置 sams 为默认数据库。

```
mysql> USE sams;
```

（2）查看用于创建 student 表的 CREATE TABLE 语句。

```
mysql> SHOW CREATE TABLE student\G;
```

执行结果如图 2.14 所示。

```
管理员: 命令提示符 - mysql  -uroot -p                          —    □    ×
mysql> USE sams;
Database changed
mysql> SHOW CREATE TABLE student\G
*************************** 1. row ***************************
       Table: student
Create Table: CREATE TABLE `student` (
  `stuid` char(8) NOT NULL COMMENT '学号',
  `stuname` varchar(10) NOT NULL COMMENT '姓名',
  `gender` enum('女','男') NOT NULL COMMENT '性别',
  `birthdate` date NOT NULL COMMENT '出生日期',
  `major` enum('软件','网络','数媒') NOT NULL COMMENT '专业',
  `classname` char(6) NOT NULL COMMENT '班级',
  `remark` text,
  PRIMARY KEY (`stuid`)
) ENGINE=InnoDB DEFAULT CHARSET=utf8mb4 COLLATE=utf8mb4_0900_ai_ci
1 row in set (0.00 sec)

mysql>
```

图 2.14　查看用于创建学生表的 CREATE TABLE 语句

3. SHOW COLUMNS 语句

使用 SHOW COLUMNS 语句查看一个给定表中各列的信息，语法格式如下。

```
SHOW [FULL] COLUMNS FROM 表名 [FROM 数据库名] [LIKE '模式']
```

SHOW COLUMNS 语句也能用于获取一个给定视图中各列的信息。

在这个语句中，也可以使用"数据库名.表名"作为"表名 FROM 数据库名"语法格式的另一种形式。

【例 2.17】在学生成绩管理数据库 sams 中，查看学生（student）表的各列的信息。

使用 msyql 客户端工具，连接到 MySQL 服务器上，然后执行以下语句。

（1）设置 sams 为默认数据库。

```
mysql> USE sams;
```

（2）查看 student 表中各列的信息。

```
mysql> SHOW COLUMNS FROM student;
```

执行结果如图 2.15 所示。

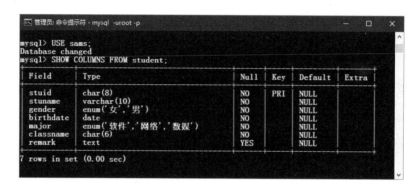

图 2.15　查看学生表的各列的信息

4. DESCRIBE 语句

使用 DESCRIBE 语句可以获取指定表中各列的信息，语法格式如下。

```
{DESCRIBE | DESC} 表名 [列名 | 通配符]
```

DESCRIBE 语句是 SHOW COLUMNS FROM 语句的快捷方式，关键字 DESCRIBE 也可以简写为 DESC。表名后面既可以跟一个列名，也可以跟一个包含通配符"％"和"_"的字符串，用于获得对于带有与字符串相匹配的名称的各列的输出。

【例 2.18】在学生成绩管理数据库 sams 中，查看课程（course）表的各列的信息。

使用 msyql 客户端工具，连接到 MySQL 服务器上，然后执行以下语句。

（1）设置 sams 为默认数据库。

```
mysql> USE sams;
```

（2）查看 course 表中各列的信息。

```
mysql> DESCRIBE course;
```

执行结果如图 2.16 所示。

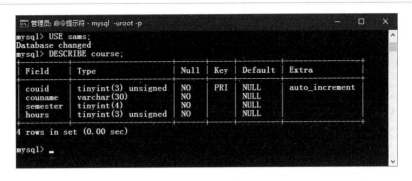

图 2.16　查看课程表的各列的信息

2.2.5　修改表

在数据库中创建一个表后，如果需要对该表的结构进行修改，则可以使用 ALTER TABLE 语句来实现，语法格式如下。

```
ALTER [IGNORE] TABLE 表名
修改选项[，修改选项] ...
```

其中，表名指定待修改的表。IGNORE 是 MySQL 相对于标准 SQL 的扩展，用于控制 ALTER TABLE 的运行。如果没有指定 IGNORE，则重复关键字错误发生时，复制操作被放弃，返回前一步骤。如果指定了 IGNORE，则对于有重复关键字的行只使用第一行。

修改选项指定如何对列进行修改，该选项包含的内容非常丰富，这里仅列出比较常用的部分并添加了中文注释。

```
ADD [COLUMN] 列定义 [FIRST|AFTER 列名]              /*添加列*/
|ADD [COLUMN] (列定义, ...)                         /*添加列*/
|ALTER [COLUMN] 列名 {SET DEFAULT 常量|DROP DEFAULT}  /*修改默认值*/
|CHANGE [COLUMN] old_列名 列定义 [FIRST|AFTER 列名]   /*对列重命名*/
|MODIFY [COLUMN] 列定义 [FIRST|AFTER 列名]          /*修改列类型*/
|DROP [COLUMN] 列名                                 /*删除列*/
|DROP PRIMARY KEY                                   /*删除主键*/
|RENAME [TO] 新表名                                 /*重命名表*/
|ORDER BY 列名                                      /*列排序*/
|[DEFAULT] CHARACTER SET [=] 字符集名               /*修改字符集*/
[
 COLLATE [=] 排序规则名                             /*修改排序规则*/
| COMMENT [=] '表注释文字'                          /*修改表注释*/
| ENGINE [=] 存储引擎名                             /*修改存储引擎*/
```

ALTER TABLE 语句用于更改原有表的结构。例如，可以增加或删除列，创建或删除索引，更改原有列的类型，重新命名列或表。此外，还可以更改表的存储引擎类型等。

【例 2.19】在表中增加列。

使用 mysql 客户端工具，连接到 MySQL 服务器上，然后执行下列语句。

（1）创建 test 数据库。

```
mysql> CREATE DATABASE IF NOT EXISTS test;
```

（2）创建 test 表并查看列信息。

```
mysql> USE test;
mysql> CREATE TABLE IF NOT EXISTS test (
    colA int NOT NULL, colB int NOT NULL
    );
mysql> DESC test;
```

（3）在表中增加两列并查看列信息。

```
mysql> ALTER TABLE test
    ADD COLUMN (colC char(10), colD varchar(20)
    );
mysql> DESC test;
```

执行结果如图 2.17 所示。

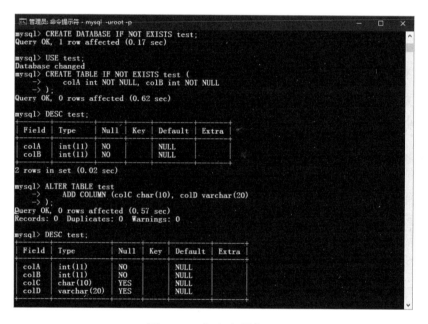

图 2.17　在表中增加列

【例 2.20】更改表的存储引擎。

使用 mysql 客户端工具，连接到 MySQL 服务器上，然后执行下列语句。

（1）查看 test 表所用的存储引擎。

```
mysql> USE test;
mysql> SHOW CREATE TABLE test\G
```

（2）修改 test 表的存储引擎。

```
mysql> ALTER TABLE test
ENGINE = MyISAM;
```

（3）再次查看 test 表所用的存储引擎。

```
mysql> SHOW CREATE TABLE test\G
```

执行结果如图 2.18 所示。

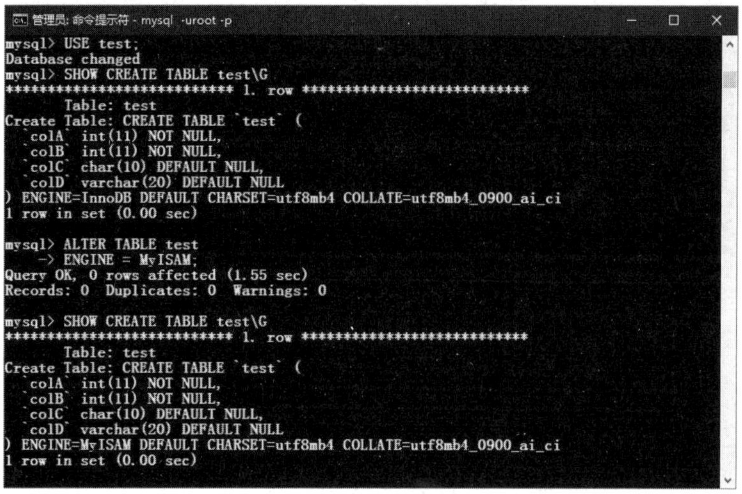

图 2.18　更改表的存储引擎

2.2.6　复制表

除创建新表外，可以通过复制现有表的结构和数据来创建表，语法格式如下。

```
CREATE [TEMPORARY] TABLE [IF NOT EXISTS] 表名
[() LIKE 源表名[)]
|[AS] SELECT ...
```

其中，表名指定要创建的新表，源表名表示现有的表。

使用 LIKE 子句可以创建一个与现有表结构相同的新表，其中的列名、数据类型、是否允许为空等属性和索引都被复制，但不复制表中的数据，因此，所创建的新表是一个空表。

使用 AS 子句可以复制由 SELECT 语句返回的数据，但索引和完整性约束不会被复制。

【例 2.21】通过复制 MySQL 数据库中的 city 表结构创建一个名为"城市"的新表。

使用 mysql 客户端工具，连接到 MySQL 服务器上，然后执行下列语句。

（1）设置 MySQL 示例数据库 world 为当前数据库。

```
mysql> USE world;
```

（2）通过复制 city 表结构创建一个名为"城市"的新表（空表）。

```
mysql> CREATE TABLE IF NOT EXISTS 城市
LIKE city;
```

（3）查看"城市"表中各列的信息。

```
mysql> DESC 城市;
```

执行结果如图 2.19 所示。

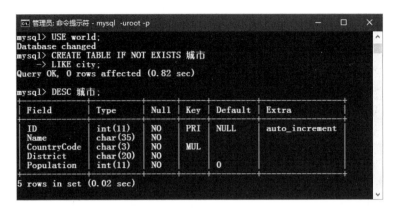

图 2.19　通过复制现有表结构创建新表

【例 2.22】通过复制数据库 world 中的 country 表的数据，创建一个名为"国家"的新表。使用 mysql 客户端工具，连接到 MySQL 服务器上，然后执行下列语句。

（1）设置 MySQL 示例数据库 world 为当前数据库。

```
mysql> USE world;
```

（2）通过复制 city 表结构创建一个名为"国家"的新表（空表）。

```
mysql> CREATE TABLE IF NOT EXISTS 国家
        AS SELECT Code, Name, Continent FROM country;
```

（3）使用 SELECT 语句从"国家"表中查询数据。

```
mysql> SELECT * FROM 国家;
```

执行结果如图 2.20 所示。

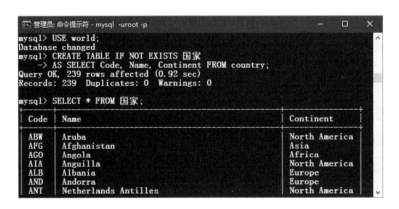

图 2.20　通过复制表结构和数据创建新表

2.2.7　重命名表

对现有表进行重命名有以下两种方法。

（1）在 ALTER TABLE 语句中，使用 RENAME 子句对指定表进行重命名，语法格式如下。

```
ALTER TABLE 旧表名
RENAME TO 新表名
```

例如，使用下面的语句可以将表 test 重命名为 demo。

```
ALTER TABLE test
RENAME TO demo;
```

（2）使用 RENAME TABLE 语句对一个或多个表进行重命名，语法格式如下。

```
RENAME TABLE 旧表名1 TO 新表名1[, 旧表名2 TO 新表名2] ...
```

其中，"旧表名 1"和"旧表名 2"表示表的原来名称，"新表名 1"和"新表名 2"指定表的新名称。

与 ALTER TABLE 语句不同的是，使用 RENAME TABLE 语句可以同时对多个表进行重命名。例如：

```
RENAME TABLE demo TO test, demo2 TO test2;
```

2.2.8　删除表

使用 DROP TABLE 语句可以从数据库中删除一个或多个表，语法格式如下。

```
DROP [TEMPORARY] TABLE [IF EXISTS] 表名[, 表名] ...
```

其中，表名表示待删除的表的名称。当使用 TEMPORARY 关键词时，这个语句只删除临时表。对于不存在的表，应使用 IF EXISTS 以防止错误发生。

例如，下面的语句用于删除当前数据库中的 test1 和 test2 表。

```
DROP TABLE IF EXISTS test1, test2;
```

2.3　数据完整性约束

数据完整性约束简称约束，是指在用户对数据进行插入、修改、删除等操作时，数据库管理系统自动按照一定的约束条件对数据进行监测，以防止不符合规范的数据进入数据库，从而确保数据库中存储数据的正确性、有效性和一致性。在 MySQL 中，数据完整性约束包括非空约束（2.2.3 节已介绍）、主键约束、候选键约束、参照完整性约束、检查完整性约束、命名完整性约束和删除完整性约束等，这些约束是数据库操作必须遵循的规则，可以在创建表或修改表时进行定义。一旦定义了数据完整性约束，MySQL 就会在每次更新操作后检查数据是否符合相关的约束。

2.3.1 主键约束

主键（Primary Key）是表中的一列或多列的组合，由多列组成的主键称为复合主键，主键的值称为键值，它能够唯一地标识表中的一行。在表中创建主键时，将会在主键列上创建唯一性索引，从而实现数据的唯一性，使用主键进行查询时还会加快数据的访问速度。

使用主键约束时必须遵循以下规则。

- 每个表只能定义一个主键。

- 主键的值必须能够唯一标识表中的每一行，表中两个不同行的主键值不能相同，并且不能为 NULL。这条规则称为唯一性规则。

- 复合主键不能包含不必要的多余列。如果从一个复合主键中删除一列后，剩下的列构成的主键仍能唯一标识表中的每一行，则这个复合主键就是不正确的。这条规则称为最小化规则。

- 在复合主键中某一列的值可以重复，但复合主键中所有列的组合键必须是唯一的。

- 一个列名在复合主键中只能出现一次。

在 MySQL 中，可以在 CREATE TABLE 或 ALTER TABLE 语句中使用 PRIMARY KEY 子句在表中定义主键，分为以下两种情况。

（1）如果要使用主键作为列的完整性约束，则应当在相应列定义中添加关键字 PRIMARY KEY。

（2）如果使用主键作为表的完整性约束，则应在定义的最后一列后面添加 PRIMARY KEY 子句。

【例 2.23】在 test 数据库中创建学生表，将学号列设置为主键。

使用 mysql 客户端工具，连接到 MySQL 服务器上，然后执行下列语句。

（1）创建 test 数据库。

```
mysql> CREATE DATABASE IF NOT EXISTS test;
```

（2）设置 test 为当前数据库。

```
mysql> USE test;
```

（3）创建学生表并设置学号列为主键。

```
mysql> CREATE TABLE IF NOT EXISTS 学生 (
    学号 char(11) NOT NULL PRIMARY KEY,
    姓名 varchar(10) NOT NULL,
    性别 enum ('女', '男') NOT NULL,
    出生日期 date NOT NULL
);
```

（4）查看学生表中各列的信息。

```
mysql> DESC 学生;
```

1

执行结果如图 2.21 所示。

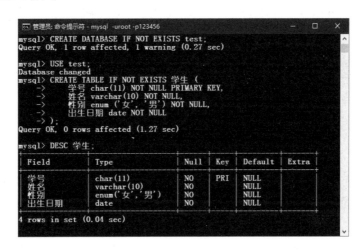

图 2.21　将单列上设置为主键

【例 2.24】在 test 数据库中创建成绩表，将学号列和课程编号列设置为复合主键。

使用 mysql 客户端工具，连接到 MySQL 服务器上，然后执行下列语句。

（1）设置 test 为当前数据库。

```
mysql> USE test;
```

（2）创建成绩表并设置学号列和课程编号列为复合主键。

```
mysql> CREATE TABLE IF NOT EXISTS 成绩 (
    学号 char(11) NOT NULL,
    课程编号 int NOT NULL,
    成绩 tinyint NOT NULL,
    PRIMARY KEY (学号，课程编号)
);
```

（3）查看成绩表中各列的信息。

```
mysql> DESC 成绩;
```

执行结果如图 2.22 所示。

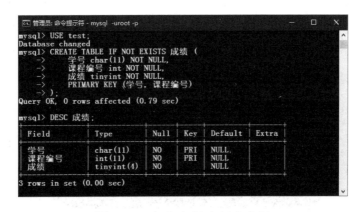

图 2.22　在表中创建复合主键

2.3.2 候选键约束

候选键既可以是表中的一列，也可以是表中多列的一个组合。在任何时候，候选键的值都必须是唯一的。候选键与主键之间的区别表现在以下几个方面。

（1）一个表中只能有一个主键，但一个表中可以有多个候选键，甚至不同候选键之间还可以重合。例如，在 col1 和 col2 列上定义了一个候选键，在 col2 和 col3 列上定义了另一个候选键，这两个候选键在 col2 列上重合了，在 MySQL 中也是允许的。

（2）主键的值不允许为 NULL，候选键的值则可以为 NULL，不过必须使用 NULL 或 NOT NULL 进行声明。

（3）一般情况下，创建主键时会自动生成 PRIMARY KEY 索引，创建候选键时会自动生成 UNIQUE 索引。

候选键约束可以在 CREATE TABLE 或 ALTER TABLE 语句中使用 UNIQUE 关键字来定义。与主键约束的实现方式类似，候选键约束也有两种实现方式：如果作为列完整性约束实现，则应在列定义中添加 UNIQUE 关键字；如果作为表完整性约束实现，则应在最后的列定义后面添加 UNIQUE 子句。

【例 2.25】 创建课程表，将课程编号列设置为主键，将课程名称列设置为候选键。

使用 mysql 客户端工具，连接到 MySQL 服务器上，然后执行下列语句。

（1）设置 test 为当前数据库。

```
mysql> USE test;
```

（2）创建课程表，并设置课程编号列为主键，课程名称列为候选主键。

```
mysql> CREATE TABLE IF NOT EXISTS 课程 (
    课程编号 int NOT NULL AUTO_INCREMENT PRIMARY KEY,
    课程名称 varchar(30) NOT NULL UNIQUE
);
```

（3）查看课程表中各列的信息。

```
mysql> DESC 课程;
```

执行结果如图 2.23 所示。

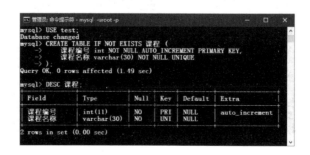

图 2.23　在表中定义候选键

2.3.3　参照完整性约束

参照完整性约束是指表（子表）中的某一列表现为一个外键，可以引用另一个表（父表）中的主键或候选键。例如，成绩表中的学号必须出现在学生表中，成绩表中的课程编号也必须出现在课程表中。在这个关系中，学生表和课程表为父表，成绩表为子表，成绩表中的学号列和课程编号列都表现为外键。

参照完整性约束可以在 CREATE TABLE 或 ALTER TABLE 语句中使用 FOREIGN KEY ... REFERENCES 子句来定义，语法格式如下。

```
...                                                    /*创建或修改子表*/
[ADD] FOREIGN KEY [索引名] (索引列, ...)                  /*外键*/
REFERENCES 表名 [(索引列, ...)]                           /*父表和被引用列*/
[ON DELETE {RESTRICT | CASCADE | SET NULL | NO ACTION | SETDEFAULT}]
[ON UPDATE {RESTRICT | CASCADE | SET NULL | NO ACTION | SETDEFAULT}]
索引列:
列名 [(长度)] [ASC | DESC]
```

其中，FOREIGN KEY 子句用于在一个表中定义外键，修改表时要使用 ADD 关键字，创建表不使用该关键字；外键可以在一个或多个索引列上定义，外键所在的表称为子表或从表。索引列由列名、长度和排序规则组成，长度表示使用列值前面的若干个字符创建索引，ASC 表示按升序排列索引值（默认值），DESC 表示按降序排列索引值。

REFERENCES 子句用于指定被引用的父表和被引用的列。子表中的外键可以引用父表中的一个列或多个列，外键只能引用主键和候选键，外键中的所有值都必须在被引用列中存在。

ON DELETE 和 ON UPDATE 子句为外键指定参照动作。当试图从一个父表中删除或更新一行时，如果在子表中存在一个或多个匹配的行，则要采取的动作有以下 5 种选择。

- CASCADE：当从父表删除或更新行时，自动删除或更新子表中匹配的行。
- SET NULL：当从父表删除或更新行时，设置子表中的外键列为 NULL。如果外键列没有指定 NOT NULL 限定词，这就是唯一合法的。
- NO ACTION：不采取动作，如果有一个相关的外键值在父表中，则拒绝对父表的删除或更新操作。
- RESTRICT：与 NO ACTION 一样，拒绝对父表的删除或更新操作，这是默认设置。
- SET DEFAULT：当父表更新时将子表的外键设置为默认值。

目前，外键只能在那些使用 InnoDB 存储引擎创建的表中使用。对于其他类型的表，MySQL 服务器可以对 FOREIGN KEY 子句进行解析，但不能使用或保存。

【例 2.26】修改成绩表，将学号和课程编号列定义为外键，分别引用学生表中学号列和课程表中的课程编号列。

使用 mysql 客户端工具，连接到 MySQL 服务器上，然后执行下列语句。

（1）设置 test 为当前数据库。

```
mysql> USE test;
```

（2）修改成绩表，将学号列和课程编号列设置为外键。

```
mysql> ALTER TABLE 成绩
    ADD FOREIGN KEY (学号)
        REFERENCES 学生 (学号)
        ON DELETE CASCADE ON UPDATE CASCADE,
    ADD FOREIGN KEY (课程编号)
        REFERENCES 课程 (课程编号)
        ON DELETE CASCADE ON UPDATE CASCADE;
```

（3）查看成绩表结构定义。

```
mysql> SHOW CREATE TABLE 成绩\G
```

执行结果如图 2.24 所示。

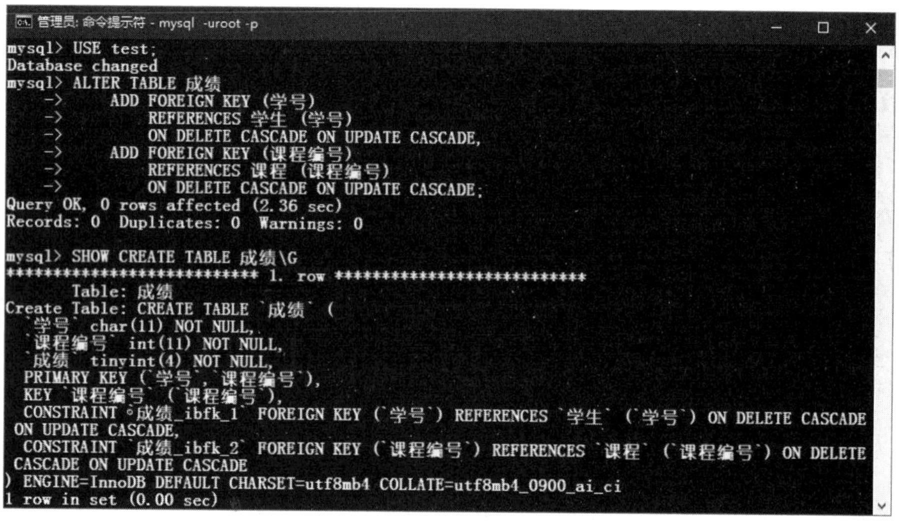

图 2.24　在表中定义参照完整性约束

2.3.4　检查完整性约束

检查完整性约束是指在 CREATE TABLE 语句中使用 CHECK 子句添加的约束条件，通过该约束条件可以限制在列中输入的值，语法格式如下。

```
...
CHECKL (条件)
```

其中，条件指定列值应满足的条件。

检查完整性约束只能在创建表时定义，既可以在某个列上定义，也可以在表级别定义。

注意：对于所有的存储引擎，CHECK 子句都会被分析，但是会被忽略。接受该子句但又忽略子句的原因是为了提高兼容性，以便更容易地从其他 SQL 服务器中导入代码，并正常运行应用程序。

【**例 2.27**】创建一个新的成绩表，要求学号列为主键，学号列和课程编号列为外键，并限制成绩列的数值必须位于 0~100 范围内。

使用 mysql 客户端工具，连接到 MySQL 服务器上，然后执行下列语句。

（1）设置 test 为当前数据库。

```
mysql> USE test;
```

（2）创建一个名为"成绩 2"的新表。

```
mysql> CREATE TABLE IF NOT EXISTS 成绩 2 (
    学号 char(11) NOT NULL PRIMARY KEY,
    课程编号 int NOT NULL,
    成绩 tinyint NULL CHECK (成绩>=0 AND 成绩<=100),
    FOREIGN KEY (学号)
        REFERENCES 学生 (学号)
        ON DELETE CASCADE ON UPDATE CASCADE,
    FOREIGN KEY (课程编号)
        REFERENCES 课程 (课程编号)
        ON DELETE CASCADE ON UPDATE CASCADE
);
```

（3）查看成绩表结构定义。

```
mysql> SHOW CREATE TABLE 成绩 2\G
```

执行结果如图 2.25 所示。

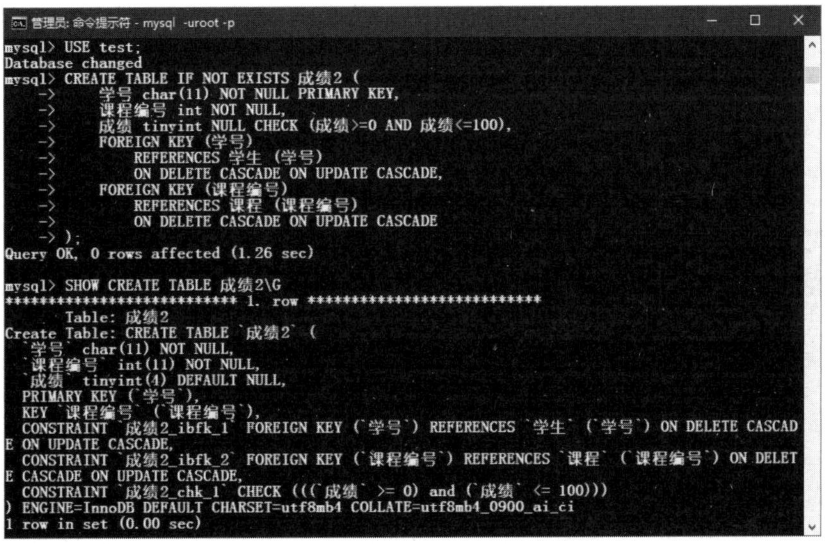

图 2.25 在表中定义检查完整性

2.3.5 命名完整性约束

在 MySQL 中，可以对完整性约束进行添加、修改和删除操作。为了修改和删除完整性约束，要求定义约束时对其进行命名，可以在定义约束之前使用 CONSTRAINT 子句，语法格式如下。

```
CONSTRAINT [字符串]
{PRIMARY KEY ... | FOREIGN KEY... | CHECK ...}
```

其中，字符串指定所定义约束的名称，该名称在数据库中必须是唯一的。如果省略字符串参数，则 MySQL 会自动创建这个名称。CONSTRAINT 子句要放在相应的约束前面，只能给表完整性约束指定名称，而不能给列完整性约束指定名称。

当定义完整性约束时，应当尽量给约束指定一个名称，这样便于在修改或删除约束时快速找到它们。

【例 2.28】创建一个图书表，要求将图书编号列定义为主键，国际标准书号列定义为候选键，并对主键约束和候选键约束指定名称。

使用 mysql 客户端工具，连接到 MySQL 服务器上，然后执行下列语句。

（1）设置 test 为当前数据库。

```
mysql> USE test;
```

（2）创建一个名为"图书"的新表。

```
mysql> CREATE TABLE IF NOT EXISTS 图书 (
    图书编号 int NOT NULL AUTO_INCREMENT,
    国际标准书号 char(13) NOT NULL,
    作者 varchar(30) NOT NULL,
    出版日期 date NOT NULL,
    CONSTRAINT pk PRIMARY KEY (图书编号),
    CONSTRAINT isbn UNIQUE (国际标准书号)
);
```

（3）查看图书表结构定义。

```
mysql> SHOW CREATE TABLE 图书\G
```

执行结果如图 2.26 所示。

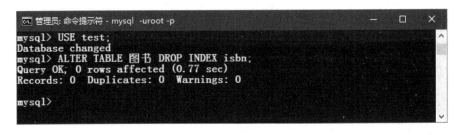

图 2.26　命名完整性约束

2.3.6　删除完整性约束

在 MySQL 中，可以在 ALTER TABLE 语句中使用 DROP 子句来删除完整性约束，语法格式如下。

```
ALTER TABLE 表名
DROP {PRIMARY KEY | FOREIGN KEY 外键名 | INDEX 索引名}
```

其中，PRIMARY KEY 指定删除主键约束，FOREIGN KEY 指定删除外键约束，INDEX 指定删除候选键约束。

【例 2.29】从图书表中删除候选键约束。

使用 mysql 客户端工具，连接到 MySQL 服务器上，然后执行下列语句。

（1）设置 test 为当前数据库。

```
mysql> USE test;
```

（2）从图书表中删除候选键约束。

```
mysql> ALTER TABLE 图书 DROP INDEX isbn;
```

执行结果如图 2.27 所示。

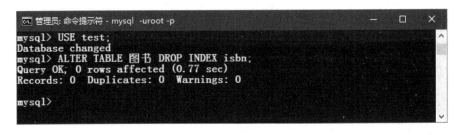

图 2.27　从图书表中删除候选键约束

2.4 表记录操作

数据库中的表由行（记录）和列（字段）组成。在数据库中，创建表只是完成了表结构的定义，即指定了各个字段的名称、数据类型和其他属性，此时，表中并不包含数据。表中的一行数据称为一条记录，一个表中可以包含许多条记录。表记录的操作包括插入、修改、替换和删除，这些操作可以使用相应的 SQL 语句来完成。表记录的操作如下。

2.4.1 插入记录

当在数据库中创建了表后，既可以使用 INSERT 语句向表中插入一条或多条记录，记录中各字段的数据可以直接在语句中提供，也可以从现有的表中获取。

1. INSERT...VALUES 语句

通过 INSERT...VALUES 语句可以使用指定的值向表中插入一条或多条记录，这个语句的基本语法格式如下。

```
INSERT [LOW_PRIORITY | HIGH_PRIORITY] [IGNORE]
[INTO] 表名 [(列名, ...)]
VALUES ({表达式 | DEFAULT}, ...), (...), ...
[ON DUPLICATE KEY UPDATE 列名=表达式, ...]
```

其中，表名指定要插入数据的表的名称。列名指定字段的名称，不同字段之间用逗号分隔，构成一个字段列表。

VALUES 子句为各列提供一个数据清单。如果不为 INSERT...VALUES 语句指定一个字段列表，则表中每个字段的值必须在 VALUES 列表中提供。如果指定了一个字段列表，但此列表没有包含表中的所有字段，则未包含的各个字段将被设置为默认值。

表达式用于为列提供值，其值的数据类型应与相应列的数据类型一致。如果数据为字符串或日期，则要用单引号括起来。

DEFAULT 关键字指定使用列的默认值。

使用 INSERT...VALUES 语句时，MySQL 会给自增列提供值。如果未给具有默认值的列提供值，则使用其默认值。对于未设置值的列，如果允许为空，则其值为空；如果不允许为空，则会出现错误。对于时间戳列，MySQL 会自动赋值。如果字段列表和值列表均为空，则会创建一行，其中，每个列都被设置为默认值。

INSERT 语句支持下列修改符。

- LOW_PRIORITY：延迟执行 INSERT，直到没有其他客户端从表中读取为止。在读取量很大的情况下，发出 INSERT LOW_PRIORITY 语句的客户端有可能需要等待很长一段时间，甚至是永远等待下去。

- HIGH_PRIORITY：优先执行 INSERT 操作。

- IGNORE：在执行语句时出现的错误被当作警告处理。

如果指定了 ON DUPLICATE KEY UPDATE，并且插入记录后会导致在一个 UNIQUE 索引或 PRIMARY KEY 中出现重复值，则对原有记录执行 UPDATE 操作。

【例 2.30】选择学生成绩管理数据库，向课程表中插入一些记录。

使用 mysql 客户端工具，连接到 MySQL 服务器上，然后执行以下语句。

（1）设置 sams 为默认数据库。

```
mysql> USE sams;
```

（2）在 course 表内插入 8 条记录。

```
mysql> INSERT INTO course (couname, semester, hours)
    VALUES
    ('数学', 1, 72), ('英语', 1, 72),
    ('平面设计', 1, 64), ('数字视频编辑', 1, 64),
    ('网页设计', 1, 64), ('计算机网络基础',1, 64),
    ('Java 程序设计', 1, 72), ('MySQL 数据库', 1, 72);
```

（3）查看课程表中包含的数据记录。

```
mysql> SELECT * FROM course;
```

本例中，用 INSERT...VALUES 语句向 course 表中添加了多条记录，虽然没有在字段列表中列出 couid 字段，但由于该字段具有自动递增特性，因此，它会自动获得值。插入记录后，使用 SELECT 语句从 course 表中检索所有字段（用星号*表示）的值。上述语句的执行结果如图 2.28 所示。

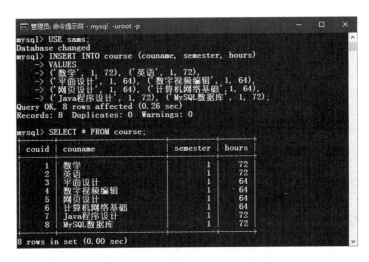

图 2.28　向课程表中添加数据

当使用 INSERT...VALUES 语句向一个表中插入多条记录时，这个语句的内容可能会比较长，在这种情况下，可以考虑将这些语句的内容保存到脚本文件中，然后，用 mysql 客户端工具来执行该脚本文件。请看下面的例了。

【例2.31】选择学生成绩管理数据库，向学生表中插入一些记录。

（1）用记事本程序创建一个脚本文件并保存为 ins_stu.sql，文件内容如下。

```
USE sams;
INSERT INTO student VALUES
('18161001', '李昊天', '男', '2000-03-09', '数媒', '18 数媒 01', '学习委员'),
('18161002', '许欣茹', '女', '1999-08-09', '数媒', '18 数媒 01', NULL),
('18161003', '陈伟强', '男', '2000-10-19', '数媒', '18 数媒 01', NULL),
('18161004', '刘爱梅', '女', '1999-05-28', '数媒', '18 数媒 01', NULL),
('18161005', '李智浩', '男', '2001-09-09', '数媒', '18 数媒 01', NULL),
('18161006', '赵春燕', '女', '1999-05-21', '数媒', '18 数媒 01', NULL),
('18161007', '李文博', '男', '2000-07-16', '数媒', '18 数媒 01', NULL),
('18161008', '张国强', '男', '1999-10-15', '数媒', '18 数媒 01', NULL),
('18161009', '王颖洁', '女', '2000-06-26', '数媒', '18 数媒 01', NULL),
('18161010', '庄子麟', '男', '1999-08-20', '数媒', '18 数媒 01', NULL),
('18162001', '冯国华', '男', '2001-11-09', '数媒', '18 数媒 02', '学习委员'),
('18162002', '张淑雅', '女', '2000-07-03', '数媒', '18 数媒 02', NULL),
('18162003', '陈庭旭', '男', '2000-06-16', '数媒', '18 数媒 02', NULL),
('18162004', '刘玉霞', '女', '1999-06-28', '数媒', '18 数媒 02', NULL),
('18162005', '丁振洋', '男', '2000-03-09', '数媒', '18 数媒 02', NULL),
('18162006', '安家悦', '女', '2001-09-21', '数媒', '18 数媒 02', NULL),
('18162007', '周志国', '男', '2000-08-16', '数媒', '18 数媒 02', NULL),
('18162008', '陈龙飞', '男', '1999-06-25', '数媒', '18 数媒 02', NULL),
('18162009', '刘晶晶', '女', '2000-09-26', '数媒', '18 数媒 02', NULL),
('18162010', '张鹏飞', '男', '2001-08-20', '数媒', '18 数媒 02', NULL),
('18163001', '赵子明', '男', '2000-05-09', '软件', '18 软件 01', '学习委员'),
('18163002', '肖紫薇', '女', '1999-09-03', '软件', '18 软件 01', NULL),
('18163003', '张利民', '男', '2000-08-19', '软件', '18 软件 01', NULL),
('18163004', '王慧娟', '女', '1999-09-28', '软件', '18 软件 01', NULL),
('18163005', '李志明', '男', '2000-06-09', '软件', '18 软件 01', NULL),
('18163006', '赵文静', '女', '2001-05-22', '软件', '18 软件 01', NULL),
('18163007', '刘明远', '男', '2000-02-16', '软件', '18 软件 01', NULL),
('18163008', '丁有康', '男', '1999-07-15', '软件', '18 软件 01', NULL),
('18163009', '陈梦娜', '女', '2000-05-16', '软件', '18 软件 01', NULL),
('18163010', '王国瑞', '男', '1999-08-22', '软件', '18 软件 01', NULL),
('18164001', '李建国', '男', '2000-08-09', '软件', '18 软件 02', '学习委员'),
('18164002', '许宇娟', '女', '1999-07-03', '软件', '18 软件 02', NULL),
('18164003', '陈志伟', '男', '2000-11-19', '软件', '18 软件 02', NULL),
('18164004', '冯岱若', '女', '1999-06-28', '软件', '18 软件 02', NULL),
('18164005', '李亚涛', '男', '2001-09-09', '软件', '18 软件 02', NULL),
```

```
('18164006', '何晓明', '女', '1999-03-21', '软件', '18 软件 02', NULL),
('18164007', '马金亮', '男', '2000-07-16', '软件', '18 软件 02', NULL),
('18164008', '原思国', '男', '1999-10-15', '软件', '18 软件 02', NULL),
('18164009', '刘颖洁', '女', '2000-06-26', '软件', '18 软件 02', NULL),
('18164010', '贺浩然', '男', '1999-07-20', '软件', '18 软件 02', NULL),
('18165001', '苏亚康', '男', '2000-03-19', '网络', '18 网络 01', '学习委员'),
('18165002', '薛雨欣', '女', '1999-09-23', '网络', '18 网络 01', NULL),
('18165003', '周宇航', '男', '2000-08-19', '网络', '18 网络 01', NULL),
('18165004', '张淑美', '女', '1999-03-28', '网络', '18 网络 01', NULL),
('18165005', '范宁杰', '男', '2001-02-09', '网络', '18 网络 01', NULL),
('18165006', '鲍翠颖', '女', '1999-06-21', '网络', '18 网络 01', NULL),
('18165007', '高云飞', '男', '2000-09-16', '网络', '18 网络 01', NULL),
('18165008', '李云龙', '男', '1999-10-11', '网络', '18 网络 01', NULL),
('18165009', '刘飞燕', '女', '2000-08-26', '网络', '18 网络 01', NULL),
('18165010', '程英杰', '男', '1999-05-23', '网络', '18 网络 01', NULL),
('18166001', '丁有建', '男', '2000-07-19', '网络', '18 网络 02', '学习委员'),
('18166002', '张淑菲', '女', '1999-06-03', '网络', '18 网络 02', NULL),
('18166003', '陈小雷', '男', '2000-10-19', '网络', '18 网络 02', NULL),
('18166004', '李佳慧', '女', '1999-09-28', '网络', '18 网络 02', NULL),
('18166005', '朱莉莉', '男', '2001-05-09', '网络', '18 网络 02', NULL),
('18166006', '刘春燕', '女', '1999-09-21', '网络', '18 网络 02', NULL),
('18166007', '薛仁贵', '男', '2000-03-16', '网络', '18 网络 02', NULL),
('18166008', '石永康', '男', '1999-10-15', '网络', '18 网络 02', NULL),
('18166009', '江一珍', '女', '2000-09-26', '网络', '18 网络 02', NULL),
('18166010', '王星源', '男', '1999-08-20', '网络', '18 网络 02', NULL);
SELECT * FROM student;
```

（2）使用 mysql 客户端工具，连接到 MySQL 服务器上，然后执行脚本文件 ins_stu.sql，所用命令如下。

```
mysql> \. ins_stu.sql
```

通过执行脚本文件 ins_stu.sql 插入 60 条记录并列出这些记录，结果如图 2.29 所示。

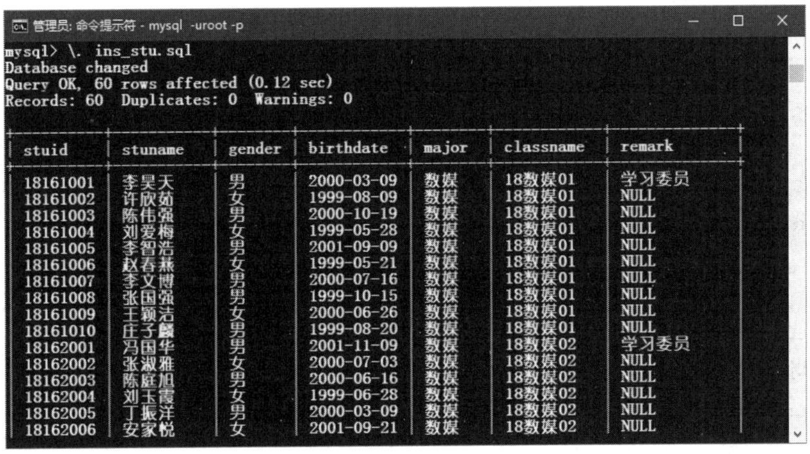

图 2.29　向学生表添加记录

2. INSERT...SELECT 语句

通过执行 INSERT...SELECT 语句，可以使一个或多个现有表中的数据向另一个表中插入多条记录，基本语法格式如下：

```
INSERT [INTO] 表名 [(列名, ...)]
SELECT ...
[ON DUPLICATE KEY UPDATE 列名=表达式, ...]
```

其中，表名指定要插入记录的目标表，列名指定接收数据的列。SELECT 子句的作用是从其他表中获取要添加的记录。其他选项与 INSERT...VALUES 语句相同，不再赘述。

【例 2.32】选择学生成绩管理数据库，向成绩表中插入一些记录，所用的学号和课程编号数据分别来自学生表和课程表，成绩数据为随机生成的 60~100 的整数。

（1）用记事本程序创建一个 SQL 脚本文件并保存为 ins_sco.sql，文件内容如下。

```
USE sams;
-- 对所有学生添加数学和英语两科成绩
INSERT INTO score
SELECT DISTINCT student.stuid, course.couid, FLOOR(60 + (RAND() * 41))
FROM student, course
WHERE student.stuid NOT IN (SELECT stuid FROM score)
AND course.couid NOT IN (SELECT couid FROM score)
AND course.couid<=2;
-- 对数媒专业学生添加平面设计和数字视频编辑两科记录
INSERT INTO score
SELECT DISTINCT student.stuid, course.couid, FLOOR(60 + (RAND() * 41))
FROM student, course
WHERE student.major='数媒' AND (course.couid=3 OR course.couid=4);
-- 对网络专业学生添加网页设计和计算机网络基础两科记录
INSERT INTO score
SELECT DISTINCT student.stuid, course.couid, FLOOR(60 + (RAND() * 41))
FROM student, course
WHERE student.major='网络' AND (course.couid=5 OR course.couid=6);
-- 对软件专业学生添加 Java 程序设计和 MySQL 数据库两科记录
INSERT INTO score
SELECT DISTINCT student.stuid, course.couid, FLOOR(60 + (RAND() * 41))
FROM student, course
WHERE student.major='软件' AND (course.couid=7 OR course.couid=8);
-- 查看学生成绩
SELECT * FROM score ORDER BY stuid, couid;
```

说明：在上述 INSERT...SELECT 语句中用到了一个比较复杂的 SELECT。其中，SELECT 子句列出要查询的字段列表；DISTINCT 关键字用于过滤重复的记录；表达式 FLOOR(60 + (RAND() * 41))用于生成一个位于 40~100 之间的随机整数，RAND()是一个 MySQL 内置函数，

其功能是返回一个随机浮点值 v，范围在 0~1 之间（其范围为 0≤v≤1.0），FLOOR()为取整函数；FROM 子句指定要查询的表来源；WHERE 子句用于设置查询条件；位于 IN 后面圆括号内的是子查询，NOT 为否定谓词，NOT IN(…)表示学号或课程编号不存在于成绩表中；AND 和 OR 为逻辑运算符，用于组合两个查询条件；ORDER BY 子句用于设置查询结果的排序规则。关于 SELECT 语句的详细用法请参阅第 3 章。

（2）使用 mysql 客户端工具，连接到 MySQL 服务器上，通过以下命令来执行脚本文件 ins_sco.sql。

```
mysql> \. ins_sco.sql
```

通过执行 SQL 脚本文件 ins_sco.sql 向成绩表一次性添加了 240 条记录，对不同专业的学生分别添加了 4 个科目的成绩，其中，成绩数据为随机生成的整数，以备后用。脚本文件的执行结果如图 2.30 所示。

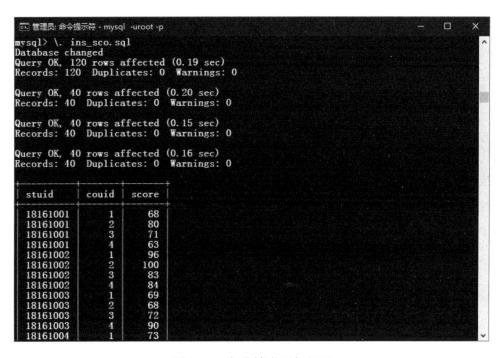

图 2.30　向成绩表添加记录

2.4.2　修改记录

在表添加数据记录后，根据需要可以对表中已有的数据记录进行修改。在 MySQL 中，可以通过执行 UPDATE 语句使用新值来更新表中的各个列。UPDATE 语句有两种语法格式，即单表语法和多表语法。

单表语法：

```
UPDATE [LOW_PRIORITY] [IGNORE] 表名
SET 列名 1=表达式 1[, 列名 2=表达式 2 ...]
```

```
[WHERE 条件]
[ORDER BY...]
[LIMIT 行数]
```

多表语法：

```
UPDATE [LOW_PRIORITY] [IGNORE] 表名[, 表名...]
SET 列名1=表达式1[, 列名2=表达式2...]
[WHERE 条件]
```

表名指定要更新的表。在多表语法中，虽然引用了多个表名，但并不是所有表中的数据都被更新，有些表作用仅仅是为查找要修改的记录提供数据。

SET 子句用于指示要修改哪些列和要给予哪些值，列名 1 和列名 2 等表示要更新的列的名称，表达式 1 和表达式 2 等给出为更新列提供值的表达式。当同时修改多个列值时，中间用逗号分隔。

WHERE 子句用于指定应更新哪些行，条件表示搜索条件表达式，该表达式的值为布尔值，只有满足该表达式的行才会被更新。如果在 UPDATE 语句中不使用 WHERE 子句，则更新表中的所有行。

如果指定了 ORDER BY 子句，则按照指定的顺序对行进行更新。

LIMIT 子句用于限定 UPDATE 的范围，可以限制被更新的行数。只要发现可以满足 WHERE 子句的行数，则 UPDATE 语句中止，无论这些行是否被改变。

在 UPDATE 语句中可以使用以下修饰词。

● LOW_PRIORITY：延迟执行 UPDATE 语句，直到没有其他客户端从表中读取为止。

● IGNORE：即使在更新过程中出现错误，更新语句也不会中断。

【例 2.33】选择学生成绩管理数据库，对成绩表进行更新，如果成绩小于或等于 90，则对成绩增加 1。

使用 mysql 客户端工具，连接到 MySQL 服务器上，然后执行以下语句。

（1）设置 sams 数据库为默认数据库。

```
mysql> USE sams;
```

（2）修改成绩表中所有记录中的成绩字段。

```
mysql> UPDATE score
    SET score=score+1
    WHERE score<=90;
```

（3）查看成绩表中的所有记录。

```
mysql> SELECT * FROM score;
```

执行结果如图 2.31 所示。

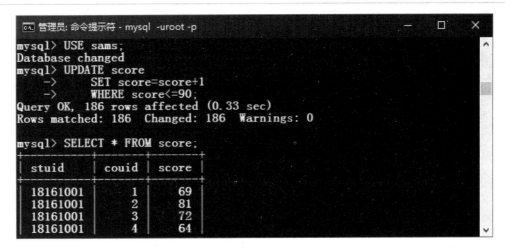

图 2.31 更新成绩表中的所有记录

【例 2.34】更新学生表，在学号为"18163002"的学生的备注中填写"擅长摄影"。

（1）设置 sams 数据库为默认数据库。

```
mysql> USE sams;
```

（2）修改学生表中的指定记录。

```
mysql> UPDATE student
    SET remark='擅长摄影'
    WHERE stuid='18163002';
```

（3）查看修改后的学生记录。

```
mysql> SELECT * FROM student
    WHERE stuid='18163002';
```

执行结果如图 2.32 所示。

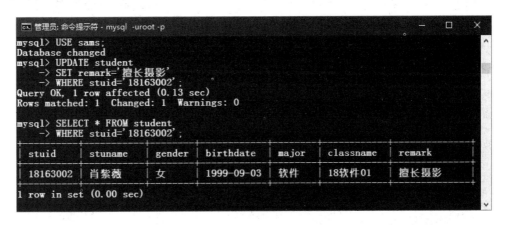

图 2.32 修改指定学生的备注

【例 2.35】更新成绩表，将姓名为"丁有建"的学生的"网页设计"成绩改为 96。

使用 mysql 客户端工具，连接到 MySQL 服务器上，然后执行以下语句。

（1）设置 sams 数据库为默认数据库。

```
mysql> USE sams;
```

（2）查看修改前丁有建的网页设计成绩。

```
mysql> SELECT stuname, couname, score
       FROM score, student, course
       WHERE score.stuid=student.stuid AND score.couid=course.couid
       AND stuname='丁有建' AND couname='网页设计';
```

（3）修改成绩表中的指定记录。

```
mysql> UPDATE score, student, course
       SET score=96
       WHERE score.stuid=student.stuid AND score.couid=course.couid
       AND stuname='丁有建' AND couname='网页设计';
```

说明：虽然在这个 UPDATE 语句中引用了 score、student 和 course 这 3 个表，但是最终修改只有 score 表，student 和 course 表中的记录并未被修改，这两个表的作用是为查找待修改记录提供数据。

（4）查看修改后丁有建的网页设计成绩。

```
mysql> SELECT stuname, couname, score
       FROM score, student, course
       WHERE score.stuid=student.stuid AND score.couid=course.couid
       AND stuname='丁有建' AND couname='网页设计';
```

执行结果如图 2.33 所示。

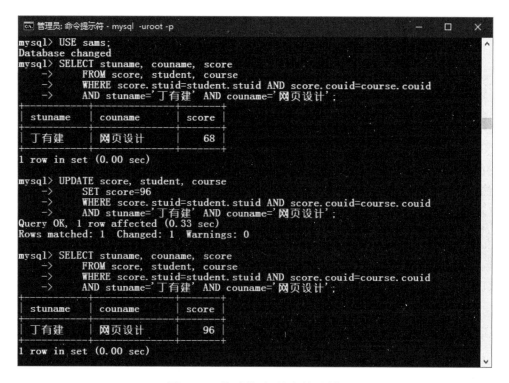

图 2.33　修改指定学生的成绩

2.4.3 替换记录

对于包含主键或唯一索引的表，如果在要添加的记录中主键列或唯一索引列的值在表中已经存在，则可以使用 REPLACE 语句将原有的记录替换为新记录，语法格式如下。

```
REPLACE [LOW_PRIORITY | DELAYED]
[INTO] 表名 [(列名,...)]
VALUES ({表达式 | DEFAULT},...),(...)
```

REPLACE 语句的功能与 INSERT 语句类似。所不同的是，如果表中的一个旧记录与一个用于 PRIMARY KEY 或一个 UNIQUE 索引的新记录具有相同的值，则在插入新记录之前会删除旧记录。

除非表中有一个 PRIMARY KEY 或 UNIQUE 索引，否则，使用 REPLACE 语句没有什么意义，它会与 INSERT 语句完全相同，因为没有索引用于确定是否新行复制了其他行。

所有列的值均取自在 REPLACE 语句中指定的值。没有提供值的列将设置为各自的默认值，这与 INSERT 语句是一样的。

使用 REPLACE 语句时，既不能从当前行中引用值，也不能在新行中使用值。如果使用类似 "SET 列名=列名+1" 的赋值，则对位于右侧的列名的引用会被视为 DEFAULT (列名) 处理，因此，这种赋值方式相当于 SET 列名=DEFAULT(列名)+1。

要使用 REPLACE 语句，必须同时拥有表的 INSERT 和 DELETE 权限。

REPLACE 语句会返回一个数字，以指示受影响的行数。该数字是被删除和被插入的行数之和。如果对于一个单行 REPLACE 该数字为 1，则插入一行但没有行被删除。如果该数字大于 1，则在插入新行前有一个或多个旧行被删除。如果表包含多个唯一索引，并且新行复制了不同的唯一索引中的不同旧行的值，则有可能是单一行替换了多个旧行。

受影响的行数很容易确定 REPLACE 是只添加了一行还是同时替换了其他行。如果该数字为 1，则只添加了一行；如果该数字大于 1，则在添加的同时还替换了其他行。

【例 2.36】在学生表中重新插入学号为 18162002 和 18162003 的学生记录。

使用 mysql 客户端工具，连接到 MySQL 服务器上，然后执行以下语句。

（1）设置 sams 数据库为默认数据库。

```
mysql> USE sams;
```

（2）使用 REPLACE 语句替换指定的学生记录。

```
mysql> REPLACE INTO student VALUES
        ('18162002', '张淑雅', '女', '2000-07-03', '数媒', '18 数媒 02', NULL),
        ('18162003', '陈庭旭', '男', '2000-06-16', '数媒', '18 数媒 02', NULL);
```

本例中，学号（stuid）为学生表中的主键列，指定的两个学号先前已经录入过了，如果执行 INSERT 语句将会出现错误，执行 REPLACE 语句则可以正常运行。

执行结果如图 2.34 所示。

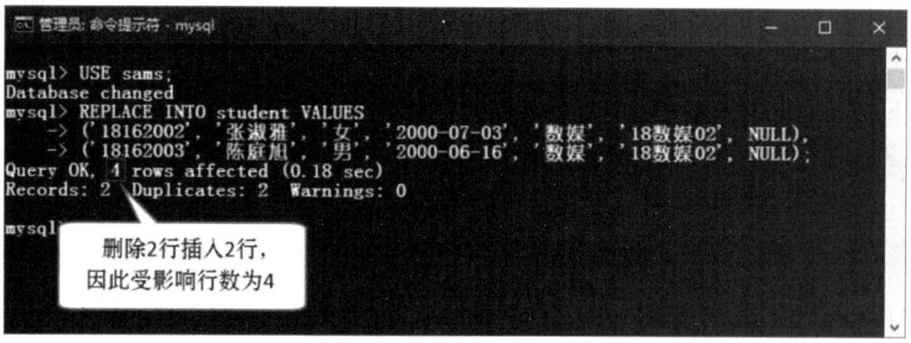

图 2.34　替换已有记录

2.4.4　删除记录

对于不再需要的数据记录，可以使用 DELETE 语句将其从表中删除，该语句有以下 3 种语法格式。

单表语法：

```
DELETE [LOW_PRIORITY] [QUICK] [IGNORE] FROM 表名
[WHERE 条件]
[ORDER BY...]
[LIMIT 行数]
```

多表语法 1：

```
DELETE [LOW_PRIORITY] [QUICK] [IGNORE]
表名 [.*] [ ,表名[.*]...]
FROM 表引用
[WHERE 条件]
```

多表语法 2：

```
DELETE [LOW_PRIORITY] [QUICK] [IGNORE]
FROM 表名[.*] [, 表名[.*]...]
USING 表引用
[WHERE 条件]
```

DELETE 语句用于删除表名表中满足给定条件的行，并返回被删除记录的数目。如果 DELETE 语句中未使用 WHERE 子句，则所有的行都被删除。当不想知道被删除行的数目时，有一个更快的方法，即使用 TRUNCATE TABLE。

如果指定 LOW_PRIORITY，则 DELETE 的执行将被延迟，直到没有其他客户端读取本表时再执行。对于 MyISAM 表，如果使用 QUICK 关键词，则在删除过程中存储引擎不会合并索引端节点,这样可以加快部分种类删除操作的速度。

如果指定 IGNORE 关键词,则在删除行的过程中将忽略所有错误。在分析阶段遇到的错误会以常规方式处理。由于使用这个选项而被忽略的错误会作为警告返回。

LIMIT 子句用于告知服务器在控制命令被返回到客户端前被删除行的最大值。这个选项用于确保一个 DELETE 语句不会占用过多的时间。

如果 DELETE 语句包括一个 ORDER BY 子句,则各行按照子句中指定的顺序进行删除。这个子句只在与 LIMIT 联用时才起作用。

在一个 DELETE 语句中可以指定多个表,根据这些表中的特定条件,从一个表或多个表中删除行。表引用部分列出了包含在联合中的表。不能在一个多表 DELETE 语句中使用 ORDER BY 或 LIMIT。

使用 DELETE 的单表语法,只删除列于 FROM 子句前表中对应的行。使用 DELETE 第二种语法,只删除列于 FROM 子句中而位于 USING 子句前表中的对应行,可以同时删除许多个表中的行,并使用其他表进行搜索。例如:

```
DELETE t1,t2 FROM t1,t2,t3
WHERE t1.id=t2.id AND t2.id=t3.id;
```

也可以写成以下形式。

```
DELETE FROM t1,t2 USING t1,t2,t3
WHERE t1.id=t2.id AND t2.id=t3.id;
```

当搜索待删除记录时这些语句将使用所有 3 个表,但只从表 t1 和表 t2 中删除对应记录。

在 MySQL 中,可以使用 TRUNCATE TABLE 语句来清空一个表,语法格式如下。

```
TRUNCATE [TABLE] 表名
```

TRUNCATE TABLE 是 MySQL 的一个 Oracle SQL 扩展。从逻辑上说,TRUNCATE TABLE 语句与用于删除所有行的 DELETE 语句是等效的,但是,某些情况下两者在使用上还是有所不同的。

习　题　2

一、选择题

1. 在下列各项中,(　　)不属于 MySQL 注释。

A. //...　　　　　　　B. #...　　　　　　　C. -- ...　　　　　　　D. /* ... */

2. 在字段的约束条件中,(　　)表示主键约束。

A. DEFAULT　　　　B. PRIMARY KEY　　　C. UNIQUE KEY　　　D. FOREIGN KEY

3. 在下列各项中，（　　）是 INT 的同义词。

    A. SERIAL   B. INTEGER   C. MEDIUMINT   D. BOOLEAN

4. 在下列各项中，（　　）是 MySQL 8.0 中的默认存储引擎。

    A. InnoDB   B. MyISAM   C. Memory   D. Archive

5. 创建表时要将一列设置为自动编号，可以使用（　　）。

    A. DEFAULT   B. UNIQUE KEY   C. PRIMARY KEY   D. AUTO_INCREMEN

6. 在关于主键约束的描述中，错误的是（　　）。

    A. 每个表只能定义一个主键   B. 主键的值必须能够唯一标识表中的每一行

    C. 一个列名在复合主键中可以出现多次   D. 在复合主键中某一列的值可以重复

二、判断题

1. CREATE SCHEMA 是 CREATE DATABASE 的同义词。   （　　）

2. MySQL 8.0 支持通过在数据目录下手动创建目录来创建数据库。   （　　）

3. 使用 SHOW CREATE DATABASE 语句显示创建命名数据库的 CREATE DATABASE 语句。

                                            （　　）

4. 使用 SHOW DATABASES 语句或 mysqlshow 命令都可以列举 MySQL 服务器上的数据库清单。

                                            （　　）

5. 如果当前没有默认数据库，则 DATABASE() 函数将返回 mysql。   （　　）

6. 使用 ALTER DATABASE 语句可以对数据库进行重命名。   （　　）

7. 使用 SHOW TABLES 语句列出数据库中所有临时表的清单。   （　　）

8. SHOW CREATE TABLE 语句对视图也起作用。   （　　）

9. 在 CREATE TABLE 语句中使用 LIKE 子句可以复制现有表的结构。   （　　）

10. 使用 ALTER TABLE 或 RENAME TABLE 都可以重命名表。   （　　）

11. 一个表中只能有一个候选键。   （　　）

12. 外键所在的表称为父表。   （　　）

13. INSERT...VALUES 语句只能向表中插入一条记录。   （　　）

14. INSERT...SELECT 语句可以使用一个或多个现有表中的数据向另一个表中插入多条记录。

                                            （　　）

15. REPLACE 语句的功能与 INSERT 语句完全相同。   （　　）

16. DROP TABLE 语句与 TRUNCATE TABLE 语句作用完全相同。   （　　）

三、操作题

1. 创建一个学生成绩管理数据库。

2. 在该数据库中，参照表 2.1～表 2.3 创建学生表、课程表和成绩表。

3. 使用 SQL 语句向上述表中添加记录。

4. 使用 SQL 语句修改表中的记录。

5. 使用 SQL 语句从表中删除记录。

第 3 章　数据查询与应用

数据查询是数据库管理系统的重要功能之一。MySQL 数据库使用 SQL SELECT 语句来查询数据，在数据查询中既可以设置数据源、输出项和查询条件，也可以对查询结果进行排序、分组和组合。本章讲述如何使用 SELECT 语句从 MySQL 数据库中查询数据，主要内容包括选择查询输出项、选择查询数据源、设置查询条件、查询结果分组和排序、限制查询结果行数、子查询和组合查询结果等。

3.1　SELECT 语句概述

SELECT 语句用于从数据库中查询数据，并允许从一个或多个表中选择一个或多个行或列，检索到的查询结果以表格形式返回。使用命令行或图形界面查询工具都可以执行 SELECT 语句，但使用图形界面查询工具更方便。

3.1.1　SELECT 语句的基本组成

SELECT 语句的完整语法格式比较复杂，但是，可以将其主要子句归纳如下。

```
SELECT 输出项[, 输出项 ...]
[FROM 源表
[WHERE 搜索条件]
[GROUP BY {列名 | 表达式 | 列位置}, ...]
[HAVING 搜索条件]
[ORDER BY {列名 | 表达式 | 列位置}[ASC | DESC], ...]
[LIMIT {[偏移,]行数 | 行数 OFFSET 偏移}]
[INTO OUTFILE '文件名' | INTO DUMPFILE '文件名' | INTO 变量名[, 变量名]]]
```

其中，SELECT 子句指定查询的输出项，每个输出项指定要查询的列，必须至少有一个输出项。列与列之间用逗号分隔，构成了输出项列表，也称选择列表。除了对源表或视图中的列引用外，输出项也可以是对任何其他表达式（如常量或函数）的引用。

FROM 子句指定查询的数据来源，源表指要从中检索记录的一个或多个表。FROM 子句

还可以包含连接规范，这些连接规范定义了 MySQL 在从一个表导航到另一个表时使用的特定路径。SELECT 语句也可用于检索计算的行而不引用任何表。

WHERE 子句指定查询返回的行必须满足的搜索条件，搜索条件是一个表达式，对于要选择的每一行，其计算结果为 TRUE。如果没有 WHERE 子句，则返回所有行。在 WHERE 表达式中，可以使用 MySQL 支持的任何函数和运算符，但聚合函数除外。

GROUP BY 子句将查询结果分成几行，以便在每个组上执行聚合函数，SELECT 语句针对每个组分别返回一行。分组的依据可以是包含在选择列表中的列名或列位置。

HAVING 子句指定行组或聚合的搜索条件。HAVING 只能与 SELECT 语句一起使用，并且它通常与 GROUP BY 子句一起使用。HAVING 后面的搜索条件指定组或聚合满足的条件。当不使用 GROUP BY 子句时，HAVING 的行为如同一个 WHERE 子句。但 HAVING 子句可以引用聚合函数，而 WHERE 子句则不能引用聚合函数。

ORDER BY 子句对查询返回的数据进行排序。排序依据可以是列名、列位置或表达式，关键字 ASC 和 DESC 用于指定排序行的排列顺序是升序还是降序。如果结果集行的顺序对于 SELECT 语句来说很重要，就应当在该语句中使用 ORDER BY 子句。

LIMIT 子句用于限制 SELECT 语句返回的行数。该子句需要提供一个或两个整数参数，它们都必须是非负整数常量。

SELECT ... INTO 形式的 SELECT 语句允许将查询结果写入文件或存储到变量中。

3.1.2 常用查询工具

在 MySQL 中，包括 SELECT 在内的各种 SQL 查询语句都可以使用命令行工具 mysql 或图形界面工具 MySQL Workbench 来执行，也可以使用第三方开发的图形界面工具（如 Navicat for MySQL）来执行。

1. mysql 命令行工具

使用 mysql 命令行工具，可以通过交互方式输入 SQL 语句或以批处理模式执行文件中的 SQL 语句，从而完成在 MySQL 服务器上创建数据库、查询和操作数据的任务。第 2 章中曾经使用 mysql 命令行工具完成了创建和修改数据库的操作，此后，还在数据库中创建了表并实现了记录的增删改操作。但由于 mysql 命令行工具采用的是基于字符的界面，使用起来有诸多不便。

2. MySQL Workbench

MySQL Workbench 是一种可视化的数据库设计和管理工具，既可以用于管理 MySQL 服务器，也可以用于创建和管理数据库和各种数据库对象。MySQL Workbench 提供了一个内置的 SQL 编辑器，既可以用来在数据库连接上执行各种 SQL 语句，也可以将编写的 SQL 语句或查询结果保存到文件中。

3. Navicat for MySQL

Navicat for MySQL 是由 PremiumSoft 公司出品的一款用于管理 MySQL 数据库的桌面应用程序，它为 MySQL 数据库管理、开发和维护提供了直观而强大的图形界面。Navicat for MySQL 提供了简体中文版，使用起来非常方便。

下面简要介绍使用 Navicat for MySQL 执行 SQL 查询的方法。

（1）启动 Navicat for MySQL 程序，单击工具栏中的"连接"按钮，然后，从弹出的菜单中选择"MySQL"选项，如图 3.1 所示。

图 3.1　创建 MySQL 连接

（2）在如图 3.2 所示的"新建连接"对话框中配置连接参数，输入连接名、主机、端口和密码，并勾选"保存密码"复选框，然后单击"测试连接"按钮，当看到"连接成功"提示时，单击"确定"按钮，再次单击"确定"按钮。

图 3.2　配置 MySQL 连接参数

（3）在导航窗格中双击连接名（如 MySQL80），即可看到当前 MySQL 服务器上的所有数据库，如图 3.3 所示。

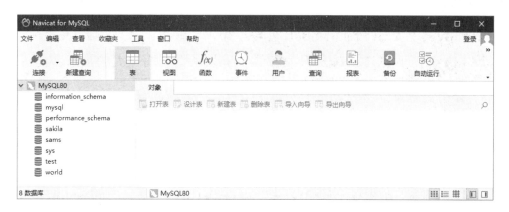

图 3.3　查看 MySQL 服务器上的所有数据库

（4）在工具栏中单击"新建查询"按钮，打开 SQL 查询编辑器用户界面，如图 3.4 所示。

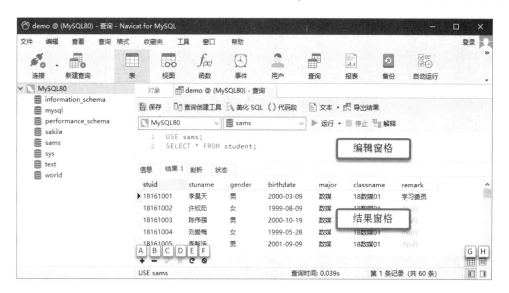

图 3.4　SQL 查询编辑器用户界面

Navicat for MySQL 的 SQL 查询编辑器主要由编辑窗格、结果窗格及状态窗格等部分组成，它提供了代码提示和语法着色功能。

结果窗格底部包含以下按钮：A. 添加记录；B. 删除记录；C. 应用更改；D. 放弃更改；E. 刷新查询结果；F. 停止执行查询；G. 以网格形式查看查询结果；H. 以表单形式查看查询结果。

（5）在编辑窗格中输入 SQL SELECT 语句，单击"运行"按钮或者按 Ctrl+R 组合键，即可显示结果窗格，以网格形式列出查询结果。

本章讲述数据查询时，主要是使用 Navicat for MySQL 提供的 SQL 查询编辑器来执行 SELECT 语句，并查看所返回的结果集。

3.2　选择查询输出项

SELECT 语句是由一系列子句组成的。在所有子句中，只有 SELECT 子句是必选项，其他子句都是可选项。SELECT 子句的功能是为数据查询指定一个输出项列表，其中，每个输出项呈现为查询结果中的一列。在输出项列表中，既可以使用表或视图中的列名，也可以使用其他表达式。

3.2.1　选择所有列

如果要查看表中所有列的信息，可以在 SELECT 输出项列表中使用星号（*）来选择源表或视图中的所有列。如果使用表或视图名称进行限定，则星号将被解析为对指定表或视图中的所有列的引用。

当使用星号选择所有列时，查询结果中的列顺序与创建表或视图时所指定的列顺序相同。由于 SELECT * 将查找表中当前存在的所有列，因此，每次执行 SELECT * 语句时，表结构的更改（通过添加、删除或重命名列）都会自动反映出来。

【例 3.1】在学生成绩管理数据库中，使用 SELECT 语句从课程表中查询所有课程。

使用 Navicat for MySQL 客户端连接到 MySQL 服务器上，在 SQL 编辑器中编写以下语句。

```
USE sams;
SELECT * FROM course;
```

按 Ctrl+R 组合键执行上述语句，结果如图 3.5 所示。

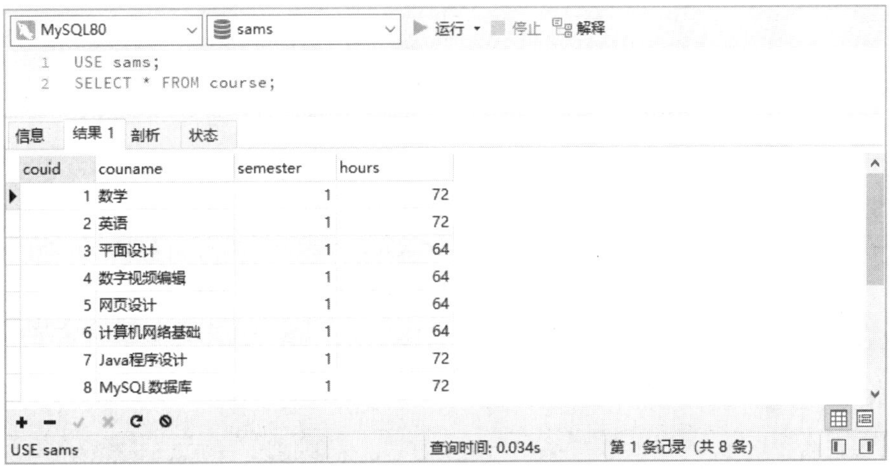

MySQL80
sams
运行
停止
解释
1 USE sams;
2 SELECT * FROM course;
信息
结果 1
剖析
状态
couid
couname
semester
hours
1 数学 1 72
2 英语 1 72
3 平面设计 1 64
4 数字视频编辑 1 64
5 网页设计 1 64
6 计算机网络基础 1 64
7 Java程序设计 1 72
8 MySQL数据库 1 72
USE sams
查询时间: 0.034s
第 1 条记录 (共 8 条)

图 3.5　从表中选择所有列

3.2.2 选择部分列

如果要从表中选择一部分列作为 SELECT 查询的输出项，则应当在输出项列表中明确地列出每个列名，列名之间用逗号分隔。假如创建表时在表名或列名中使用了空格（不符合标识符命名规则），则编写 SELECT 语句时需要使用反引号“'”将表名或列名括起来，如 SELECT 'student id', 'student name' FROM 'student table'，否则会出现错误信息。

如果在 FROM 子句中指定了多个表，而这些表中又有同名的列，则在使用这些列时需要在列名前面冠以表名，以指明该列属于哪个表。例如，在 student 和 score 表都有一个名称为 stuid 的列，若要引用 student 表中的 stuid 列，应在输出项列表中写上 student.stuid；若要引用 score 表中的 stuid 列，则应在输出项列表中写上 score.stuid。

【例 3.2】在学生成绩管理数据库中，使用 SELECT 语句从学生表查询所有学生的信息，要求列出学号、姓名、性别及出生日期。

使用 Navicat for MySQL 客户端连接到 MySQL 服务器上，在 SQL 编辑器中编写以下语句。

```
USE sams;
SELECT stuid, stuname, gender, birthdate
FROM student;
```

按 Ctrl+R 组合键执行上述语句，结果如图 3.6 所示。

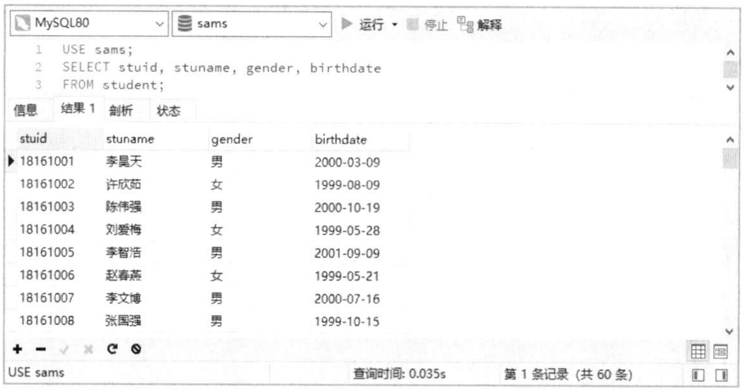

MySQL80
sams
运行
停止
解释
USE sams;
SELECT stuid, stuname, gender, birthdate
FROM student;
信息
结果 1
剖析
状态
stuid stuname gender birthdate
18161001 李昊天 男 2000-03-09
18161002 许欣茹 女 1999-08-09
18161003 陈伟强 男 2000-10-19
18161004 刘爱梅 女 1999-05-28
18161005 李智浩 男 2001-09-09
18161006 赵春燕 女 1999-05-21
18161007 李文博 男 2000-07-16
18161008 张国强 男 1999-10-15
USE sams
查询时间: 0.035s
第 1 条记录 (共 60 条)

图 3.6 从表中选择部分列

3.2.3 设置列别名

在 SELECT 语句中，使用 AS 子句来更改结果集中的列名或为派生列分配名称。AS 子句是在 SQL-92 标准中定义的语法，用来为结果集中的列分配名称，语法格式如下。

```
列名 [AS] 别名
```

【例 3.3】在学生成绩管理数据库中，使用 SELECT 语句从学生表查询所有学生的信息，要求列出学号、姓名、性别和出生日期，并以中文显示列名。

使用 Navicat for MySQL 客户端连接到 MySQL 服务器上，在 SQL 编辑器中编写以下语句。

```
USE sams;
SELECT stuid AS 学号, stuname AS 姓名, gender AS 性别, birthdate AS 出生日期
FROM student;
```

按 Ctrl+R 组合键执行上述语句，结果如图 3.7 所示。

图 3.7　为列指定别名

3.2.4　增加派生列

在输出项列表中，有些列不是指定为对列的简单引用，而是通过表中的其他列值计算生成的，如表中有单价和数量列，可以在输出项列表中增加一个用于计算总额的表达式，其值等于单价乘以数量，即派生列。派生列本无名称，通常应使用 AS 子句为其指定别名。

在派生列中，既可以对数值列或常量使用算术运算符或函数进行计算，也可以进行数据类型转换。MySQL 支持下列算术运算符：+（加）、-（减）、*（乘）、/（除）、%（模，即取余数），既可以使用算术运算符对数值数据进行加、减、乘、除等运算。此外，也可以使用日期函数或常规加减算术运算符对日期时间类型的列进行算术运算。

【例 3.4】在学生成绩管理数据库中，使用 SELECT 语句从学生表查询所有学生的信息，要求列出学号、姓名、性别、出生日期及年龄，并以中文显示列名。

使用 Navicat for MySQL 客户端连接到 MySQL 服务器上，在 SQL 编辑器中编写以下语句。

```
USE sams;
SELECT stuid AS 学号, stuname AS 姓名, gender AS 性别,
    birthdate AS 出生日期, FLOOR(DATEDIFF(CURDATE(), birthdate)/365) AS 年龄
FROM student;
```

说明：上述 SELECT 语句中增加了一个派生列，其中引用了 3 个函数：CURDATE()用于返回当前系统日期，DATEDIFF()用于计算两个日期之间的差值（天数），FLOOR()用于取整。

按 Ctrl+R 组合键执行上述语句，结果如图 3.8 所示。

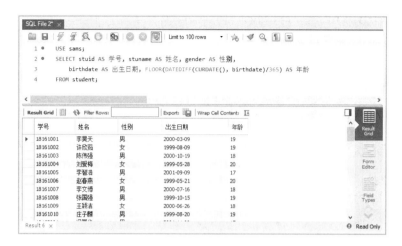

图 3.8　使用派生列计算学生年龄

3.2.5　消除重复行

在输出项列表中可以使用 ALL 和 DISTINCT 修饰符，用于指定是否返回重复的行。ALL 是默认值，用于指定返回所有匹配的行，包括重复行在内；DISTINCT 指定从结果集中删除重复的行，DISTINCTROW 是 DISTINCT 的同义词。

【例 3.5】在学生成绩管理数据库中，使用 SELECT 语句从成绩表中查询不重复的课程编号，要求用中文显示列名。

使用 Navicat for MySQL 客户端连接到 MySQL 服务器上，在 SQL 编辑器中编写以下语句。

```
USE sams;
SELECT couid AS 课程编号 FROM score;
SELECT DISTINCT couid AS 课程编号 FROM score;
```

按 Ctrl+R 组合键执行上述语句，结果如图 3.9 和图 3.10 所示。

图 3.9　查询结果中包含大量的重复行

图 3.10　从查询结果中消除重复行

3.2.6　没有表列的 SELECT 语句

在 SELECT 语句中，只有 SELECT 子句是必选项，其余是可选项。如果 SELECT 选择列表中仅包含常量、变量、函数和其他表达式，而不包含从任何表或视图中选择的列，则没有必要使用 FROM 子句。

【例 3.6】使用 SELECT 语句显示以下信息：整数 2 的算术平方根、当前 MySQL 用户、当前默认数据库及当前日期和时间。

使用 Navicat for MySQL 客户端连接到 MySQL 服务器上，在 SQL 编辑器中编写以下语句。

```
USE sams;
SELECT SQRT(2) AS 2 的平方根, USER() AS 当前用户,
    DATABASE() AS 当前数据库, NOW() AS 当前日期时间
```

按 Ctrl+R 组合键执行上述语句，结果如图 3.11 所示。

图 3.11　用 SELECT 显示函数返回值

3.3　选择查询数据源

FROM 子句在 SELECT 语句中是可选项，用于指定从哪个表或哪些表中查询数据。如果要查询的数据来自数据库中的表，则必须使用 FROM 子句指定要查询的对象。在 FROM 子句中可以引用单个表或多个表，当引用多个表时，需要使用某种连接方式将来自不同表中的数据组合起来。

3.3.1　单表查询

当从单个数据库表中查询数据时，需要在 FROM 子句中指定要引用该表的名称，这种查询称为单表查询。在单表查询中，可以使用下列两种方式引用来源表。

（1）使用 USE 语句将一个数据库设置为当前数据库，然后，在 FROM 子句中指定要引用的表名，此时，这个表就是属于当前数据库。例如，要从 MySQL 示例数据库 world 中查询城市数据，可以使用下列语句。

```
USE world;
SELECT * FROM city;
```

（2）不设置当前数据库，在 FROM 子句中指定要引用的表名时，在其前面冠以所属数据库的名称。例如，要从 MySQL 示例数据库 world 中查询城市数据，也可以使用以下语句。

```
SELECT * FROM world.city;
```

如果要从多个表中查询数据时，则必须在 FROM 子句中指定要引用的多个表名，这种查询称为多表查询。在多表查询中，需要使用某种方式对不同的表进行连接，因此，多表查询也称为连接查询。连接方式分为全连接和 JOIN 连接，JOIN 连接又分为内连接、外连接和交叉连接。

3.3.2 全连接查询

全连接是指在 FROM 子句中使用逗号来分隔各个表，语法格式如下。

```
FROM 表名 [[AS] 别名][, 表名 [AS] 别名], ...
```

其中，表名指定要引用的表，AS 关键字和别名都是可选的。

在全连接查询中，查询结果中的列来自各个表，结果集是由各个表中的行进行交叉所得到的各种可能的组合，也称为笛卡尔乘积，结果集包含的行数是各个来源表行数的乘积。例如，A 表包含 200 行，B 表包含 300 行，则以全连接方式查询 A 表和 B 表时，返回的结果集将包含 200×300=60000（行）数据。因此，使用全连接方式时有可能生成行数非常大的结果集。

在实际应用中，使用全连接查询时通常可以使用 WHERE 子句来设置一个条件表达式，以控制结果集的大小。

【例 3.7】在学生成绩管理数据库中，使用全连接方式从学生表、课程表和成绩表中查询数据，列出学生的学号、姓名、课程名称和成绩。

使用 Navicat for MySQL 客户端连接到 MySQL 服务器上，在 SQL 编辑器中编写以下语句。

```
USE sams;
SELECT st.stuid AS 学号, stuname AS 姓名,
    co.couid AS 课程编号, couname AS 课程名称, score AS 成绩
FROM student AS st, course AS co, score AS sc
WHERE st.stuid=sc.stuid AND co.couid=sc.couid;
```

按 Ctrl+R 组合键执行上述语句，结果如图 3.12 所示。

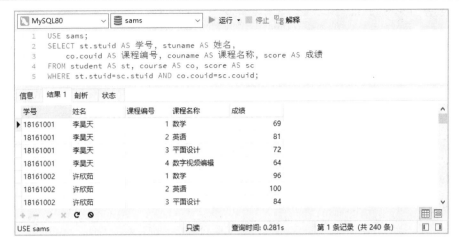

图 3.12　使用全连接查询学生成绩

3.3.3　内连接查询

内连接是指使用关键词 INNER JOIN 来连接要查询的各个表，语法格式如下。

```
FROM 表名 [[AS] 别名] INNER JOIN 表名 [[AS] 别名] ON 条件表达式
```

其中，表名用于指定要查询的表，AS 关键字和别名是可选的。由于内连接是默认的连接方式，关键字 INNER 也可以省略不写。ON 子句主要用于指定表之间的连接条件，其他与表连接无关的条件应放在 WHERE 子句中。

使用内连接查询时，将根据 ON 子句指定的连接条件合并两个表并返回满足条件的行。

【例 3.8】在学生成绩管理数据库中，使用内连接方式从学生表、课程表和成绩表中查询数据，列出网络专业学生的学号、姓名和数学成绩。

使用 Navicat for MySQL 客户端连接到 MySQL 服务器上，在 SQL 编辑器中编写以下语句。

```
USE sams;
SELECT st.stuid AS 学号, stuname AS 姓名,
    co.couid AS 课程编号, couname AS 课程名称, score AS 成绩
FROM score AS sc
    INNER JOIN student AS st ON sc.stuid=st.stuid
    INNER JOIN course AS co ON sc.couid=co.couid
WHERE major='网络' AND couname='数学';
```

按 Ctrl+R 组合键执行上述语句，结果如图 3.13 所示。

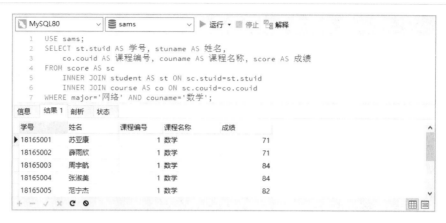

图 3.13　使用内连接查询学生成绩

3.3.4　外连接查询

外连接是指在 FROM 子句中使用 OUTER 关键字来连接要查询的两个表，具体可以分为以下几种形式。

（1）左外连接（LEFT OUTER JOIN）：结果集中除匹配行外，还包括左表中存在但右表中不匹配的行，对于这样的行，从右表中选择的列设置为 NULL。

（2）右外连接（RIGHT OUTER JOIN）：结果集中除匹配行外，还包括右表中存在但左表中不匹配的行，对于这样的行，从左表中选择的列设置为 NULL。

（3）自然连接（NATURAL JOIN）：其语义定义与设置 ON 条件的 INNER JOIN 相同，可以进一步分为自然左连接（NATURAL LEFT OUTER JOIN）和自然右连接（NATURAL RIGHT OUTER JOIN）。

外连接只能用于连接两个表。当使用各种形式的外连接时，可以省略 OUTER 关键字。

【例 3.9】选择学生成绩管理数据库，首先，在学生表中增加 6 条学生记录，然后，使用左外连接方式从学生表和成绩表中查询数据，要求列出学生表中的所有行。

使用 Navicat for MySQL 客户端连接到 MySQL 服务器上，在 SQL 编辑器中编写以下语句。

```
USE sams;
INSERT INTO student VALUES
('18161011', '周晓锋', '男', '2000-09-09', '数媒', '18 数媒 01', NULL),
('18161012', '程雅青', '女', '2000-03-03', '数媒', '18 数媒 01', NULL),
('18161013', '李逍遥', '男', '1999-07-07', '数媒', '18 数媒 01', NULL),
('18161014', '马丽珍', '女', '2000-06-06', '数媒', '18 数媒 01', NULL),
('18161015', '杨嘉玲', '女', '2000-08-08', '数媒', '18 数媒 01', NULL),
('18161016', '唐咏秋', '女', '2000-12-16', '数媒', '18 数媒 01', NULL);
SELECT st.stuid AS 学号, stuname AS 姓名, couid AS 课程编号, score AS 成绩
FROM student AS st LEFT JOIN score AS sc ON st.stuid=sc.stuid;
```

按 Ctrl+R 组合键执行上述语句，结果如图 3.14 所示。

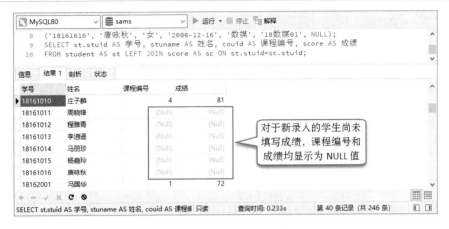

图 3.14　使用左外连接查询

【例 3.10】选择学生成绩管理数据库，首先，在课程表中增加 6 条课程记录，然后，使用右外连接方式从课程表和成绩表中查询数据，要求列出课程表中的所有行。

使用 Navicat for MySQL 客户端连接到 MySQL 服务器上，在 SQL 编辑器中编写以下语句。

```
USE sams;
INSERT INTO course (couname, semester, hours)
VALUES
('数字绘画', 2, 72), ('无人机航拍技术', 2, 64),
('网络安全', 2, 64), ('网络综合布线', 2, 64),
('Python 程序设计', 2, 72), ('Android 移动开发', 2, 72);
SELECT couname, s.*
FROM score AS s
    RIGHT JOIN course AS c ON s.couid=c.couid;
```

按 Ctrl+R 组合键执行上述语句，结果如图 3.15 所示。

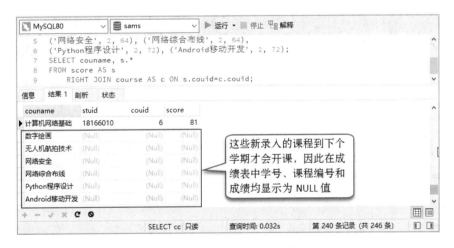

图 3.15　使用右外连接查询

3.3.5　交叉连接查询

交叉连接是指在 FROM 子句中使用 CROSS JOIN 来连接各个表。如果不使用连接条件，则交叉连接就是对两个表进行笛卡尔乘积运算，结果集是由第一个表的行与第二个表的行拼接后形成的，结果集的行数就等于两个表的行数的乘积。

在 MySQL 中，从语法上讲 CROSS JOIN 与 INNER JOIN 等同，两者可以互换。

【例 3.11】在学生成绩管理数据库中，使用交叉查询从学生表和课程表中查询数据。

使用 Navicat for MySQL 客户端连接到 MySQL 服务器上，在 SQL 编辑器中编写以下语句。

```
USE sams;
SELECT s.stuid AS 学号, s.stuname AS 姓名,
    c.couid AS 课程编号, c.couname AS 课程名称
FROM student AS s CROSS JOIN course AS c;
```

按 Ctrl+R 组合键执行上述语句，结果如图 3.16 所示。

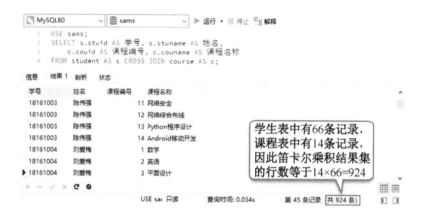

图 3.16　使用交叉连接查询

3.4　设置查询条件

在实际应用中，数据库中往往存储着大量的数据，在某个特定用途中，并非总要使用表中的全部数据，更常见的是从表中选择满足给定条件的一部分行，这就需要对查询返回的行进行筛选和限制。通过在 SELECT 语句中使用 WHERE 子句可以对行设置筛选条件，从而保证查询集中仅仅包含所需要的行，而将不需要的行排除在结果集之外。

3.4.1　WHERE 子句语法格式

在 SELECT 语句中，WHERE 子句是一个可选项，使用时，应当将其放在 FROM 子句的后面，语法格式如下。

```
WHERE 搜索条件
```

其中，搜索条件是要查询的行应满足的条件，这个条件是用运算符连接列名、常量、变量、函数等得到的表达式，其取值为 TRUE（1）、FALSE（0）或 NULL。

通过 WHERE 子句可以为查询设置一系列搜索条件，只有那些满足搜索条件的行才用于生成结果集，那些不满足搜索条件的行则不会包含在结果集内。

3.4.2　比较搜索

在 MySQL 中，可以使用比较运算符来比较两个表达式的大小，语法格式如下。

表达式 1　比较运算符　表达式 2

其中，表达式 1 和表达式 2 是要进行比较的表达式，其数据类型是除 TEXT 和 BLOB 之外的数据类型。MySQL 支持的比较运算符如下。

- =：等于。
- <=：小于等于。
- >：大于。
- >=：大于等于。
- <=>：相等或都是 NULL。
- <>：不等于。
- !=：不等于。

如果两个表达式都不是 NULL，则比较运算符（<=>除外）返回布尔值 TRUE 或 FALSE；如果两个表达式中有一个是 NULL，或两个都是 NULL，则返回 UNKNOWN。

【例 3.12】在学生成绩管理数据库中，从学生表中查询软件专业的学生信息，要求所有列名使用中文表示。

使用 Navicat for MySQL 客户端连接到 MySQL 服务器上，在 SQL 编辑器中编写以下语句。

```
USE sams;
SELECT stuid AS 学号, stuname AS 姓名, gender AS 性别,
    major AS 专业, classname AS 班级, remark AS 备注
FROM student
WHERE major='软件';
```

按 Ctrl+R 组合键执行上述语句，结果如图 3.17 所示。

【例 3.13】在学生成绩管理数据库中，从学生表、课程表和成绩表中查询英语成绩高于85 分的学生信息。

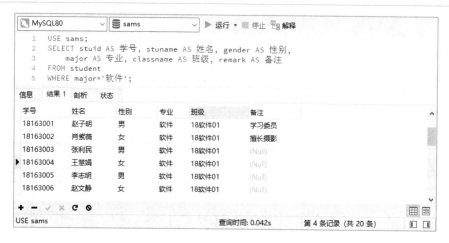

图 3.17　查询软件专业的学生信息

使用 Navicat for MySQL 连接到 MySQL 服务器上，在 SQL 编辑器中编写以下语句。

```
USE sams;
SELECT st.stuid AS 学号, stuname AS 姓名,
    couname AS 课程名称, score AS 成绩
FROM score AS sc
    INNER JOIN student AS st ON sc.stuid=st.stuid
    INNER JOIN course AS co ON sc.couid=co.couid
WHERE couname='英语' AND score>85;
```

说明：上述语句中 AND 为逻辑运算符，用于组合两个条件，只有当两个条件都成立时才返回 TRUE；只要有一个条件不成立，则返回 FALSE。

按 Ctrl+R 组合键执行上述语句，结果如图 3.18 所示。

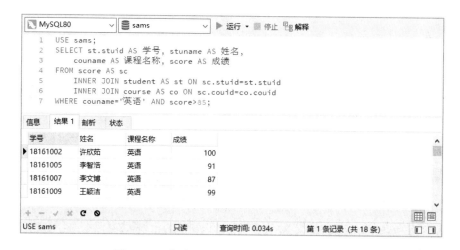

图 3.18　查询英语成绩高于 85 分的学生

MySQL 提供了一个特殊的运算符 "<=>"，其运算规则如下：当两个表达式相等或都等于 NULL 时返回 TRUE；如果两个表达式中有一个是 NULL，或者都是非 NULL 值但两者不相等，则返回 FALSE。

【例 3.14】 在学生成绩管理数据库中，从学生表中查询备注为空的学生信息。

使用 Navicat for MySQL 客户端连接到 MySQL 服务器上，在 SQL 编辑器中编写以下语句。

```
USE sams;
SELECT stuid AS 学号, stuname AS 姓名, gender AS 性别,
    major AS 专业, classname AS 班级, remark AS 备注
FROM student
WHERE remark<=>NULL;
```

按 Ctrl+R 组合键执行上述语句，结果如图 3.19 所示。

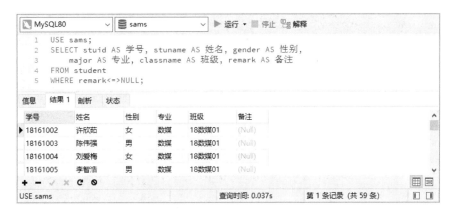

图 3.19　查询备注为空的学生

3.4.3　判定空值

前面已介绍如何使用比较运算符"<=>"判定一个表达式是否为 NULL 值。实际上，MySQL 还专门提供了一个用于判定空值的比较运算符 IS NULL，其语法格式如下。

```
表达式 IS [NOT] NULL
```

如果表达式的值为 NULL，则返回 TRUE；否则返回 FALSE。NOT 为可选项，当使用 NOT 时，将对运算结果取反。

【例 3.15】 在学生成绩管理数据库中，从学生表中查询备注不为空的学生信息。

使用 Navicat for MySQL 客户端连接到 MySQL 服务器上，在 SQL 编辑器中编写以下语句。

```
USE sams;
SELECT stuid AS 学号, stuname AS 姓名, gender AS 性别,
    major AS 专业, classname AS 班级, remark AS 备注
FROM student
WHERE remark IS NOT NULL;
```

按 Ctrl+R 组合键执行上述语句，结果如图 3.20 所示。

图 3.20　查询备注不为空的学生

3.4.4　范围搜索

在 WHERE 子句中，既可以使用 BETWEEN 运算符来指定要搜索的范围，也可以使用 NOT BETWEEN 来查找指定范围外的所有行，语法格式如下。

表达式 [NOT] BETWEEN 起始值 AND 终止值

其中，给出要测试的表达式，其值可能位于指定的范围内。范围的大小由起始值和终止值指定，起始值和终止值可以是任何有效的表达式。表达式、起始值和终止值必须具有相同的数据类型。NOT 指定对运算结果取反。AND 用作一个占位符，指示要测试的表达式的值应该处于由起始值与终止值所指定的范围内。

BETWEEN 运算符返回结果为布尔类型。如果测试表达式的值大于或等于起始值，并且小于或等于终止值，则 BETWEEN 返回 TRUE，NOT BETWEEN 返回 FALSE。如果表达式的值小于起始值或大于终止值，则 BETWEEN 返回 FALSE，NOT BETWEEN 返回 TRUE。

如果要指定一个排他性范围，则应使用大于运算符（>）和小于运算符（<）。

【例 3.16】在学生成绩管理数据库中，从学生表中查询出生于 1999 年 12 月 31 日到 2000 年 6 月 1 日之间的学生信息。

使用 Navicat for MySQL 客户端连接到 MySQL 服务器上，在 SQL 编辑器中编写以下语句。

```
USE sams;
SELECT stuid AS 学号, stuname AS 姓名, gender AS 性别,
    birthdate AS 出生日期, major AS 专业, classname AS 班级
FROM student
WHERE birthdae BETWEEN '1999-12-31' AND '2000-06-01';
```

按 Ctrl+R 组合键执行上述语句，结果如图 3.21 所示。

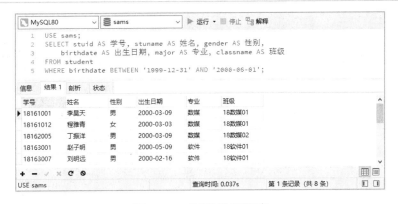

图 3.21 使用范围搜索

3.4.5 列表搜索

在 WHERE 子句中，使用 IN 运算符可以选择与列表中的任意值匹配的行。IN 运算符用于确定指定的值是否与列表中的值相匹配，语法格式如下。

```
表达式 [NOT] IN (值，...)
```

其中，表达式给出要进行测试的表达式。如果表达式等于 IN 列表中的任何值，则返回 TRUE；否则返回 FALSE。如果使用 NOT 关键字，则对结果取反。

【例 3.17】在学生成绩管理数据库中，从学生表中查询 18 数媒 02 班、18 软件 01 班和 18 网络 02 班的学生信息。

使用 Navicat for MySQL 客户端连接到 MySQL 服务器上，在 SQL 编辑器中编写以下语句。

```
USE sams;
SELECT stuid AS 学号, stuname AS 姓名, gender AS 性别,
    birthdate AS 出生日期, major AS 专业, classname AS 班级
FROM student
WHERE classname IN('18 数媒 02', '18 软件 01', '18 网络 02');
```

按 Ctrl+R 组合键执行上述语句，结果如图 3.22 所示。

图 3.22 使用列表搜索

3.4.6 模式匹配

在 WHERE 子句中，使用 LIKE 运算符来判定一个字符串是否与指定的模式相匹配，语法格式如下。

```
表达式 [NOT] LIKE 模式 [ESCAPE '转义字符']
```

其中，表达式指定要进行测试的表达式，可以是 CHAR、VARCHAR、TEXT 或 DATETIME 等数据类型；模式给出要在匹配表达式中搜索并且可以包含有效通配符的字符串。

常用的通配符如下。

- 百分号"%"：包含零个或多个字符的任意字符串。
- 下画线"_"：任何单个字符。

使用 LIKE 运算符时，如果测试表达式与指定模式匹配，则返回 TRUE；否则返回 FALSE。如果使用 NOT 关键字，则对运算结果取反。

ESCAPE 子句用于指定转义字符，并且转义字符必须是单个字符。如果要通过查询搜索通配符（例如"%"和"_"）本身，则可以通过使用 ESCAPE 子句来定义转义字符。例如，要搜索包含"10%"的字符串，可以使用：

```
WHERE 列名 LIKE '%10/%' ESCAPE '/'
```

在上述 WHERE 子句中，前导和结尾百分号（%）解释为通配符，而斜杠（/）后的百分号解释为字符%。

【例 3.18】在学生成绩管理数据库中，使用 LIKE 运算符实现模糊查询，从学生表中查询所有姓名字段中包含"国"字的学生信息。

使用 Navicat for MySQL 客户端连接到 MySQL 服务器上，在 SQL 编辑器中编写以下语句。

```
USE sams;
SELECT stuid AS 学号, stuname AS 姓名, gender AS 性别,
    birthdate AS 出生日期, major AS 专业, classname AS 班级
FROM student
WHERE stuname LIKE '%国%';
```

按 Ctrl+R 组合键执行上述语句，结果如图 3.23 所示。

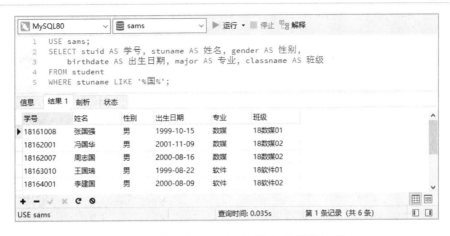

图 3.23　使用 LIKE 运算符实现模糊查询

3.4.7　组合搜索条件

在 SQL 中，所有逻辑运算符的计算结果为 TRUE、FALSE 或 NULL（UNKNOWN），在 MySQL 中分别实现为 1（TRUE）、0（FALSE）和 NULL。MySQL 支持以下逻辑运算符。

- 逻辑与运算符（AND，&&）：如果所有操作数都不为零且不为 NULL，则结果为 1；如果一个或多个操作数为 0，则结果为 0；如果任一操作数为 NULL，则返回 NULL。
- 逻辑或运算符（OR，||）：当两个操作数都不是 NULL 时，如果任何操作数非零，则结果为 1；否则为 0。使用 NULL 操作数时，如果另一个操作数非零，则结果为 1；否则为 NULL。如果两个操作数均为 NULL，结果为 NULL。
- 逻辑非运算符（NOT，!）：单目运算符。如果操作数为 0，则结果为 1；如果操作数不为 0，则结果为 0。NOT NULL 返回 NULL。
- 逻辑异或（XOR）：如果任一操作数为 NULL，则返回 NULL。对于非 NULL 操作数，如果奇数个操作数非零，则结果为 1；否则返回 0。

【例 3.19】在学生成绩管理数据库中，从学生表中查询 18 软件 01 班和 18 网络 02 班的男生记录。

使用 Navicat for MySQL 客户端连接到 MySQL 服务器上，在 SQL 编辑器中编写以下语句。

```
USE sams;
SELECT stuid AS 学号, stuname AS 姓名, gender AS 性别,
    birthdate AS 出生日期, major AS 专业, classname AS 班级
FROM student
WHERE gender='男' AND (classname='18 软件 01' OR classname='18 网络 02');
```

按 Ctrl+R 组合键执行上述语句，结果如图 3.24 所示。

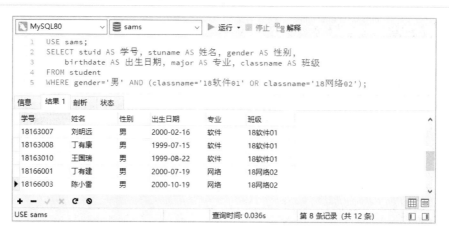

图 3.24　使用逻辑运算符组合搜索条件

3.4.8　正则表达式搜索

在 WHERE 子句中，使用 REGEXP 运算符来判定字符串是否匹配指定模式，从而实现更为复杂的字符串比较运算。REGEXP 运算符用于实现复杂的字符串比较，其功能十分强大，但它不是 SQL 标准的一部分，而是 MySQL 扩展的内容。使用 REGEXP 运算符时，应遵循以下语法格式。

表达式 [NOT] [REGEXP|RLIKE] 模式

其中，表达式是要进行测试的表达式；关键字 REGEXP 是正则表达式的缩写，RLIKE 是它的一个同义词；模式给出要在匹配表达式中搜索的字符串，其中，可以包含普通字符和具有特殊含义的字符。可与 REGEXP 运算符一起使用的特殊字符在表 3.1 中列出。

表 3.1　与 REGEXP 运算符一起使用的特殊字符

特殊字符	含　　义	特殊字符	含　　义
^	匹配字符串的开始部分	()	匹配括号中的内容
$	匹配字符串的结束部分	[abc]	匹配方括号中的任意一个字符
.	匹配任意一个字符（包括回车和换行）	[a-z]	匹配方括号中出现的 a～z 范围内的一个字符
*	匹配星号之前的 0 个或多个字符	[^a-z]	匹配方括号中出现的不在 a～z 范围内的一个字符
+	匹配加号前的一个或多个字符	|	匹配竖线符号左边或右边的字符串
?	匹配问号前的 0 个或多个字符	[[..]]	匹配方括号中的符号（如空格、句点、加号等）
{n,}	匹配花括号前的内容至少 n 次	[[:<:]]和[[:>:]]	匹配一个单词的开始和结束
{n,m}	匹配花括号前的内容至少 n 次；至多 m 次	[[::]]	匹配方括号中出现的字符中的任意一个

【例 3.20】在学生成绩管理数据库中，查询学号的第 5 位为 3 或 6 的学生记录。

使用 Navicat for MySQL 客户端连接到 MySQL 服务器上，在 SQL 编辑器中编写以下

语句。

```
USE sams;
SELECT stuid AS 学号, stuname AS 姓名, gender AS 性别,
    birthdate AS 出生日期, major AS 专业, classname AS 班级
FROM student
WHERE stuid REGEXP '....3...|....6...';
```

按 Ctrl+R 组合键执行上述语句，结果如图 3.25 所示。

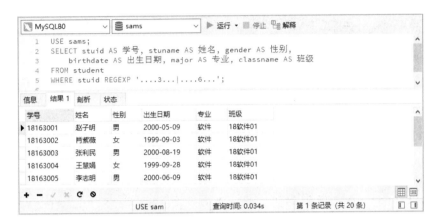

图 3.25　查询学号的第 5 位为 3 或 6 的学生记录

【例 3.21】在学生成绩管理数据库中查询姓氏为张、王、李、赵的学生记录。

使用 Navicat for MySQL 客户端连接到 MySQL 服务器上，在 SQL 编辑器中编写以下语句。

```
USE sams;
SELECT stuid AS 学号, stuname AS 姓名, gender AS 性别,
    birthdate AS 出生日期, major AS 专业, classname AS 班级
FROM student
WHERE stuname REGEXP '^[张王李赵]';
```

按 Ctrl+R 组合键执行上述语句，结果如图 3.26 所示。

图 3.26　查询姓氏为张、王、李、赵的学生记录

3.5 查询结果分组

在 SELECT 语句中，使用 GROUP BY 子句可以将查询结果分成若干个组，每个组在查询结果中仅出现一行，此时，在每个组上可以通过应用聚合函数来进行数据汇总操作。

3.5.1 GROUP BY 子句语法格式

使用 SELECT 语句从数据库中查询数据时，可以使用 GROUP BY 子句对查询结果进行分组，语法格式如下。

```
GROUP BY {列名 | 表达式 | 列位置}, ... [WITH ROLLUP]
```

GROUP BY 后面的分组依据可以是列名、表达式和列位置，为输出选择的列都可以在这里引用。列位置为整数，从 1 开始编号。

在 GROUP BY 子句中，允许使用 WITH ROLLUP 修饰符，此时，在查询返回的结果集内不仅包含由 GROUP BY 提供的行，而且还包含附加的汇总行。

使用 GROUP BY 子句时，SELECT 语句针对每个组返回一行，每个组中的行在指定的列中具有相同的值。

【例 3.22】选择学生成绩管理数据库，从学生表中查询各个专业和班级的名称。

使用 Navicat for MySQL 客户端连接到 MySQL 服务器上，在 SQL 编辑器中编写以下语句。

```
USE sams;
SELECT major AS 专业, classname AS 班级
FROM student
GROUP BY major, classname;
```

按 Ctrl+R 组合键执行上述语句，结果如图 3.27 所示。

图 3.27　查询结果分组

3.5.2 在分组查询中应用搜索条件

在包含 GROUP BY 子句的查询中，也可以使用 WHERE 子句，此时，在完成任何分组操作之前将消除不符合 WHERE 子句中的条件的行。与 WHERE 和 SELECT 的交互方式类似，也可以使用 HAVING 子句对 GROUP BY 子句设置搜索条件，语法格式如下。

> HAVING 条件

HAVING 语法与 WHERE 语法类似，两者的区别在于：WHERE 搜索条件在进行分组之前应用，而 HAVING 搜索条件在进行分组之后应用，而且 HAVING 既可以包含聚合函数，也可以引用输出项列表中的任意项。

【例 3.23】在学生成绩管理数据库中，查询网络专业平均分在 85 分以上的学生记录。

使用 Navicat for MySQL 客户端连接到 MySQL 服务器上，在 SQL 编辑器中编写以下语句。

```
USE sams;
SELECT major AS 专业, classname AS 班级, st.stuid AS 学号,
    stuname AS 姓名, AVG(score) AS 平均成绩
FROM score AS sc INNER JOIN student AS st ON sc.stuid=st.stuid
    INNER JOIN course AS co ON sc.couid=co.couid
WHERE major='网络'
GROUP BY st.stuid
HAVING AVG(score)>85;
```

其中，AVG()为用于求平均值的聚合函数。上述语句的结果如图 3.28 所示。

图 3.28 在分组查询中应用搜索条件

3.5.3 使用 WITH ROLLUP 汇总数据

当使用 GROUP BY 子句对结果集进行分组处理时，每个组在结果集中都会有一行，结果

集被分成几个组就会返回几行。如果要对所有组进行汇总计算，则可以使用 WITH ROLLUP 子句来生成一些附加的汇总行。

使用 WITH ROLLUP 子句指定在结果集内不仅包含由 GROUP BY 提供的行，还包含汇总行。按层次结构顺序，从组内的最低级别到最高级别汇总组。组的层次结构取决于列分组时指定使用的顺序。更改列分组的顺序会影响在结果集内生成的行数。

GROUP BY ... WITH ROLLUP 为列表达式的每个组合创建一个组，而且它将查询结果总结为小计和总计。

【例 3.24】在学生成绩管理数据库中，查询每个学生、每个班级、每个专业及所有学生的平均成绩。

使用 Navicat for MySQL 客户端连接到 MySQL 服务器上，在 SQL 编辑器中编写以下语句。

```
USE sams;
SELECT major AS 专业, classname AS 班级,
    st.stuid AS 学号, AVG(score) AS 平均分
FROM score AS sc INNER JOIN student AS st ON sc.stuid=st.stuid
    INNER JOIN course AS co ON sc.couid=co.couid
GROUP BY major, classname, st.stuid WITH ROLLUP;
```

按 Ctrl+R 组合键执行上述语句，此时，返回的查询结果总共包含 70 条记录，可以分为 4 个不同的级别，其中 60 条记录为每个学生的平均成绩，6 条记录为每个班级的平均成绩，3 条记录为每个专业的平均成绩，1 条记录为所有学生的平均成绩，结果如图 3.29 所示。

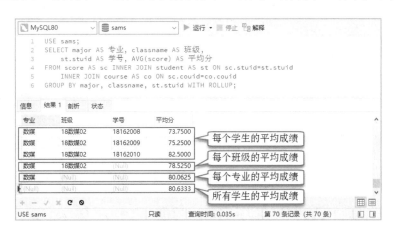

图 3.29 使用 WITH ROLLUP 汇总数据

3.5.4 使用聚合函数汇总数据

在分组操作时，曾经使用聚合函数 AVG() 来计算列的平均值。实际上，在 MySQL 中还有更多的聚合函数。聚合函数对一组值执行计算并返回单个值。除了 COUNT 函数以外，其

他聚合函数都会忽略空值。所有聚合函数均为确定性函数，也就是说，只要使用一组特定输入值调用聚合函数，它总是返回相同的值。聚合函数可以用在 SELECT 子句、ORDER BY 子句及 HAVING 子句中。MySQL 常用聚合函数在表 3.2 中列出。

表 3.2　MySQL 常用聚合函数

聚合函数	描　　述	聚合函数	描　　述
AVG()	返回参数的平均值	STD()	返回总体标准差
COUNT()	返回查询的行数	STDDEV()	返回总体标准差
COUNT(DISTINCT)	返回许多不同值的计数	STDDEV_POP()	返回总体标准差
GROUP_CONCAT()	返回连接的字符串	STDDEV_SAMP()	返回样本标准差
JSON_ARRAYAGG()	将结果集作为 JSON 数组返回	SUM()	返回总和
JSON_OBJECTAGG()	将结果集作为 JSON 对象返回	VAR_POP()	返回总体标准差
MAX()	返回最大值	VAR_SAMP()	返回样本方差
MIN()	返回最小值	VARIANCE()	返回总体标准差

说明：使用聚合函数 COUNT()可以返回查询结果的行数。如果要去除重复值，则应在函数的参数前面使用 DISTINCT 关键字。

【例 3.25】在学生成绩管理数据库中，统计每个班的学生总人数、平均分、最高分和最低分。

使用 Navicat for MySQL 客户端连接到 MySQL 服务器上，在 SQL 编辑器中编写以下语句。

```
USE sams;
SELECT major AS 专业, classname AS 班级,
    COUNT(DISTINCT st.stuid) AS 总人数, AVG(score) AS 平均分,
    MAX(score) AS 最高分, MIN(score) AS 最低分
FROM student AS st INNER JOIN score AS sc
    ON st.stuid=sc.stuid
GROUP BY major, classname;
```

按 Ctrl+R 组合键执行上述语句，结果如图 3.30 所示。

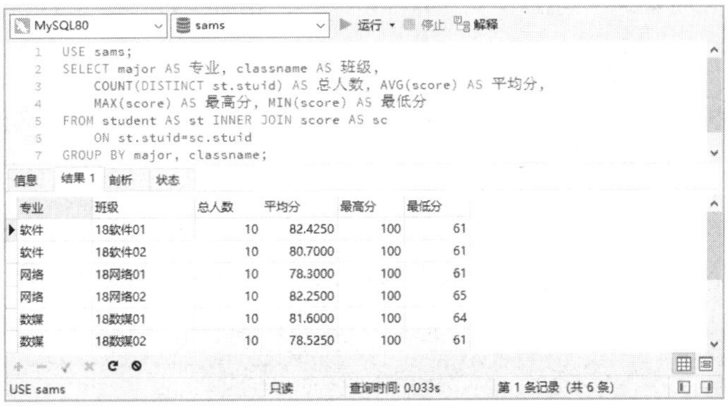

图 3.30　使用聚合函数汇总学生成绩

3.6 查询结果排序

在 SELECT 语句中，可以使用 ORDER BY 子句来设置查询结果的排列顺序。通过添加 ORDER BY 子句可以使结果集中的行按照一个或多个列的值进行排列，排序方向可以是升序（从小到大）或降序（从大到小）。

3.6.1 ORDER BY 子句语法格式

在 SELECT 语句中，可以通过添加 ORDER BY 子句来指定返回的查询结果所使用的排序顺序，语法格式如下。

```
ORDER BY {列名 | 表达式 | 列位置} [ASC | DESC], ...
```

在 ORDER BY 后面指定的作为排序依据可以是列名、表达式或列位置，列位置从 1 开始编号。作为排序依据的列也可以不包含在由 SELECT 子句指定的输出项列表中，计算列也可以作为排序列。

ASC 指定按升序排序，即从最低值到最高值对指定列中的值进行排序，这是默认排序顺序，因此 ASC 关键字可以省略。DESC 指定按降序排序，即从最高值到最低值对指定列中的值进行排序。在排序操作中，空值被视为最低的可能值，因此，升序排列时空值出现在最上方，降序排列时空值出现在最下方。

3.6.2 按单列排序

在 ORDER BY 子句中，可以指定单个列、表达式或列位置作为排序依据，此时，也可以将聚合函数用到排序列中。

【例 3.26】在学生成绩管理数据库中，统计软件专业和网络专业各个班学生的数学平均分，并按数学平均分降序排列查询结果。

使用 Navicat for MySQL 客户端连接到 MySQL 服务器上，在 SQL 编辑器中编写以下语句。

```
USE sams;
SELECT major AS 专业, classname AS 班级,
    couname AS 课程名称, AVG(score) AS 平均分
FROM score AS sc
    INNER JOIN student AS st ON st.stuid=sc.stuid
```

```
        INNER JOIN course AS co ON co.couid=sc.couid
WHERE couname='数学'
GROUP BY major, classname
HAVING major IN ('软件', '网络')
ORDER BY AVG(score) DESC;
```

按 Ctrl+R 组合键执行上述语句，结果如图 3.31 所示。

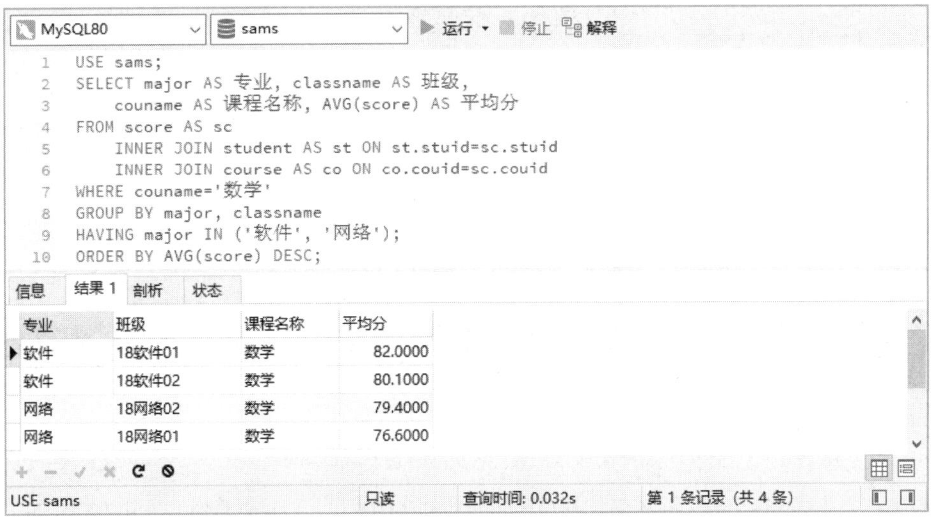

图 3.31　按单列排序

3.6.3　按多列排序

在 ORDER BY 子句中，可以指定多个排序列，不同排序列之间以逗号分隔。排序列的顺序决定结果集的排序方式，即首先按照前面的列值进行排序，如果在两个行中该列的值相同，则按照后面的列值进行排序，以此类推。

【例 3.27】在学生成绩管理数据库中，统计所有学生的平均分，并按平均分降序排列查询结果；如果平均分相同，则按专业升序排列；如果专业也相同，则按班级升序排列。

使用 Navicat for MySQL 客户端连接到 MySQL 服务器上，在 SQL 编辑器中编写以下语句。

```
USE sams;
SELECT major AS 专业, classname AS 班级,
    st.stuid AS 学号, st.stuname AS 姓名, AVG(score) AS 平均分
FROM score AS sc
    INNER JOIN student AS st ON st.stuid=sc.stuid
GROUP BY st.stuid
ORDER BY AVG(score) DESC, major, classname;
```

按 Ctrl+R 组合键执行上述语句，结果如图 3.32 所示。

图 3.32　按多列排序

3.7　限制查询结果行数

使用 SELECT 语句查询数据库时，通常使用 WHERE 子句来限制查询结果包含的行数。如果不使用 WHERE 子句，则从指定的一个或多个表中会返回全部行。如果使用 WHERE 子句，则只返回满足搜索条件的行，而将那些不满足搜索条件的行丢弃。除了 WHERE 子句，在 MySQL 中，也可以使用 LIMIT 子句来直接设置查询返回的行数。

3.7.1　LIMIT 子句语法格式

LIMIT 子句用于限制 SELECT 语句返回的行数，语法格式如下。

```
LIMIT {[偏移,] 行数|行数 OFFSET 偏移}
```

其中，偏移和行数都是非负整数常数；偏移指定要返回的起始行的偏移量，其默认值为 0，表示第一行的偏移量；行数指定要返回的最大行数。

例如，LIMIT 10 表示 SELECT 语句返回结果集的前面 10 行；LIMIT 5, 20 表示从第 6 行开始返回 20 行。

在实际应用中，经常需要按某项标准来制作排行榜，此时，将 LIMIT 子句与 ORDER BY 子句一起使用即可。

【例 3.28】在学生成绩管理数据库中，搜索平均分排在前 5 位的学生记录，要求按照降序排列搜索结果。

使用 Navicat for MySQL 客户端连接到 MySQL 服务器上，在 SQL 编辑器中编写以下语句。

```
USE sams;
SELECT major AS 专业, classname AS 班级,
    st.stuid AS 学号, st.stuname AS 姓名, AVG(score) AS 平均分
FROM score AS sc
    INNER JOIN student AS st ON st.stuid=sc.stuid
GROUP BY st.stuid
ORDER BY AVG(score) DESC
LIMIT 5;
```

按 Ctrl+R 组合键执行上述语句，结果如图 3.33 所示。

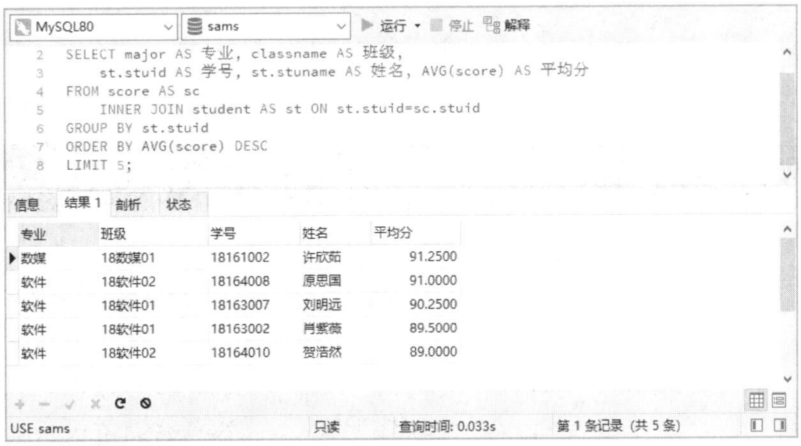

图 3.33　搜索平均分排在前 5 位的学生

3.7.2　检索到结果集末尾

如果要从特定的偏移量检索所有行直到结果集的末尾，则可以使用一些大数字作为第二个参数。例如，下面的语句检索从第 96 行到最后一行的所有行。

```
SELECT * FROM tbl LIMIT 95, 18446744073709551615;
```

【例 3.29】在 MySQL 示例数据库 sakila 中，检索从第 1000 行开始到最后一行的所有行，要求按照 rental_id 列的值升序排列搜索结果。

使用 Navicat for MySQL 客户端连接到 MySQL 服务器上，在 SQL 编辑器中编写以下语句。

```
USE sakila;
SELECT * FROM payment
ORDER BY rental_id
LIMIT 1000, 9999999999999;
```

按 Ctrl+R 组合键执行上述语句，结果如图 3.34 所示。

图 3.34　检索到结果集末尾

3.8　子查询

子查询是一个嵌套在 SELECT、INSERT、UPDATE 或 DELETE 等语句中的 SELECT 语句。包含子查询的语句称为外部查询或外部选择，子查询称为内部查询或内部选择。为了与外部查询有所区别，总是把子查询写在一对圆括号内。一个子查询可以嵌套在另一个子查询中。一个子查询会返回一个标量、一个行、一个列或一个表（一行或多行及一列或多列），这样的子查询分别称为标量子查询、列查询、行查询和表子查询。返回特定类型结果的子查询通常只在特定的语境中使用。

3.8.1　标量子查询

子查询的最简单形式是返回单一值的标量子查询。标量子查询是一个单一操作数。只要单一列值或文字是合法的，并且希望子查询具有所有操作数都具有的特性，可以使用标量子查询。操作数具有的特性包括：一个数据类型、一个长度、一个指示是否可以为 NULL 值的标志等。

【例 3.30】标量子查询应用示例。

使用 Navicat for MySQL 客户端连接到 MySQL 服务器上，在 SQL 编辑器中编写以下语句。

```
CREATE DATABASE IF NOT EXISTS test;
USE test;
CREATE TABLE IF NOT EXISTS t1 (
    s1 int, s2 char(5) NOT NULL
);
INSERT INTO t1 VALUES
```

```
(2019, 'abcde');
SELECT (SELECT s2 FROM t1) AS 子查询返回的值;
```

> **说明**：在本例中，SELECT 语句使用了一个子查询，返回了一个单一值（'abcde'）。这个单一值的数据类型为 CHAR，长度为 5，字符集和排序规则均与在 CREATE TABLE 时使用的默认值相同，并且有一个指示符号，指示列中的值可以为 NULL。如果在本例中使用的表为空表，则子查询的值应为 NULL。

按 Ctrl+R 组合键执行上述语句，结果如图 3.35 所示。

图 3.35　标量子查询

【例 3.31】在学生成绩管理数据库中，查询所有男生的学号、姓名、出生日期和与姓名为陈伟强的学生的年龄差距。

使用 Navicat for MySQL 客户端连接到 MySQL 服务器上，在 SQL 编辑器中编写以下语句。

```
USE sams;
SET sql_mode='NO_UNSIGNED_SUBTRACTION';
SELECT stuid AS 学号, stuname AS 姓名, birthdate AS 出生日期,
    YEAR((SELECT birthdate FROM student WHERE stuname='陈伟强'))-
    YEAR(birthdate) AS 年龄差距
FROM student
WHERE gender='男' AND stuname!='陈伟强';
```

> **说明**：在本例中，通过 SET 语句启用了 NO_UNSIGNED_SUBTRACTION 选项，目的是指定两个 UNSIGNED 类型相减返回 SIGNED 类型，如果不启用这个选项，下面的 SELECT 语句中两个年份相减时将会发生错误。YEAR() 函数用于从日期中获取年份，本例两次调用了 YEAR() 函数，第一次调用传入标量子查询作为参数，第二次调用则传入列名作为参数。

按 Ctrl+R 组合键执行上述语句，结果如图 3.36 所示。

图 3.36　标量子查询作为函数的参数

3.8.2　比较子查询

比较子查询是指将表达式的值与子查询返回的结果进行比较，语法格式如下。

> 表达式 比较运算符 {ALL | SOME | ANY} (SELECT 语句)

其中，表达式指定要进行比较的表达式，圆括号内的 SELECT 语句表示一个子查询，比较运算符，包括：>、<、>=、<=、<>、!=、<=>。

【例 3.32】在学生成绩管理数据库中,查询数学成绩高于该课程平均分的所有学生的学号、姓名、性别及数学成绩，要求查询结果按数学成绩降序排列。

使用 Navicat for MySQL 客户端连接到 MySQL 服务器上，在 SQL 编辑器中编写以下语句。

```
USE sams;
SELECT student.stuid AS 学号, stuname AS 姓名,
    gender AS 性别, score AS 数学
FROM student INNER JOIN score ON student.stuid=score.stuid
    INNER JOIN course ON score.couid=course.couid
WHERE couname='数学' AND score>(SELECT AVG(score) FROM score)
ORDER BY score DESC;
```

说明：在本例中，由于外部查询使用的 WHERE 条件 couname='数学'也可以作用于子查询，因此，在子查询中不必再用 WHERE 子句，这个子查询是一个标量子查询，返回的是单个值，即数学成绩的平均值。

按 Ctrl+R 组合键执行上述语句，结果如图 3.37 所示。

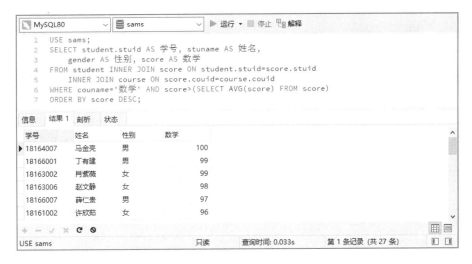

图 3.37　使用比较查询

3.8.3　IN 子查询

子查询可以通过关键字 IN 引入，语法格式如下。

表达式 [NOT] IN (子查询)

其中，子查询为列子查询，它返回的结果集是单个列，包含 0 个或多个值。使用 IN 引入的子查询可以用于集成员测试，也就是将一个表达式的值与子查询返回的一列值进行比较，如果该表达式的值与此列中的任何一个值相等，则集成员测试返回 TRUE；否则返回 FALSE。关键字 NOT 用于对测试结果取反。

在集成员测试中，由子查询返回的结果集是单个列值的一个列表，该列的数据类型必须与测试表达式的数据类型相同。当子查询返回结果之后，外层查询将使用这些结果。

使用子查询时，需要注意限定列名的问题。一般规则是语句中的列名通过同级 FROM 子句中引用的表来隐性限定。如果子查询的 FROM 子句引用的表中不存在子查询中引用的列，而外部查询的 FROM 子句引用的表中存在该列，则这个子查询可以正确执行。

【例 3.33】在学生成绩管理数据库中，查询未包含在成绩表中的课程信息。

使用 Navicat for MySQL 客户端连接到 MySQL 服务器上，在 SQL 编辑器中编写以下语句。

```
USE sams;
SELECT couid AS 课程编号, couname AS 课程名称,
    semester AS 开课学期, hours AS 学时
FROM course
WHERE couid NOT IN (SELECT couid FROM score WHERE course.couid=score.couid);
```

按 Ctrl+R 组合键执行上述语句，结果如图 3.38 所示。

图 3.38　带有 IN 的子查询

3.8.4　ANY 子查询

子查询可以使用关键字 ANY 引入，语法格式如下。

表达式 比较运算符 {ANY | SOME}（子查询）

ANY 关键词前面必须使用一个比较运算符。子查询为列子查询，它返回的结果集是单个列，其中，包含 0 个或多个值。使用 ANY 关键词引入子查询时，对表达式与子查询返回的列中的任何一个值进行比较，如果比较结果为 TRUE，则返回 TRUE。例如：

```
SELECT s1 FROM t1 WHERE s1 > ANY (SELECT s1 FROM t2);
```

假设表 t1 中有一行包含（10），表 t2 有一行包含（9，18，27），则 WHERE 表达式的值为 TRUE，因为表 t2 中有一个值为 9，这个值小于 10；如果表 t2 包含（10，20，30），或者表 t2 为空表，则 WHERE 表达式的值为 FALSE；如果表 t2 包含（NULL，NULL，NULL），则 WHERE 表达式的值为 NULL。

<ANY 表示比子查询结果中的任意值还小，即比子查询结果中最大值还小。例如，<ANY (1, 2, 3) 表示小于 3。

>ANY 表示比子查询结果中的任意值还大，即比子查询结果中的最小值还大。例如，>ANY (1, 2, 3) 表示大于 1。

=ANY 是关键字 IN 的同义词。因此，下面两个语句是等效的。

```
SELECT s1 FROM t1 WHERE s1 = ANY (SELECT s1 FROM t2);
SELECT s1 FROM t1 WHERE s1 IN (SELECT s1 FROM t2);
```

不过，NOT IN 不是<> ANY 的同义词，而是<> ALL 的同义词。关于带有 ALL 的子查询，请参阅 3.8.5 节。关键字 SOME 是 ANY 的同义词。因此，下面两个语句是等效的。

```
SELECT s1 FROM t1 WHERE s1 <> ANY (SELECT s1 FROM t2);
```

```
SELECT s1 FROM t1 WHERE s1 <> SOME (SELECT s1 FROM t2);
```

【**例 3.34**】在学生成绩管理数据库中，查询软件专业数学成绩高于数媒专业数学课程最低成绩的学生记录。

使用 Navicat for MySQL 客户端连接到 MySQL 服务器上，在 SQL 编辑器中编写以下语句。

```
USE sams;
SELECT st.stuid AS 学号, stuname AS 姓名, gender AS 性别,
    major AS 专业, classname AS 班级, score AS 数学成绩
FROM score AS sc
    INNER JOIN student AS st ON sc.stuid=st.stuid
    INNER JOIN course AS co ON sc.couid=co.couid
WHERE major='软件' AND couname='数学' AND score > ANY (
    SELECT score
    FROM score AS sc
        INNER JOIN student AS st ON sc.stuid=st.stuid
        INNER JOIN course AS co ON sc.couid=co.couid
    WHERE major='数媒' AND couname='数学'
);
```

按 Ctrl+R 组合键执行上述语句，结果如图 3.39 所示。

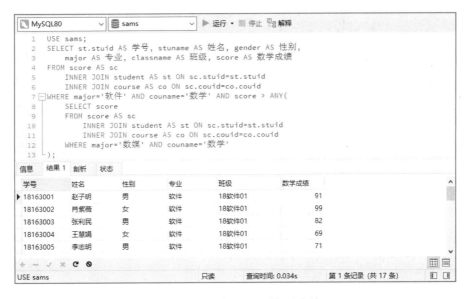

图 3.39 带有 ANY 的子查询

3.8.5 ALL 子查询

子查询可以使用关键字 ALL 引入，语法格式如下。

表达式 比较运算符 ALL （子查询）

关键字 ALL 必须用在一个比较运算符的后面。子查询是一个列子查询，返回的结果集是单个列，其中，包含 0 个或多个值。使用 ALL 引入子查询时，将使用比较运算符对表达式与子查询返回的列中的所有值进行比较，如果比较结果为 TRUE，则返回 TRUE。例如：

```
SELECT s1 FROM t1 WHERE s1 > ALL (SELECT s1 FROM t2);
```

假设表 t1 中有一行包含（10），表 t2 包含（-5，0，+5），则 WHERE 表达式的值为 TRUE，因为 10 比表 t2 中的所有值都大；如果表 t2 包含（12，6，NULL，-100），则 WHERE 表达式的值为 FALSE，因为表 t2 中有一个值 12 大于 10；如果表 t2 包含（0，NULL，1），则 WHERE 表达式的值为 UNKNOWN。

> ALL(子查询) 表示大于子查询所返回的每个值，也就是大于最大值。例如，> ALL (1, 2, 3) 表示大于 3。

< ALL(子查询) 表示小于子查询所返回的每个值，也就是小于最大值。例如，< ALL (1, 2, 3) 表示小于 1。

<> ALL 是 NOT IN 的同义词。因此，下面两个语句是等效的。

```
SELECT s1 FROM t1 WHERE s1 <> ALL (SELECT s1 FROM t2);
SELECT s1 FROM t1 WHERE s1 NOT IN (SELECT s1 FROM t2);
```

如果表 t2 为空表，则结果为 TRUE。因此，当表 t2 为空表时，以下语句中 WHERE 表达式的值为 TRUE。

```
SELECT * FROM t1 WHERE 1 > ALL (SELECT s1 FROM t2);
```

当表 t2 为空表时，以下语句返回的结果集为空。

```
SELECT * FROM t1 WHERE 1 > (SELECT s1 FROM t2);
SELECT * FROM t1 WHERE 1 > ALL (SELECT MAX(s1) FROM t2);
```

在通常情况下，包含 NULL 值的表和空表属于"边缘情况"。当编写子查询代码时，都要考虑是否把这两种可能性计算在内。

【例 3.35】在学生成绩管理数据库中，查询软件专业英语成绩高于网络专业相同课程最高成绩的学生记录。

使用 Navicat for MySQL 客户端连接到 MySQL 服务器上，在 SQL 编辑器中编写以下语句。

```
USE sams;
SELECT st.stuid AS 学号, stuname AS 姓名, gender AS 性别,
    major AS 专业, classname AS 班级, score AS 数学成绩
FROM score AS sc INNER JOIN student AS st ON sc.stuid=st.stuid
    INNER JOIN course AS co ON sc.couid=co.couid
WHERE major='软件' AND couname='数学' AND score > ALL (
    SELECT score
    FROM score AS sc INNER JOIN student AS st ON sc.stuid=st.stuid
```

```
    INNER JOIN course AS co ON sc.couid=co.couid
  WHERE major='数媒' AND couname='数学'
);
```

按 Ctrl+R 组合键执行上述语句，结果如图 3.40 所示。

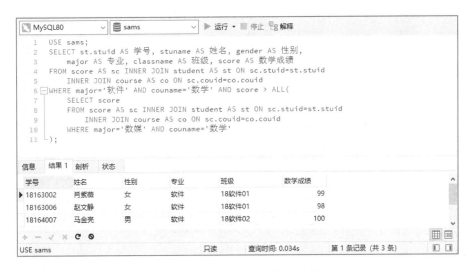

图 3.40　带有 ALL 的子查询

3.8.6　行子查询

标量子查询返回单个值（1 行 1 列），列子查询则返回一列值（N 行 1 列）。行子查询与标量子查询、列子查询不同，是能返回一个单一行的子查询，返回的结果集包含一个以上的列值（1 行 N 列）。下面给出两个例子。

```
SELECT * FROM t1 WHERE (1, 2) = (SELECT col1, col2 FROM t2);
SELECT * FROM t1 WHERE ROW(1, 2) = (SELECT col1, col2 FROM t2);
```

其中，表达式(1, 2)和 ROW(1, 2)称为行构造器，两者是等效的。如果在表 t2 的一个行中，col1=1 且 col2=2，则 WHERE 表达式的值为 TRUE。

下面两个语句在语义上是等效的。

```
SELECT * FROM t1 WHERE (col1,col2) = (1,1);
SELECT * FROM t1 WHERE col1 = 1 AND col2 = 1;
```

行构造器通常用于与对返回两个或两个以上列的子查询进行比较。例如，使用下面的语句可以在表 t1 中查找，同时，也存在于表 t2 中的所有的行。

```
SELECT col1, col2, col3
FROM t1
WHERE (col1, col2, col3) IN (SELECT col1, col2, col3 FROM t2);
```

【例 3.36】在学生成绩管理数据库中，查询哪个专业在哪个课程的平均成绩高于 85 分，列出这个专业所有学生此课程的成绩。

使用 Navicat for MySQL 连接到 MySQL 服务器上，在 SQL 编辑器中编写以下语句。

```
USE sams;
SELECT st.stuid AS 学号, stuname AS 姓名, gender AS 性别,
    major AS 专业, classname AS 班级, couname AS 课程, score AS 成绩
FROM score AS sc INNER JOIN student AS st ON sc.stuid=st.stuid
    INNER JOIN course AS co ON sc.couid=co.couid
WHERE ROW (major, couname) = (SELECT major, couname
    FROM score AS sc INNER JOIN student AS st ON sc.stuid=st.stuid
        INNER JOIN course AS co ON sc.couid=co.couid
    GROUP BY major, couname
    HAVING AVG(score) > 85
);
```

按 Ctrl+R 组合键执行上述语句，结果如图 3.41 所示。

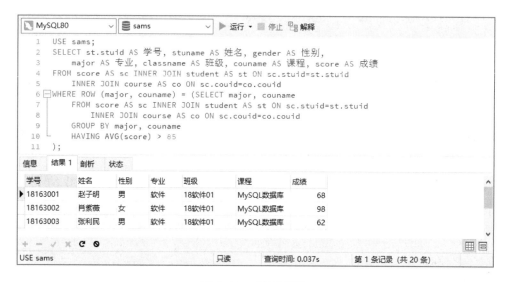

图 3.41　行子查询

3.8.7　EXISTS 子查询

子查询可以使用关键字 EXISTS 引入，语法格式如下。

```
[NOT] EXISTS (子查询)
```

当使用 EXISTS 关键字引入子查询时，将进行存在性测试。外部查询的 WHERE 子句测试子查询返回的行是否存在。如果子查询返回任何行，则 EXISTS 条件为 TRUE；否则为 FALSE。子查询实际上不产生任何数据，只返回 TRUE 或 FALSE 值。NOT 用于对测试结果取反。

【例 3.37】在学生成绩管理数据库中，查询尚未录入成绩的学生记录。

使用 Navicat for MySQL 客户端连接到 MySQL 服务器上，在 SQL 编辑器中编写以下语句。

```
USE sams;
SELECT student.stuid AS 学号, stuname AS 姓名, gender AS 性别,
    birthdate AS 出生日期, major AS 专业, classname AS 班级
FROM student
WHERE NOT EXISTS (SELECT * FROM score WHERE score.stuid=student.stuid);
```

按 Ctrl+R 组合键执行上述语句，结果如图 3.42 所示。

图 3.42　EXISTS 子查询

3.8.8　派生表

子查询除了用在 SELECT 语句的输出项列表和 WHERE 子句中，也可以用在 FROM 子句中，此时，还允许为子查询设置一个别名。当处理具有别名的子查询时，会将返回的结果存储到一个中间表，外部查询可以从该中间表中查询数据，这种中间表称为派生表。

> **注意**：派生表只是由 SELECT 语句返回的虚拟表，它并不作为对象存储，仅在查询执行期间存在。与子查询不同的是，派生表必须具有别名，以便能够在外部查询中引用其名称。如果派生表没有别名，将会发生错误。

【例 3.38】在学生成绩管理数据库中，查询软件专业和网络专业平均分高于 85 分的所有学生记录，要求查询结果按平均分降序排列。

使用 Navicat for MySQL 客户端连接到 MySQL 服务器上，在 SQL 编辑器中编写以下语句。

```
USE sams;
SELECT *
FROM (SELECT st.stuid AS 学号, stuname AS 姓名, gender AS 性别,
      major AS 专业, classname AS 班级, AVG(score) AS 平均分
    FROM score AS sc INNER JOIN student AS st ON sc.stuid=st.stuid
    GROUP BY st.stuid HAVING AVG(score)>85
```

```
) AS 学生成绩
WHERE 专业 IN('软件','网络')
ORDER BY 平均分 DESC;
```

按 Ctrl+R 组合键执行上述语句，结果如图 3.43 所示。

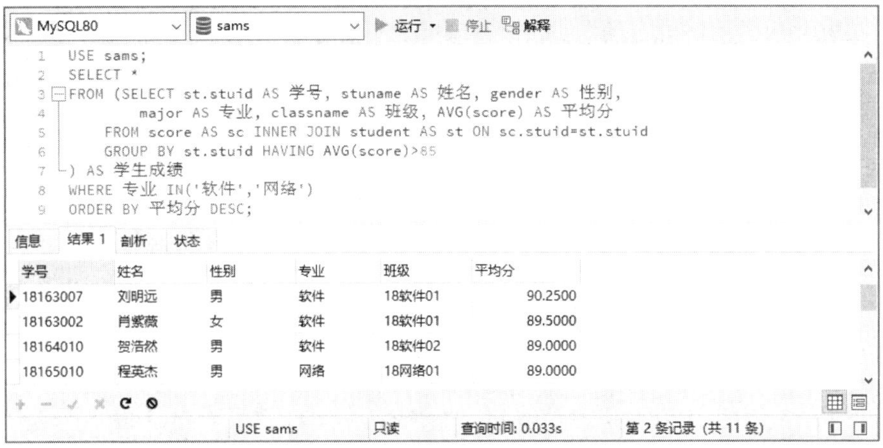

图 3.43　派生表

3.8.9　公用表表达式

公用表表达式（CTE）是 MySQL 8.0 的新特性之一。具体来说，公用表表达式就是一个命名的临时结果集，存在于单个语句的范围内，并且可以多次引用。

CTE 的结构包括名称、可选的列名列表和定义 CTE 的子查询。定义 CTE 后，可以在 SELECT 语句中引用。CTE 的基本语法格式如下。

```
WITH CTE 名称 [(列名, 列名, ...)] AS (
    子查询
)
SELECT * FROM CTE 名称;
```

子查询中的列数必须与列名列表中的列数相同。如果省略列名列表，则 CTE 将使用定义 CTE 的子查询的列名列表。

与派生表类似，公用表表达式不作为对象存储，仅在查询执行期间存在；与派生表不同的是，公用表表达式既可以递归引用，也可以在同一个查询中多次引用。公用表表达式提供了更好的可读性和性能，可以构建可读性更强的复杂查询。

例如，下面的示例在 WITH 子句中定义了名为 cte1 和 cte2 的 CTE，然后，在 WITH 子句后面的顶级 SELECT 语句中引用这两个 CTE。

```
WITH
cte1 AS (SELECT a, b FROM table1),
cte2 AS (SELECT c, d FROM table2)
```

```
SELECT b, d FROM cte1 INNER JOIN cte2
WHERE cte1.a = cte2.c;
```

【例 3.39】在学生成绩管理数据库中，查询 18 软件 01 班和 18 网络 02 班英语成绩高于 85 分的所有学生记录，要求查询结果按英语成绩降序排列。

使用 Navicat for MySQL 客户端连接到 MySQL 服务器上，在 SQL 编辑器中编写以下语句。

```
USE sams;
WITH cte (学号, 姓名, 性别, 专业, 班级, 课程, 成绩) AS (
    SELECT st.stuid, stuname, gender,
        major, classname, couname, score
    FROM score AS sc INNER JOIN student AS st ON sc.stuid=st.stuid
        INNER JOIN course AS co ON sc.couid=co.couid
)
SELECT * FROM cte
WHERE 课程='英语' AND 班级 IN ('18 软件 01', '18 网络 02')
ORDER BY 成绩 DESC;
```

按 Ctrl+R 组合键执行上述语句，结果如图 3.44 所示。

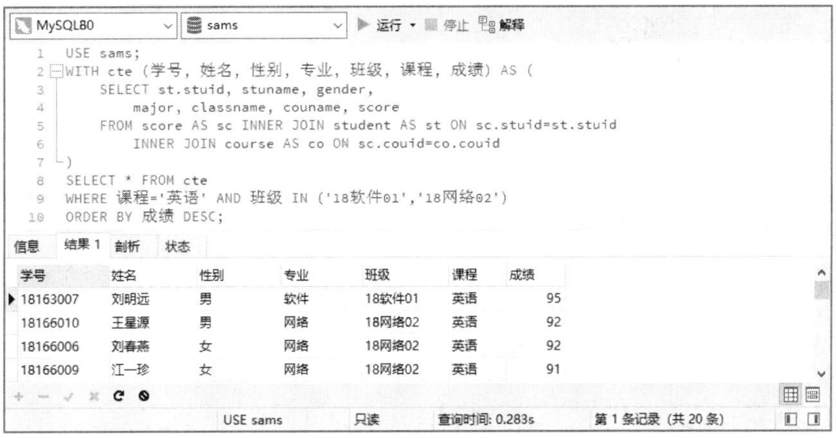

图 3.44　公用表表达式

3.9　组合查询结果

每当执行 SELECT 语句时都会返回一个结果集，多个 SELECT 语句的结果集可以使用 UNION 语句组合起来，从而得到一个新的结果集。

3.9.1　UNION 语句

UNION 语句可以将多个 SELECT 语句的结果集组合成一个新的结果集，语法格式如下。

```
SELECT ...
UNION [ALL | DISTINCT]
SELECT ...
[UNION [ALL | DISTINCT]
SELECT ...]
```

在每个 SELECT 语句的对应位置上选择的列应具有相同的数据类型。例如，在第一个语句选择的第一列应与其他语句选择的第一列具有相同的数据类型。在第一个 SELECT 语句中，所使用的列名称将作为结果集的列名称。各个 SELECT 语句都是常规的选择语句，但是受到一些限制，例如，只有最后一个 SELECT 语句可以使用 INTO OUTFILE。

如果对 UNION 不使用关键词 ALL，则所有返回的行都是唯一的，如同已经对整个结果集合使用了 DISTINCT。如果指定了 ALL，则会从所有用过的 SELECT 语句中得到所有匹配的行。DISTINCT 关键词不起任何作用，但是根据 SQL 标准的要求允许在语法中使用。

如果想使用 ORDER BY 或 LIMIT 子句来对全部 UNION 结果进行排序或限制，则应对各个 SELECT 语句分别加圆括号，并把 ORDER BY 或 LIMIT 放到最后一个的后面。例如：

```
(SELECT a FROM 表名 WHERE a=10 AND B=1)
UNION
(SELECT a FROM 表名 WHERE a=11 AND B=2)
ORDER BY a LIMIT 10;
```

在这种 ORDER BY 子句中，不能使用表名.col_name 格式来引用列名称。在第一个 SELECT 语句中，可以提供一个列别名，并在 ORDER BY 中引用别名，也可以在 ORDER BY 子句中使用列位置来引用列。

如果一个排序列具有别名，则 ORDER BY 子句必须引用别名，而不能引用列名称。例如：

```
(SELECT a AS b FROM t) UNION (SELECT ...) ORDER BY b;
```

为了对单个 SELECT 使用 ORDER BY 或 LIMIT，则应将 SELECT 放入圆括号中。例如：

```
(SELECT a FROM 表名 WHERE a=10 AND B=1 ORDER BY a LIMIT 10)
UNION
(SELECT a FROM 表名 WHERE a=11 AND B=2 ORDER BY a LIMIT 10);
```

在圆括号中，用于单个 SELECT 语句的 ORDER BY，只有当与 LIMIT 结合后才会起作用，否则 ORDER BY 将被优化去除。

3.9.2 应用示例

如何使用 UNION 语句组合查询结果？

【例 3.40】在学生成绩管理数据库中，查询软件专业和网络专业学号排在前 3 位的学生。使用 Navicat for MySQL 客户端连接到 MySQL 服务器上，在 SQL 编辑器中编写以下语句。

```
USE sams;
(SELECT major AS 专业, classname AS 班级, stuid AS 学号,
    stuname AS 姓名, gender AS 性别, birthdate AS 出生日期
FROM student
WHERE major='软件' ORDER BY stuid LIMIT 3)
UNION
(SELECT major 专业, classname AS 班级, stuid AS 学号,
    stuname AS 姓名, gender AS 性别, birthdate AS 出生日期
FROM student
WHERE major='网络' ORDER BY stuid LIMIT 3);
```

按 Ctrl+R 组合键执行上述语句，结果如图 3.45 所示。

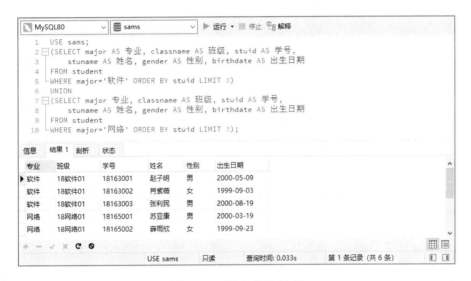

图 3.45　组合查询结果

习　题　3

一、选择题

1. 使用 SELECT 语句从表中查询时，（　　）子句用于对查询结果进行分组。

    A．FROM   B．WHERE   C．GROUP BY   D．ORDER BY

2. 在 SELECT 语句的输出项列表，（　　）用于选择表中的所有列。

    A．#   B．*   C．$ D．%

3. 如果 A 表包含 20 行、B 表包含 30 行，全连接查询返回的结果集包含（　　）行。

    A．20   B．30   C．50   D．600

4. 在下列比较运算符中，（　　）表示两个表达式相等或都是 NULL。

A. <=>　　　　　　B. <>　　　　　　C. <=　　　　　　D. =>

5. 在 WHERE 子句的搜索条件中，通配符（　　）表示包含零个或多个字符的字符串。

A. %　　　　　　B. *　　　　　　C. #　　　　　　D. _

6. 在正则表达式搜索中，特殊字符（　　）用于匹配字符串的开始部分。

A. $　　　　　　B. ^　　　　　　C. .　　　　　　D. *

7. 如果要返回行组各值的平均值，可以使用聚合函数（　　）。

A. COUNT　　　　　B. SUM　　　　　C. AVG　　　　　D. MAX

二、判断题

1. 如果在 SELECT 语句的 FROM 子句中指定了多个表，对于同名列无须冠以表名。　（　　）

2. 派生列是通过表中的其他列值计算而生成的。　（　　）

3. DISTINCT 修饰符指定从结果集中删除重复的行。　（　　）

4. SELECT 语句中必须使用 FROM 子句。　（　　）

5. 使用左外连接 LEFT OUTER JOIN 查询时，结果集中除匹配行外，还包括左表有的但右表中不匹配的行，对于这样的行，将从右表中选择的列设置为 NULL。　（　　）

6. 要从表中搜索包含"10%"的字符串，可以使用 WHERE 列名 LIKE '10%'。　（　　）

7. 使用 GROUP BY 对查询结果分组时，分组依据也可以使用整数作为列位置，从 0 开始编号。　（　　）

8. GROUP BY ... WITH ROLLUP 为列表达式的每个组合创建一个组，而且它将查询结果总结为小计和总计。　（　　）

9. 使用 ORDER BY 子句指定查询结果集的排列顺序时，默认排序顺序为降序。　（　　）

10. 子查询是一个嵌套在 SELECT、INSERT、UPDATE 或 DELETE 等语句中的 SELECT 语句。　（　　）

11. <ANY (1, 2, 3) 表示小于 3，>ANY (1, 2, 3) 表示大于 1。　（　　）

12. NOT IN 是 <> ANY 的同义词。　（　　）

13. > ALL (1, 2, 3) 表示大于 1，< ALL (1, 2, 3) 表示大于 3。　（　　）

14. <> ALL 是 NOT IN 的同义词。　（　　）

15. 行子查询是一个能返回一个单一行的子查询，其结果集包含一个以上的列值（1 行 N 列）。　（　　）

16. 派生表作为对象存储在数据库中。　（　　）

17. 公用表表达式就是一个命名的临时结果集，它存在于单个语句的范围内，并且可以在该语句中多次引用。　（　　）

18. UNION 语句可以将多个 SELECT 语句的结果集组合成一个新的结果集。　（　　）

三、操作题

1. 编写 SQL 语句，从学生成绩管理数据库中查询学生表中的所有数据。

2．编写 SQL 语句，从学生表中查询学生的学号、姓名、性别和出生日期。

3．编写 SQL 语句，从学生表中查询学生信息，要求用中文表示列名。

4．编写 SQL 语句，从学生表中查询学生信息，要求根据学生的出生日期计算其年龄。

5．编写 SQL 语句，从成绩表中检索所有学号，要求消除所有重复的行。

6．编写 SQL 语句，从学生表中检索前 10 名学生的记录。

7．编写 SQL 语句，使用 SELECT 语句获取当前系统日期和时间、当前 MySQL 用户和当前默认数据库。

8．编写 SQL 语句，从学生成绩管理数据库中检索学生课程成绩，要求结果集中包含学号、姓名、课程名称和成绩。

9．编写 SQL 语句，从学生成绩管理数据库中检索所有课程（即使没有考试）和所有学生课程成绩记录。

10．编写 SQL 语句，从学生成绩管理数据库中检索计算数学成绩在 80~90 分的学生课程成绩。

11．编写 SQL 语句，从学生表中检索赵、钱、孙、李四个姓氏的学生记录。

12．编写 SQL 语句，从学生成绩管理数据库中检索英语课程成绩，要求按成绩降序排序，若成绩相同，则按姓名升序排序。

13．编写 SQL 语句，在学生成绩管理数据库中统计每个学生、每个班级的平均分及所有班级的总平均分，并且从组内的最低级别到最高级别进行汇总。

14．编写 SQL 语句，从学生成绩管理数据库中检索指定班级每个学生的数学课程成绩，并求出该班这门课程的平均分、最高分和最低分。

15．编写 SQL 语句，从学生成绩管理数据库中检索每个学生的数学课程成绩，并求出每个班级这门课程的平均分、最高分和最低分。

16．从学生成绩管理数据库中查询平均分高于 85 分的学生记录，要求列出学生的学号、姓名、性别和班级信息。

17．编写 SQL 语句，从学生成绩管理数据库中，查询包含在课程表中但尚未包含在成绩表中的那些课程的编号和名称。

18．编写 SQL 语句，从学生成绩管理数据库中，查询每个学生的平均分并按平均分降序排序，如果平均分相同则按姓名升序排序。

第 4 章　索引与视图的创建与管理

在 MySQL 中，可以使用 SELECT 语句从数据库中查询数据，并对结果集进行筛选、排序、分组及合并等，但所用的 SELECT 语句只能存储在外部脚本文件中，而不能作为对象存储在数据库中。为了加快和简化数据访问，通常还需要在 MySQL 数据库中创建两种对象，即索引和视图。基于键值的索引提供了对表中数据的快速访问，还可以在表行上强制实施唯一性；视图则为查看和存取数据提供了另外一种途径，使用视图既可以简化数据操作，也可以提高数据库的安全性。本章讨论如何在 MySQL 中使用索引和视图。

4.1　索引概述

索引是一种特殊类型的数据库对象，是基于表中的一列或多列而创建的，既用来加快表中数据的访问速度，也能够强制实施某些数据的完整性。

4.1.1　索引的概念

在关系型数据库中，索引是一种对表中一列或多列的值进行排序的一种存储结构，是某个表中一列或多列的值的集合与指向表中标识这些值的数据页的逻辑指针列表。索引的作用相当于图书的目录，可以根据目录中的页码快速找到所需要的内容。

索引提供指向存储在表的指定列中的数据值的指针，并且根据指定的排序顺序对这些指针进行排序。查询数据库时，可以通过索引找到特定值，然后，跟随指针找到包含该值的行。这样既可以使对应于表的 SQL 语句执行得更快，也可以快速访问数据库表中的特定信息。

当表中包含大量记录时，从表中查询数据通常有以下两种方式。

第一种方式是全表搜索，即从表中取出所有的记录，与查询条件逐一进行对比，然后，返回满足条件的记录，这样做会消耗大量的系统时间，并造成大量磁盘 I/O 操作。

第二种方式是事先在表中基于一列或多表创建索引，然后在索引中找到符合查询条件的索引值，最后，通过保存在索引中的行标识（相当于页码）快速找到表中对应的记录。

在使用 MySQL 数据库时，不是总要通过索引来优化查询。事物都是一分为二的，使用索引固然可以提高检索数据的速度，但创建和维护索引需要耗费一定的时间，而且存储索引也需要占用一定的磁盘空间。索引可以提高查询数据的速度，但也会影响插入数据的操作，这是因为向有索引的表中插入记录时，这些记录会按索引进行排序。

4.1.2 索引的作用

在数据库中创建索引主要有以下作用。

（1）快速读取数据。

（2）保证数据记录的唯一性。

（3）实现表与表之间的参照完整性。

（4）在 SELECT 语句中，使用 GROUP BY、ORDER BY 子句进行数据查询时，通过索引可以缩短分组和排序的时间。

在 MySQL 中，对所有数据类型的列都可以创建索引，但使用时需要注意以下几点。

（1）一个表中最多可以有 16 个索引，最大索引长度为 256 字节。

（2）对于 CHAR 和 VARCHAR 类型的列可以索引列的前缀。这样会使索引的速度更快，并且比索引整个列所占用的空间要少。

（3）可以在多个列上创建索引，索引列最多可以由 15 个列组成。

（4）只有当表使用 InnoDB、BDB 或 MyISAM 存储引擎时，才可以向具有 NULL、TEXT 或 BLOB 的列添加索引。

4.1.3 索引的分类

在 MySQL 中，大多数索引都是以 B-树方式存储的，这种方式构建了多个节点的一棵树。顶部的节点为索引的起始点，称为根。每个节点中包含索引列的几个值，节点中的每个值指向另一个节点，或者指向表中的一行，一个节点中的值必须是有序排列的。指向一行的节点称为叶子页，叶子页本身也是相互连接的，一个叶子页包含一个指针，该指针指向下一组。这样表中的一行在索引中就有一个对应值，当从表中查询数据时就可以根据索引值找到所在的行。

索引中的节点是存储在文件中的。在 MySQL 中，一个表中的索引都保存在同一个索引文件中。如果在表中添加或删除一行，或者更新表中的值，MySQL 会自动地更新索引，因此，索引始终与表的内容保持一致。

以 B-树方式存储的索引有以下几种主要类型。

（1）普通索引（INDEX）：这是最基本的数据类型，没有唯一性之类的限制，创建普通索引时使用关键字 INDEX。

（2）唯一索引（UNIQUE）：这种索引与普通索引基本相同，不同的是索引列的值必须是唯一的。创建唯一索引时使用关键字 UNIQUE。

（3）主键（PRIMARY KEY）：这也是一种唯一索引，但一个表只能有一个主键。主键通常是在创建表时设置，通过修改表来设置主键。创建主键时使用关键字 PRIMARY KEY。

（4）全文索引（FULLTEXT）：在定义全文索引的列上支持值的全文查找，允许在这些索引列中插入重复值和空值。全文索引只能在 TEXT、CHAR 或 VARCHAR 类型的列上创建，并且只能在 MyISAM 表中创建。全文索引可以在创建表或修改表时创建。

（5）空间索引（SPATIAL）：这是在 MyISAM 表的空间数据类型的字段上建立的索引。MySQL 支持 4 种空间数据类型。创建空间索引时要使用 SPATIAL 关键字进行扩展。

当表的类型为 MEMORY 时，除了 B-树索引，MySQL 也支持哈希索引（HASH）。使用哈希索引时不需要创建树结构，但所有值都保存在一个列表中，这种列表指向相关页和行。如果需要根据一个值来获取一个特定的行，哈希索引的速度非常快。

4.1.4 索引的设计原则

表中缺少索引或索引设计不合理都会对数据库和应用程序的性能造成障碍。高效的索引对于获得优良的性能至关重要，设计索引时应考虑以下几个方面。

（1）索引并非越多越好，一个表中如有大量的索引，不仅占用磁盘空间，而且会影响数据增删改操作的性能，因为，当表中数据更改时索引也会进行调整和更新。

（2）避免对经常更新的表设置过多的索引，并且索引中的列应尽可能少。对于经常查询的字段应创建索引，但要避免添加不必要的字段。

（3）数据量小的表最好不要索引，由于数据量小，查询花费的时间可能比遍历索引的时间还要短，索引可能不会产生优化效果。

（4）在条件表达式中经常用到的不同值较多的列上创建索引，在不同值很少的列上不要创建索引。例如，学生表的性别字段只有"男"和"女"两个不同值，因此，就不必创建索引。

（5）当唯一性是某种数据本身的特征时应创建唯一索引，使用唯一索引可以保证定义的列的数据完整性，从而提高查询速度。

（6）在频繁进行排序或分组的列上创建索引，如果要排序的列有多个，可以考虑在这些列上创建组合索引。

4.2 创建索引

索引是基于表中的一个列或多个列创建的。创建索引主要有两种方式：一种方式是在使用 CREATE TABLE 创建表时直接包含索引的定义；另一种方式是使用 CREATE INDEX 或者 ALTER TABLE 通过修改现有表来创建索引。

4.2.1　创建表时创建索引

使用 CREATE TABLE 语句创建表时，既可以在这个语句中设置列的名称、数据类型和是否允许为空等属性，也可以直接包含索引的定义，语法格式如下。

```
CREATE [TEMPORARY] TABLE [IF NOT EXISTS] 表名
[(列定义, ... | 索引定义)]
[表选项]
```

这里重点列出索引定义并加上注释，这部分内容如下。

```
[CONSTRAINT [字符串]] PRIMARY KEY [索引类型] (索引列, ...)    /*主键*/
| {INDEX | KEY} [索引名] [索引类型] (索引列, ...)              /*普通索引*/
| [CONSTRAINT [字符串]] UNIQUE [INDEX|KEY]                   /*唯一性索引*/
    [索引名] [索引类型] (索引列, ...)
| {FULLTEXT | SPATIAL} [INDEX | KEY] [索引名] (索引列, ...)   /*全文索引*/
| [CONSTRAINT [字符串]] FOREIGN KEY                          /*外键*/
    [索引名] (列名, ...) 引用定义
索引类型: USING {BTREE | HASH}
索引列: 列名 [(长度)] [ASC | DESC]
```

在上述语法格式中，KEY 是 INDEX 的同义词；CONSTRAINT [字符串] 用于为主键、唯一键和外键指定名称；索引类型通过 USING {BTREE | HASH}格式指定，仅适用于部分存储引擎；只有字符串类型的列才能指定长度；ASC 或 DESC 指定以升序或降序方式存储索引值。在设置列属性时，可以使用 PRIMARY KEY 将某个列设置为表的主键。但是，如果表的主键是由多个列组成的，则必须在语句最后添加一个 PRIMARY KEY(列名, ...)子句。

【例 4.1】在 test 数据库中创建 book 表，要求创建表时将图书编号设置为表的主键，并在书名和作者两个字段上分别建立普通索引。

使用 Navicat for MySQL 客户端连接到 MySQL 服务器上，在 SQL 编辑器中编写以下语句。

```
USE test;
CREATE TABLE IF NOT EXISTS book (
    booid int(10) UNSIGNED NOT NULL AUTO_INCREMENT
        PRIMARY KEY COMMENT '图书编号',
    isbn char(13) NOT NULL COMMENT '国际标准书号',
    bookname varchar(255) NOT NULL COMMENT '书名',
    author varchar(255) NOT NULL COMMENT '作者',
    Introduction varchar(255) NULL DEFAULT NULL COMMENT '内容简介',
```

```
remark varchar(255) NULL DEFAULT NULL COMMENT '备注',
year_pub year NOT NULL COMMENT '出版年份',
INDEX ix_bookname(bookname),
INDEX ix_author(author)
);
```

在本例中，在使用 CREATE TABLE 创建表结构时，不仅定义了各个列的列名、数据类型等属性，同时，还设置了表的主键，并在书名和作者两个列上创建了普通索引。

按 Ctrl+R 组合键执行上述语句，结果如图 4.1 所示。

图 4.1　创建表时定义索引

4.2.2　使用 ALTER TABLE 创建索引

对于已经存在的表，可以使用 ALTER TABLE 语句对其结构进行各种修改，包括在表中指定的列上创建索引。下面重点列出用于添加索引的内容并给出注释，语法格式如下。

```
ALTER TABLE 表名
...
|ADD {INDEX|KEY} [索引名]                              /*添加普通索引*/
    [索引类型] (索引列, ...) [索引选项] ...
|ADD [CONSTRAINT [字符串]] PRIMARY KEY                 /*添加主键*/
    [索引类型] (索引列, ...) [索引选项] ...
| ADD [CONSTRAINT [字符串]] UNIQUE [INDEX | KEY] [索引名] /*添加唯一性索引*/
    [索引类型] (索引列, ...) [索引选项] ...
| ADD FULLTEXT [INDEX | KEY] [索引名]                  /*添加全文索引*/
    (索引列, ...) [索引选项] ...
| ADD SPATIAL [INDEX | KEY] [索引名]                   /*添加空间索引*/
    (索引列, ...) [索引选项] ...
| ADD [CONSTRAINT [字符串]]                            /*添加外键*/
    FOREIGN KEY [索引名] (列名, ...) 引用定义
| {DISABLE | ENABLE} KEYS
```

其中，索引类型的语法为 USING{BTREE | HASH}，指定 BTREE 和 HASH；CONSTRAINT [字符串]用于为主键、唯一键和外键指定名称；{DISABLE | ENABLE} KEYS 只能用于 MyISAM 表，使用 ALTER TABLE ... DISABLE KEYS 可以让 MySQL 在更新表时停止更新表中的非唯一索引，然后，使用 ALTER TABLE ... ENABLE KEYS 重新创建丢失的索引，从而加快查询速度。其他选项与 CREATE TABLE 语句相同。

【例 4.2】创建一个没有索引的学生表，然后，通过修改表在学号字段上添加主键，在姓名字段上添加普通索引。

使用 Navicat for MySQL 客户端连接到 MySQL 服务器上，在 SQL 编辑器中编写以下语句。

```
USE test;
CREATE TABLE IF NOT EXISTS student (
    stuid char(8) NOT NULL COMMENT '学号',
    stuname varchar(10) NOT NULL COMMENT '姓名',
    gender char(1) NOT NULL COMMENT '性别',
    birthdate date NOT NULL COMMENT '出生日期'
);
ALTER TABLE student
ADD PRIMARY KEY USING BTREE (stuid),
ADD INDEX USING BTREE (stuname);
```

在本例中，首先使用 CREATE TABLE 语句创建一个没有任何索引的 student 表，然后，通过 ALTER TABLE 语句修改该表，即使用两个 ADD 子句分别添加一个主键和一个普通索引，两者的索引类型均为 BTREE。

按 Ctrl+R 组合键执行上述语句，结果如图 4.2 所示。

图 4.2　通过修改表添加索引

【例 4.3】在 test 数据库中创建一个没有索引的成绩表，然后，通过修改表在学号字段和课程编号两个列上设置表的复合主键。

使用 Navicat for MySQL 客户端连接到 MySQL 服务器上，在 SQL 编辑器中编写以下

语句。

```
USE test;
CREATE TABLE IF NOT EXISTS score (
    stuid char(8) NOT NULL COMMENT '学号',
    couid tinyint NOT NULL COMMENT '课程编号',
    score tinyint NULL COMMENT '成绩'
);
ALTER TABLE score
ADD PRIMARY KEY USING BTREE (stuid ASC, couid ASC);
```

按 Ctrl+R 组合键执行上述语句，结果如图 4.3 所示。

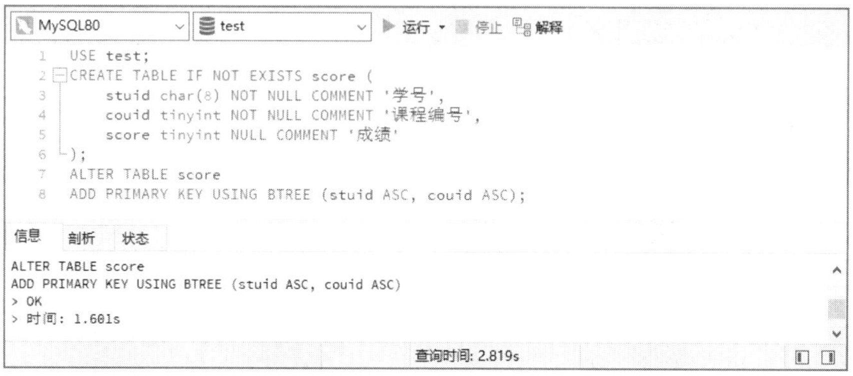

图 4.3　在两个表上创建主键

4.2.3　使用 CREATE INDEX 创建索引

使用 CREATE INDEX 语句可以在现有的表中创建索引，这个语句将被映射到一个 ALTER TABLE 语句上，语法格式如下。

```
CREATE [UNIQUE | FULLTEXT | SPATIAL] INDEX 索引名
[索引类型]
ON 表名 (索引列, ...)
索引类型: USING {BTREE | HASH}
索引列: 列名 [(长度)] [ASC | DESC]
```

关键字 UNIQUE 用于创建唯一性索引，FULLTEXT 用于创建全文索引，SPATIAL 用于创建空间索引。使用 CREATE INDEX 语句不能创建主键。

索引名表示索引的名称，在一个表中索引名必须是唯一的。

索引类型为 BTREE 或 HASH，只有部分存储引擎可以在创建索引时指定索引的类型。

索引列可以是一个或多个，使用格式为"索引列 1，索引列 2，……"的列清单可以创建出一个多列索引。

对于 CHAR 和 VARCHAR 列，只用一列的一部分就可以创建索引。创建索引时，使用列

名 (长度) 格式可以对前缀编制索引。前缀包括每列值前面的部分字符。BLOB 和 TEXT 列也可以编制索引，但是必须给出前缀长度。

例如，下面的语句用于创建一个索引，该索引只使用 name 列值的前 10 个字符。

```
CREATE INDEX part_of_name ON customer (name(10));
```

因为多数名称的前 10 个字符通常是不同的，所以，这个索引不会比使用列的全名创建的索引速度慢很多。另外，使用列的一部分创建索引可以使索引文件大大减小，从而节省大量的磁盘空间，有可能提高 INSERT 操作的速度。

【例 4.4】在 test 数据库的 book 表中，在国际标准书号列上添加唯一性索引并按升序排列索引值，在出版年份列上添加普通索引并按降序排列索引值。

使用 Navicat for MySQL 客户端连接到 MySQL 服务器上，在 SQL 编辑器中编写以下语句。

```
CREATE UNIQUE INDEX ix_isbn
USING BTREE
ON book(isbn ASC);
CREATE INDEX ix_year_pub
USING BTREE
ON book(year_pub DESC);
```

使用 CREATE INDEX 语句一次只能创建一个索引，因此，需要连续两次执行该语句，第一次是在国际标准书号列上创建索引，第二次是在出版年份列上创建索引。

按 Ctrl+R 组合键执行上述语句，结果如图 4.4 所示。

图 4.4　使用 CREATE INDEX 创建索引

4.2.4　查看索引信息

在 MySQL 中，使用 SHOW INDEX 返回表中的索引信息，语法格式如下。

```
SHOW [EXTENDED] {INDEX | INDEXES | KEYS}
{FROM | IN} 表名
```

```
[{FROM | IN} 数据库名]
[WHERE 条件]
```

其中，表名指定索引所在的表，数据库名指定索引所在的数据库；"表名 FROM 数据库名"语法的替代方法是"数据库名.表名"。因此，下面两个语句是等效的。

```
SHOW INDEX FROM mytable FROM mydb;
SHOW INDEX FROM mydb.mytable;
```

关键字 EXTENDED 是可选的，如果指定该关键字，则使输出包含有关 MySQL 内部使用且用户无法访问的隐藏索引的信息。

使用 WHERE 子句用于选择满足指定条件的行。

SHOW INDEX 返回以下字段。

- Table：表的名称。

- Non_unique：如果索引不能包含重复项，则为 0；如果可以包含重复项，则为 1。

- Key_name：索引的名称。如果索引是主键，则名称始终为 PRIMARY。

- Seq_in_index：索引中的列序列号，从 1 开始计数。

- Column_name：列名称。

- Collation：列如何在索引中排序，A 表示升序，D 表示降序，NULL 表示未排序。

- Cardinality：估计索引中的唯一值的数量。

- Sub_part：索引前缀。也就是说，如果列仅被部分索引，则其值为索引字符的数量；如果整列被索引，则为 NULL。

- Packed：指示密钥的打包方式。如果未打包，则为 NULL。

- Null：如果列可能包含 NULL 值，则包含 YES；否则为空字符串。

- Index_type：所使用的索引方法，可以是 BTREE、FULLTEXT、HASH 或 RTREE。

- Comment：未在列本身描述的有关索引的信息，例如，在禁用索引时为 disabled。

- Index_comment：创建索引时用 COMMENT 属性为索引提供的注释。

- Visible：索引是否对优化程序可见。

- Expression：MySQL 8.0.13 及更高版本支持功能键部件，同时影响 Column_name 和 Expression 两个列。对于非功能键部件而言，Column_name 表示由键部件索引的列，Expression 为 NULL；对于功能键部件而言，Column_name 列为 NULL，Expression 表示表达式的键部分。

也可以使用 mysqlshow 客户端工具列出表的索引，命令格式如下。

```
mysqlshow -k 数据库名 表名
```

【例 4.5】在 test 数据库中查看 book 表中的索引信息。

使用 mysql 客户端工具连接到 MySQL 服务器上，然后执行以下语句。

（1）设置 test 为当前数据库。

```
mysql> USE test;
```

（2）查看 book 表中的所有索引。

```
mysql> SHOW INDEX FROM book\G
```

执行结果如图 4.5 所示。

```
管理员: 命令提示符 - mysql  -uroot -p
mysql> USE test;
Database changed
mysql> SHOW INDEX FROM book\G
*************************** 1. row ***************************
        Table: book
   Non_unique: 0
     Key_name: PRIMARY
 Seq_in_index: 1
  Column_name: booid
    Collation: A
  Cardinality: 0
     Sub_part: NULL
       Packed: NULL
         Null:
   Index_type: BTREE
      Comment:
Index_comment:
      Visible: YES
   Expression: NULL
*************************** 2. row ***************************
        Table: book
   Non_unique: 0
     Key_name: ix_isbn
 Seq_in_index: 1
  Column_name: isbn
    Collation: A
  Cardinality: 0
     Sub_part: NULL
       Packed: NULL
         Null:
   Index_type: BTREE
      Comment:
Index_comment:
      Visible: YES
   Expression: NULL
```

图 4.5　查看表中索引信息

4.2.5　删除索引

在 MySQL 中，可以使用 DROP INDEX 语句从表中删除索引，语法格式如下。

```
DROP INDEX 索引名 ON 表名
[算法选项 | 锁定选项] ...
算法选项:
ALGORITHM [=] {DEFAULT | INPLACE | COPY}
锁定选项:
LOCK [=] {DEFAULT | NONE | SHARED | EXCLUSIVE}
```

其中，索引名指定要删除的索引，表名指定该索引所在的表。这个语句映射为一个 ALTER TABLE，用于删除指定的索引。

要从表中删除主键，索引名称始终为 PRIMARY，必须将其指定为带反引号的标识符，因为 PRIMARY 是 MySQL 的保留字。例如：

```
DROP INDEX 'PRIMARY' ON t;
```

使用 ALGORITHM 和 LOCK 子句，可以影响表复制方法和在修改索引时读写表的并发级别。

【例 4.6】在 test 数据库中，从 book 表中删除名为 ix_year_pub 的索引。

使用 mysql 客户端工具连接到 MySQL 服务器上，然后执行以下语句。

（1）设置 test 为当前数据库。

```
mysql> USE test;
```

（2）删除 book 表中的所有索引。

```
mysql> DROP INDEX ix_year_pub ON book;
```

执行结果如图 4.6 所示。

图 4.6　从表中删除索引

4.3　视图概述

从数据库中查询数据时，经常要从相关的多个表中检索所需的数据，在这种情况下，需要在不同的表之间进行连接运算，最终编写出来的 SELECT 语句相当复杂，稍不小心就会出错。另外，在数据库中通常会存储一些敏感数据，这些数据不能有任何泄露。为了降低数据查询的复杂性，增加表操作的安全性，就需要用到 MySQL 数据库中的视图对象。

4.3.1　视图的概念

使用 SELECT 语句从数据库中查询数据时，这些语句并不存储在数据库中，为了重复使用这些语句，通常是把它们存储在外部脚本文件中。当需要执行数据查询时，可以使用命令行客户端工具 mysql 或某个 GUI 客户端工具（如 MySQL Workbench 或 Navicat for MySQL）提供的 SQL 编辑器来执行脚本文件。而实际上，为了便于执行比较复杂的数据查询，更好的方案就是将那些常用的 SELECT 语句以视图对象的形式存储在数据库中。

所谓视图，就是从一个或多个表（或视图）中导出的虚拟表。视图与 SELECT 语句的关系十分密切，视图中的数据就是通过执行 SELECT 语句获取的。与真实的表一样，视图也包含一系列带有名称的列和行数据，但这些列和行数据来自 SELECT 语句所引用的表，是在引用视图时动态生成的，而不是以数据集形式存在于数据库中的。数据库中的数据存储在表中，创建视图时也只存储视图的定义。

为了与视图加以区分，视图定义中所引用的表也称为基表。当在数据库中创建视图以后，视图也可以像表一样被用在 SELECT 语句的 FROM 子句中作为查询的数据源来使用，或被用在数据的更新和删除操作中。当通过视图进行数据操作时，MySQL 将根据视图的定义去操作与视图相关联的基表。

4.3.2　视图的作用

视图可以用来集中、简化和自定义每个用户对数据库的不同访问，也可以用作安全机制。视图通常用在以下三种场合。

（1）简化数据操作。使用选择查询检索数据时，如果查询中的数据分散在两个或多个表中，或所用搜索条件比较复杂，往往要多次使用 JOIN 运算符来编写很长的 SELECT 语句。如果需要多次执行相同的数据检索任务，则可以考虑在这些常用查询的基础上创建视图，然后，在 SELECT 语句的 FROM 子句中引用这些视图，这样就不必每次都输入相同的查询语句了。

（2）自定义数据。视图允许用户以不同方式查看数据，即使在他们同时使用相同的数据时也是如此。这在具有许多不同目的和技术水平的用户共用同一数据库时很有用。例如，可以创建一个视图以仅检索由客户经理处理的客户数据，该视图可以根据使用它的客户经理的登录 ID 来决定检索哪些数据。

（3）提高数据库的安全性。通常的做法是让用户通过视图来访问表中的特定列和行，而不对他们授予直接访问基表的权限。此外，可以针对不同的用户定义不同的视图，在用户视图上不包括那些机密数据列，从而提供对机密数据的保护。

4.4　创建视图

视图是作为对象存储在数据库中的。如果拥有在数据库中创建视图和操作相关在基表或其他视图的权限，则可以使用 CREATE VIEW 语句创建视图。

4.4.1　查看创建视图权限

MySQL 用户要在数据库中创建视图，则必须拥有 CREATE VIEW 权限和查询涉及的列的

SELECT 权限。这些权限的信息包含在系统数据库 mysql 的 user 表中，可以使用下列 SELECT 语句进行查询。

```
SELECT Select_priv, Create_view_priv FROM mysql.user WHERE user='用户名';
```

其中，Select_priv 列表示用户是否具有 SELECT 权限，如果该列的值为 Y，则表示拥有 SELECT 权限；如果该列的值为 N，则表示没有此权限。

Create_view_priv 列表示用户是否拥有 CREATE VIEW 权限，如果该列的值为 Y，则表示拥有 CREATE VIEW 权限；如果该列的值为 N，则表示没有此权限。

mysql.user 表示 MySQL 系统数据库 mysql 中的 user 表。

用户名的值必须用引号括起来。

【例 4.7】查看 root 用户是否拥有创建视图的权限。

使用 mysql 客户端工具连接到 MySQL 服务器上，然后执行以下命令。

（1）设置 mysql 为当前数据库。

```
mysql> USE mysql;
```

（2）从 user 表中查询用户的权限信息。

```
mysql> SELECT Select_priv, Create_view_priv FROM user WHERE user='root';
```

执行结果如图 4.7 所示。

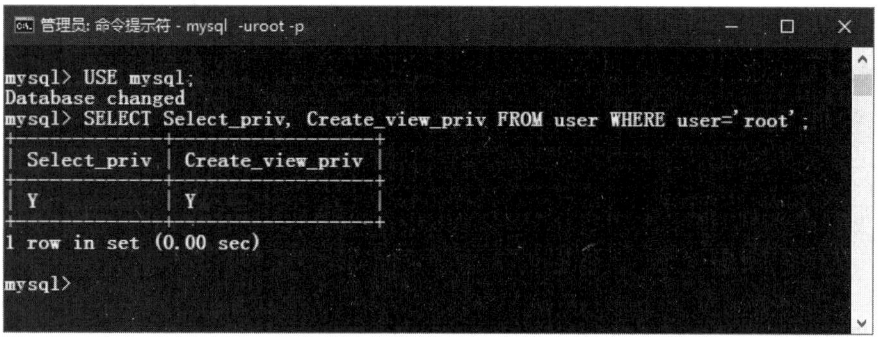

图 4.7　查看用户是否拥有创建视图权限

4.4.2　CREATE VIEW 语句

在 MySQL 中，可以使用 CREATE VIEW 语句创建一个新的视图，语法格式如下。

```
CREATE
[OR REPLACE]
[ALGORITHM = {UNDEFINED | MERGE | TEMPTABLE}]
[DEFINER = {用户 | CURRENT_USER }]
[SQL SECURITY { DEFINER | INVOKER }]
VIEW 视图名 [(列名列表)]
```

```
AS SELECT 语句
[WITH [CASCADED | LOCAL] CHECK OPTION]
```

如果给定了 OR REPLACE 子句，则能替换已有的同名视图。

ALGORITHM 子句规定 MySQL 算法，这会影响 MySQL 处理视图的方式。在这里有以下 3 种可用的算法。

- UNDEFINED：未定义算法，MySQL 将自动选择算法，这是默认值。
- MERGE：将引用视图的语句的文本与视图定义合并起来，使视图定义的某一部分取代语句的对应部分。MERGE 算法要求视图中的行与基表中的行具有一对一的关系。
- TEMPTABLE：视图结果存储在临时表中并使用该临时表来执行查询语句。

DEFINER 和 SQL SECURITY 子句指定在执行引用视图的语句检查视图访问权限时，要使用的 MySQL 用户账户。有效的 SQL SECURITY 值是 DEFINER（默认值）和 INVOKER，表明定义或调用视图的用户必须持有所需的权限。

如果要为 DEFINER 子句指定用户值，则应该指定为一个 MySQL 账户，可以使用以下 3 种形式：'用户名'@'主机名'、CURRENT_USER 或 CURRENT_USER()。默认的 DEFINER 值是执行 CREATE VIEW 语句的用户，这与显式指定 DEFINER=CURRENT_USER 效果相同。

在默认情况下，创建新视图语句将在当前数据库中创建新视图。如果想在给定数据库中创建视图，则指定视图名时应采用"数据库名.视图名"格式。

AS 后面的 SELECT 语句用于创建视图，通过该语句可以从基表或其他视图进行选择。

列名列表指定要在视图中引用的列，列名用逗号分隔。列数必须与 SELECT 语句选择的列数相同。如果省略列名列表，则使用来源表或视图中的列名。

对于可更新视图，可以使用 WITH CHECK OPTION 子句来防止插入或更新行，除非作用在行上的 SELECT 语句中的 WHERE 条件为"真"。如果视图是根据另一个视图定义的，则可以用 LOCAL 和 CASCADED 关键字指定检查测试的范围。LOCAL 关键字对 CHECK OPTION 进行了限制，使其仅作用在定义的视图上，CASCADED 会对将要评估的基表进行检查。如果未给定任一关键字，则默认值为 CASCADED。

创建视图的用户必须具有针对视图的 CREATE VIEW 权限及针对由 SELECT 语句选择每一列的权限。对于在 SELECT 语句中其他地方使用的列，必须具有 SELECT 权限。如果还有 OR REPLACE 子句，则必须在视图上具有 DROP 权限。

创建视图时，应当注意以下几点。

- 表和视图共享数据库中相同的名称空间。因此，在同一个数据库中不能包含具有相同名称的表和视图。
- 视图必须具有唯一的列名，不得重复。在默认情况下，由 SELECT 语句检索的列名将用作视图列名。如果要为视图列定义明确的名称，则可以使用可选的 (列名列表) 子句。

- SELECT 语句检索的列既可以是对表列的简单引用，也可以是使用函数、常量值和操作符等的表达式。

- 对于 SELECT 语句中的表或视图，将根据默认的当前数据库进行解释。如果在视图中引用的表名或其他视图不在当前数据库中，则要在表名或视图前加上数据库名称。

- 能够使用各种 SELECT 语句创建视图。在视图中能够引用基表或其他视图，可以使用 JOIN、UNION 和子查询。在 SELECT 语句中甚至不需要引用任何表。

- 在 SELECT 语句中，不能包含 FROM 子句中的子查询。

- 在 SELECT 语句中，不能引用系统或用户变量。

- SELECT 语句不能引用预处理语句参数。

- 在视图定义中，引用的表或视图必须存在。

- 在视图定义中，不能引用 TEMPORARY 表，不能创建 TEMPORARY 视图。

- 在视图定义中，允许使用 ORDER BY，但是，如果从特定视图进行了选择，而该视图使用了具有自己 ORDER BY 的语句，则视图定义中的 ORDER BY 将被忽略。

- 对于视图定义中的其他选项或子句，它们将被增加到引用视图的语句的选项或子句中，但效果未定义。例如，如果在视图定义中包含 LIMIT 子句，而且从特定视图进行了选择，而该视图使用了具有自己 LIMIT 子句的语句，对使用哪个 LIMIT 未作定义。

【例 4.8】在学生成绩数据库中，基于 student 表创建一个查询，然后，根据这个查询检索软件和网络专业的学生信息，要求按出生日期升序排列，列出前 10 位学生。

使用 Navicat for MySQL 客户端连接到 MySQL 服务器上，在 SQL 编辑器中编写以下语句。

```
USE sams;
CREATE OR REPLACE
VIEW student_view (学号, 姓名, 性别, 出生日期, 专业, 班级)
AS SELECT stuid, stuname, gender, birthdate, major, classname
FROM student;
SELECT * FROM student_view
WHERE 专业 IN ('软件', '网络')
ORDER BY 出生日期 ASC
LIMIT 10;
```

本例是一个基于单表创建视图的例子。在创建视图时，使用了 OR REPLACE 子句，如果有同名视图，则会用创建的新视图取而代之，因此，上述语句可以重复执行多次而不会出现错误。创建视图时指定了一个中文列名列表，每个列名对应于 SELECT 语句所选择的一列。创建视图之后，将该视图用到一个 SELECT 语句的 FROM 子句中，并在这个 SELECT 语句中添加 WHERE、ORDER BY 和 LIMIT 子句。

按 Ctrl+R 组合键执行上述语句，结果如图 4.8 所示。

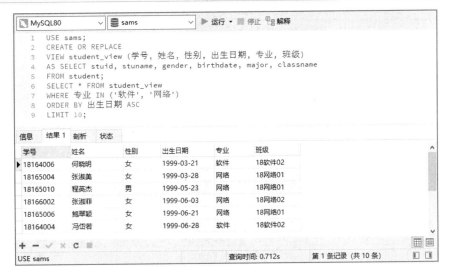

图 4.8　基于单表创建视图

【例 4.9】在学生成绩数据库中，基于 student 表、course 表和 score 表创建一个查询，然后，根据这个查询检索 18 网络 02 班的数学成绩，要求按成绩降序排序，列出前 3 位学生。

使用 Navicat for MySQL 客户端连接到 MySQL 服务器上，在 SQL 编辑器中编写以下语句。

```
USE sams;
CREATE OR REPLACE
VIEW st_sc_view (专业, 班级, 学号, 姓名, 性别, 课程, 成绩)
AS SELECT major, classname, st.stuid,
    stuname, gender, couname, score
FROM score AS sc INNER JOIN student AS st ON sc.stuid=st.stuid
    INNER JOIN course AS co ON sc.couid=co.couid;
SELECT * FROM st_sc_view
WHERE 班级='18网络02' AND 课程='数学'
ORDER BY 成绩 DESC
LIMIT 3;
```

本例是一个基于多表创建视图的例子。在创建视图时，使用了 OR REPLACE 子句，这样可以防止创建视图时由于存在同名视图而出现错误。创建视图时指定了一个中文列名列表，每个列名对应于 SELECT 语句所选择的一列，在 SELECT 语句的 FROM 子句中指定了 3 个来源表，这些来源表通过内连接方式组合起来。创建视图之后，将该视图用到一个 SELECT 语句的 FROM 子句中，并在这个 SELECT 语句中添加了 WHERE、ORDER BY 和 LIMIT 子句，而且在 WHERE 子句和 ORDER BY 子句中使用中文列名进行搜索和排序。

按 Ctrl+R 组合键执行上述语句，结果如图 4.9 所示。

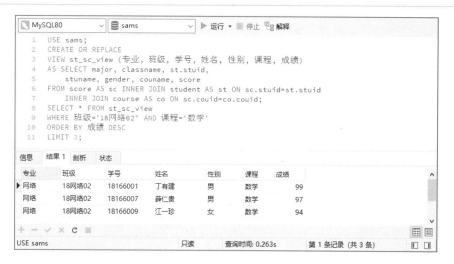

图 4.9　基于多表创建视图

4.5　视图操作

视图是作为对象存储在数据库中的。创建视图之后，可以对视图进行各种操作，包括查看视图、修改视图、更新视图和删除视图等。

4.5.1　查看视图

查看视图是指查看数据库中已存在的视图。查看视图必须拥有 SHOW VIEW 权限。查看视图有多种方法，主要包括使用 DESCRIBE 语句、SHOW TABLE STATUS 语句和 SHOW CREATE VIEW 语句等。

1. 使用 DESCRIBE 语句查看视图

使用 DESCRIBE（DESC）语句既可以查看表的结构，也可以查看视图的结构。这个语句返回的结果集包含以下 6 个列：Field（列名）、Type（类型）、Null（是否允许为空）、Key（索引）、Default（默认值）和 Extra（附加属性，如自增）。

【例 4.10】在学生成绩数据库中查看 student_view 视图的结构。

使用 Navicat for MySQL 客户端连接到 MySQL 服务器上，在 SQL 编辑器中编写以下语句。

```
USE sams;
DESCRIBE student_view;
```

按 Ctrl+R 组合键执行上述语句，结果如图 4.10 所示。

图 4.10　查看视图结构

2. 使用 SHOW TABLE STATUS 语句查看视图

SHOW TABLE STATUS 语句的作用类似于 SHOW TABLES 语句，可以用来显示数据库中表或视图的信息，但它提供了很多关于每个非临时表的信息，语法格式如下。

```
SHOW TABLE STATUS
[{FROM | IN} 数据库名]
[LIKE '模式' | WHERE 条件]
```

LIKE 子句（如果存在）指示要匹配的表或视图的名称。使用 WHERE 子句可以选择一般条件的行。

SHOW TABLE STATUS 语句输出以下各列。

- Name：表的名称。
- Engine：表所使用的存储引擎。
- Version：此列未使用。
- Row_format：行存储格式，可能值为 Fixed、Dynamic、Compressed、Redundant 或 Compact。
- Rows：行数。某些存储引擎（如 MyISAM）会存储确切的计数。对于其他存储引擎（如 InnoDB），该值是近似值。
- Avg_row_length：平均行长度。
- Data_length：对于 MyISAM 表，Data_length 是数据文件的长度（以字节为单位）；对于 InnoDB 表，Data_length 是为聚集索引分配的近似内存量（以字节为单位）。
- Max_data_length：对于 MyISAM 表，Max_data_length 是数据文件的最大长度；对于 InnoDB 表，未使用此列。
- Index_length：对于 MyISAM 表，Index_length 是索引文件的长度（以字节为单位）；对于 InnoDB 表，Index_length 是为非聚集索引分配的大致内存量（以字节为单位）。
- Data_free：已分配但未使用的字节数。

也可以使用"mysqlshow --status 数据库名"命令来获取指定数据库中表或视图的信息。

【例 4.11】 使用 SHOW TABLE STATUS 语句查看 st_sc_view 视图的信息。

使用 mysql 客户端工具，连接到 MySQL 服务器上，然后执行以下命令。

```
mysql> SHOW TABLE STATUS FROM sams LIKE 'st_sc_view'\G
```

执行结果如图 4.11 所示。

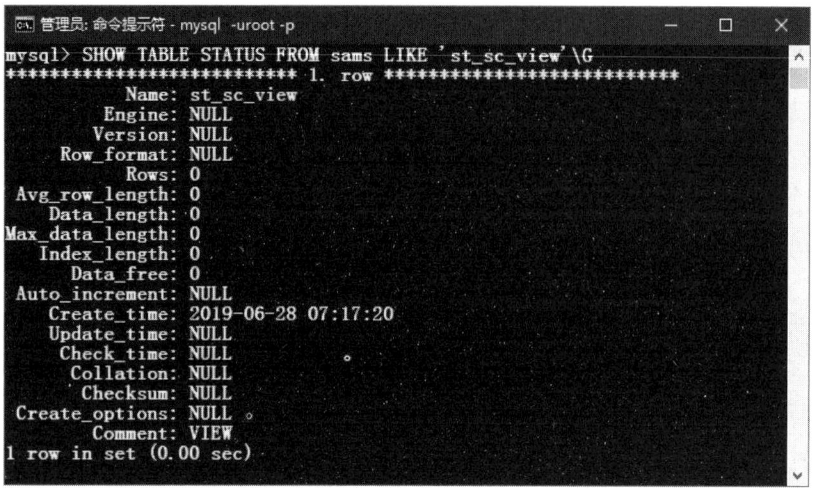

图 4.11　使用 SHOW TABLE STATUS 语句查看视图信息

从执行结果可以看出，存储引擎和数据长度等信息均显示为 NULL，这表明视图中并没有存储任何数据，视图确实是一个虚拟表，完全不同于数据库中的基表。为了看清楚这个区别，下面使用 SHOW TABLE STATUS 语句查看 student 表的信息，执行结果如图 4.12 所示。

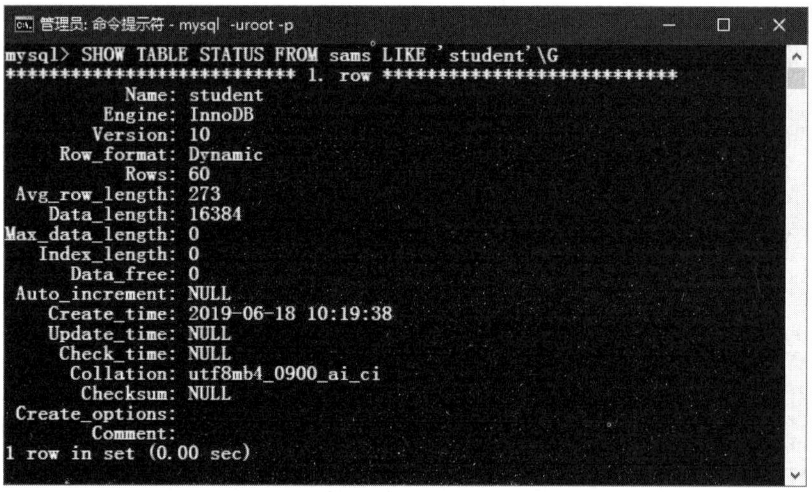

图 4.12　使用 SHOW TABLE STATUS 语句查看 student 表信息

3. 使用 SHOW CREATE VIEW 语句查看视图

使用 SHOW CREATE VIEW 语句，可以查看视图的详细定义，语法格式如下。

```
SHOW CREATE VIEW 视图名
```

【例 4.12】 使用 SHOW CREATE VIEW 语句查看 stu_sc_view 视图的详细定义。

使用 mysql 客户端工具，连接到 MySQL 服务器上，然后执行以下命令。

```
mysql> SHOW CREATE VIEW st_sc_view\G
```

执行结果如图 4.13 所示。

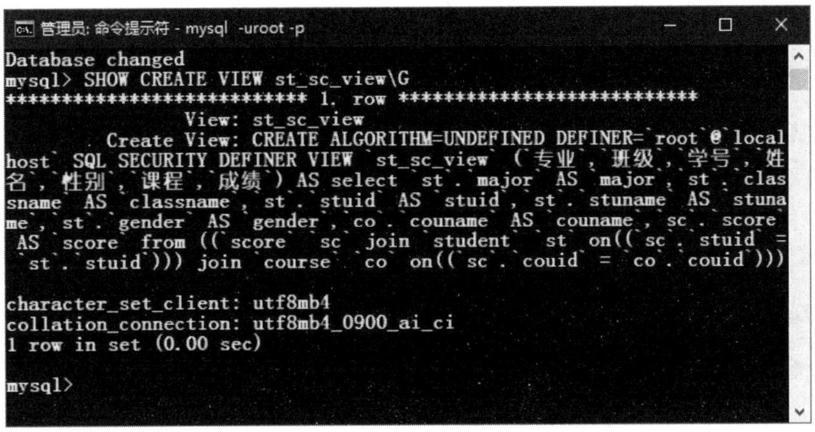

图 4.13　使用 SHOW CREATE VIEW 语句查看视图

4.5.2　修改视图

修改视图是指修改数据库中现有视图的定义。当基表的某些字段发生改变时，可以通过修改视图来保持视图与基表之间的一致性。在 MySQL 中修改视图主要有两种方法：一种方法是使用 CREATE OR REPLACE VIEW 语句；另一种方法是使用 ALTER VIEW 语句。

使用 ALTER VIEW 语句可以修改一个现有视图的定义，语法格式如下。

```
ALTER
[ALGORITHM = {UNDEFINED | MERGE | TEMPTABLE}]
[DEFINER = { 用户 | CURRENT_USER }]
[SQL SECURITY { DEFINER | INVOKER }]
VIEW 视图名 [(列名列表)]
AS SELECT 语句
[WITH [CASCADED | LOCAL] CHECK OPTION]
```

ALTER VIEW 语句的语法格式与 CREATE VIEW 语句类似，这里不再重复说明。执行该语句需要拥有 CREATE VIEW 权限、针对视图的 DROP 权限及 SELECT 语句中引用的每个列的某些权限。ALTER VIEW 语句仅允许具有 SET_USER_ID 或 SUPER 权限的定义者或用户使用。

【例 4.13】 使用 ALTER VIEW 语句修改 student_view 视图的定义，在原有列基础上添加一个备注列，然后，基于修改后的 student_view 视图查询所有备注不为空的学生记录。

使用 Navicat for MySQL 客户端连接到 MySQL 服务器上，在 SQL 编辑器中编写以下语句。

```
USE sams;
ALTER VIEW student_view
(学号, 姓名, 性别, 出生日期, 专业, 班级, 备注)
AS SELECT * FROM student;
SELECT * FROM student_view
WHERE 备注 IS NOT NULL;
```

按 Ctrl+R 组合键执行上述语句，结果如图 4.14 所示。

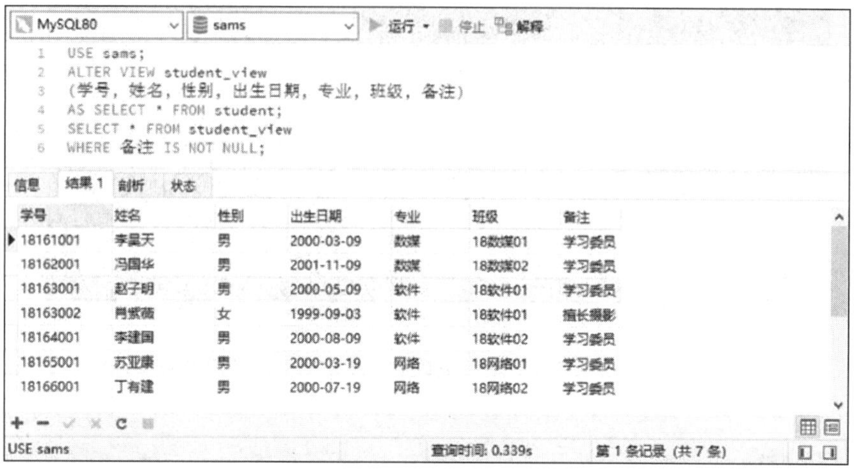

图 4.14　修改视图定义

4.5.3　更新视图

更新视图是指通过视图来插入（INSERT）、修改（UPDATE）和删除（DELETE）基表中的数据。由于视图只是一个虚拟表，其中不存储任何数据，因此，通过视图进行更新操作时，最终都要回归到基表来操作。在更新视图时，只能更新权限范围内的数据。如果超出了这个权限范围，就不能更新。

实际上，并非所有视图都可以更新。在下列几种情况下是不能更新视图的。

* 视图中包含 COUNT()、SUM()、MAX()和 MIN()等函数。
* 视图中包含 UNION、UNION ALL、DISTINCT、GROUP BY 和 HAVING 等关键字。
* 没有使用 FROM 子句的常量视图。
* 视图定义中的 SELECT 语句包含子查询。
* 由不可更新的视图导出的视图。
* 创建视图时，ALGORITHM 指定为 TEMPTABLE 算法。
* 视图对应的基表存在没有默认值的列，而且该列未包含在视图中。

【例 4.14】在学生成绩管理数据库中，将学生李昊天的平面设计成绩加上 5 分，要求通过视图修改成绩，并显示修改前后的成绩信息。

使用 Navicat for MySQL 客户端连接到 MySQL 服务器上，在 SQL 编辑器中编写以下

语句。

```
USE sams;
SELECT * FROM st_sc_view
WHERE 姓名='李昊天' AND 课程='平面设计';
UPDATE st_sc_view
SET 成绩=成绩+5
WHERE 姓名='李昊天' AND 课程='平面设计';
SELECT * FROM st_sc_view
WHERE 姓名='李昊天' AND 课程='平面设计';
```

按 Ctrl+R 组合键执行上述语句，结果如图 4.15 和图 4.16 所示。

图 4.15　修改前平面设计成绩

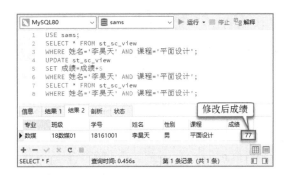

图 4.16　修改后平面设计成绩

4.5.4　删除视图

视图是作为对象存储在数据库中的。如果不再需要某个视图，则可以从数据库中删除该视图，此时，只是删除视图的定义，不会删除数据（因为数据是存储在表中的）。在 MySQL 中，可以使用 DROP VIEW 语句来删除一个或多个视图，语法格式如下。

```
DROP VIEW [IF EXISTS]
视图名[, 视图名] ...
[RESTRICT | CASCADE]
```

在执行 DROP VIEW 语句时，要求用户必须对每个视图都拥有 DROP 权限。

如果参数列表中指定的视图不存在，则该语句将失败并显示一个错误，并且不进行任何更改。要避免出现这种情况，请在 DROP VIEW 中使用 IF EXISTS。

DROP VIEW 语句从数字字典中删除指定的视图定义。如果从该视图导出了其他视图，则使用 CASCADE 进行级联删除，或者先显式删除导出的视图，然后删除该视图。删除基表时，由该表导出的所有视图都必须显式删除。

【例 4.15】在学生成绩管理数据库中，首先基于 course 表创建一个名为 course_view 的视图，然后删除这个视图。

使用 Navicat for MySQL 客户端连接到 MySQL 服务器上，在 SQL 编辑器中编写以下

语句。

```
USE sams;
CREATE OR REPLACE
VIEW course_view
(课程编号，课程名称，开课学期，学时)
AS SELECT * FROM course;
DROP VIEW IF EXISTS course_view;
```

按 Ctrl+R 组合键执行上述语句，结果如图 4.17 所示。

图 4.17　删除视图

习　题　4

一、选择题

1. 在下列关键字中，（　　）表示全文索引。

   A. INDEX　　　　　　B. UNIQUE　　　　　C. FULLTEXT　　D. SPATIAL

2. 在 SHOW INDEX 返回的字段中，（　　）表示列在索引中的排序方式。

   A. Key_name　　　　B. Seq_in_index　　　C. Collation　　　D. Cardinality

3. 在创建视图时，默认的 MySQL 算法是（　　）。

   A. UNDEFINED　　　B. MERGE　　　　　C. TEMPTABLE　D. NONE

二、判断题

1. 可以在多个列上创建索引，索引列最多可以由 20 个列组成。　　　　　　　（　　）

2. 一个表中最多可以有 16 个索引，最大索引长度为 256 字节。　　　　　　　（　　）

3. 全文索引可以在 INT 类型的列上创建。　　　　　　　　　　　　　　　　（　　）

4. 当表的类型为 MEMORY 时，除了 B-树索引，MySQL 也支持哈希索引。　（　　）

5. 表中的索引越多越好。　　　　　　　　　　　　　　　　　　　　　　　（　　）

6. 使用 ALTER TABLE 语句可以在表中创建任意类型的索引。　　　　　　　（　　）

7. 通过视图获取的数据作为对象存储在数据库中。　　　　　　　　　　　（　　）

8. 在视图定义中可以引用 TEMPORARY 表。　　　　　　　　　　　　　（　　）

9. 如果创建视图时给定了 OR REPLACE 子句，则能替换已有的同名视图。　（　　）

10. 在同一个数据库中，视图的名称可以与表的名称相同。　　　　　　　（　　）

三、操作题

1. 在学生成绩管理数据库中，基于学生表的姓名列创建一个普通索引。

2. 在学生成绩管理数据库中，基于成绩表中学号列和课程编号列创建一个唯一索引。

3. 在学生成绩管理数据库中，基于学生表、课程表和成绩表创建一个视图，然后，基于该视图查询指定班级所有男同学的数学成绩。

4. 编写 SQL 语句，基于视图对指定学生的指定课程成绩进行修改。

第二篇

数据库编程

第 5 章　MySQL 编程

MySQL 是一种关系型数据库管理系统，对 SQL 语言提供了很好的支持。在 MySQL 中存储、操作和查询数据所用的各种语句都是符合 SQL 标准的，而且 MySQL 对 SQL 语言也进行了一些扩展。前面几章介绍了如何使用 MySQL 语言创建和管理数据库、实现数据操作和数据查询等内容，本章将进一步讨论 MySQL 语言的应用，主要包括常量和变量、运算符和表达式和系统内置函数等。

5.1　常量和变量

常量和变量是使用 MySQL 语言在编写程序时用到的基本元素。常量是程序运行期间保持不变的量，变量则用于临时存放数据，其值在程序运行期间可以发生变化。

5.1.1　常量

常量也称为字面量或标量值，是表示特定数据值的符号。在程序运行过程中常量的值是保持不变的。在 MySQL 中，可以通过多种方式使用常量。常量的格式取决于它所表示的值的数据类型，常量按数据类型不同可以分为字符串常量、数值常量、十六进制常量、日期和时间常量、位值常量、布尔常量和 NULL 值。

1. 字符串常量

字符串是用单引号 "'" 或双引号 """ 引起来的字节或字符的序列。例如：

```
'This is a string.'
"This is a string."
```

彼此相邻的带引号的字符串连接成一个字符串。例如，以下两个字符串是等效的。

```
'Hello World'
'Hello' ' ' 'World'
```

如果启用了 ANSI_QUOTES SQL 模式，则只能使用单引号来引用字符串常量，使用双引号内引用的字符串将被解释为标识符。

二进制字符串是一串字节。每个二进制字符串都有一个名为 binary 的字符集和排序规则。非二进制字符串则是一串字符，具有二进制以外的字符集和与字符集兼容的排序规则。

对于这两种类型的字符串，将根据字符串单元的数值进行比较。二进制字符串的组成单元是字节，比较的是字节的数字值。非二进制字符串的组成单元是字符（也有一些字符集支持多字节字符），比较的是字符的代码值。字符代码排序是字符串排序规则的一个功能。

字符串文字可以有一个可选的字符集介绍器和 COLLATE 子句，以将其指定为使用特定字符集和排序规则的字符串。

```
[_字符集名称]'string' [COLLATE 排序规则名称]
```

例如：

```
SELECT _latin1'string';
SELECT _binary'string';
SELECT _utf8'string' COLLATE utf8_general_ci;
```

也可以使用 N'literal'（或 n'literal'）来表示 Unicode 字符串。下面这些语句是等价的。

```
SELECT N'some text';
SELECT n'some text';
SELECT _utf8'some text';
```

在字符串中可以使用转义字符，除非启用了 NO_BACKSLASH_ESCAPES SQL 模式。转义字符是反斜线（\）开头的字符序列。MySQL 可识别的字符串转义序列在表 5.1 中列出。

表 5.1 字符串转义序列

转义序列	含　义
\0	ASCII 0（NUL）字符
\'	单引号("'")
\"	双引号(""")
\b	退格符
\n	换行符
\r	回车符
\t	制表（Tab）符
\Z	ASCII 26 字符（Ctrl+Z）
\\	反斜线（"\"）字符
\%	"%"字符，用于在模式匹配环境中搜索"%"。如不加反斜线，则"%"本身被解释为一个通配符
_	"_"字符，用于在模式匹配环境中搜索"_"。如不加反斜线，则"_"本身被解释为一个通配符

除了表 5.1 中列出的转义序列，对于所有其他转义序列，MySQL 将忽略反斜杠的存在。例如，\x 只是 x。

> 说明：在字符串中，引用引号有多种方式。在用单引号引起来的字符串中引用单引号，可以使用两个单引号"''"；在用双引号引起来的字符串中引用双引号，可以使用两个双引号""""；通过转义字符"\'"表示单引号，或通过转义字符"\""来表示双引号；如果要在用单引号引起来的字符串中包含双引号，或在用双引号引起来的字符串中包含单引号，则可以直接使用，不需要用双字符或转义字符进行特殊处理。

【例 5.1】使用 SELECT 语句输出字符串，注意引号的用法。

使用 mysql 客户端工具，连接到 MySQL 服务器上，然后输入以下语句。

```
mysql> SELECT 'hello', '"hello"', '""hello""', 'hel''lo', '\'hello';
mysql> SELECT "hello", "'hello'", "''hello''", "hel""lo", "\"hello";
```

执行结果如图 5.1 所示。

图 5.1　引号在字符串中的用法

【例 5.2】使用 SELECT 语句输出字符串，注意转义字符的用法。

使用 mysql 客户端工具，连接到 MySQL 服务器上，然后输入以下语句。

```
mysql> SELECT 'One\tTwo\tThree\tFour';
mysql> SELECT 'This\nIs\nFour\nLines';
```

执行结果如图 5.2 所示。

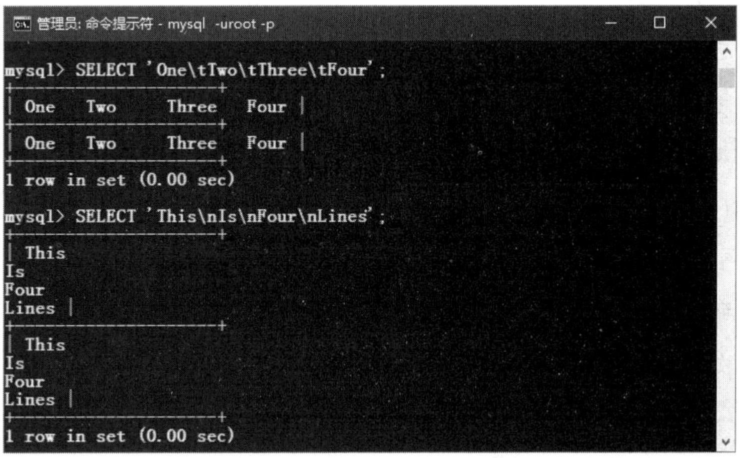

图 5.2　在字符串中使用转义字符

2. 数值常量

数值常量分为整数常量和浮点数常量。整数常量用一系列阿拉伯数字表示。浮点数常量使用“.”作为小数点。两种类型的数值均可以在前面加一个“–”符号来表示负值。

合法整数的例子：

```
12213，+3911，0，-32，+123456789，-2147483648
```

合法浮点数的例子：

```
294.42，-1.56，.2389，3.2E-3，-32032.6809E+10，148.00
```

整数也可以用在浮点数环境中，它被解释为与浮点数等效。

3. 十六进制常量

十六进制常量可以表示为 X'val'或 0xval 形式，其中，val 包含十六进制数字（0～9，A～F）。数字中的字母和前导字符 X 都不区分大小写。但前导字符 0x 区分大小写，不能写为 0X。

合法的十六进制常量：

```
X'01AF'，X'01af'，x'01AF'，x'01af'，0x01AF，0x01af
```

非法的十六进制常量：

```
X'0G'（G 不是十六进制数字）
0X01AF（前导字符必须写成 0x）
```

使用 X'val'形式表示的十六进制常量必须包含偶数位数，否则将发生语法错误。要解决这个问题，可以使用前导零来填充。例如，X'FFF'应写成 X'0FFF'。

如果使用的 0xval 形式表示的十六进制常量包含奇数位数，则被视为具有额外的前导 0。例如，0xaaa 被解释为 0x0aaa。

在默认情况下，十六进制常量是二进制字符串，其中，每对十六进制数字代表一个字符。例如，X'41'表示大写字母“A”，X'61'表示小写字母“a”，X'48656C6F'表示字符串“Hello”。

【例 5.3】使用 SELECT 语句输出十六进制常量并检查其字符集。

使用 mysql 客户端工具，连接到 MySQL 服务器上，然后输入以下语句。

```
mysql> SELECT X'4D7953514C', CHARSET(X'4D7953514C');
mysql> SELECT 0x5461626c65, CHARSET(0x5461626c65);
```

其中，CHARSET()函数用于获取字符串参数的字符集名称。

执行结果如图 5.3 所示。

十六进制常量可以有一个可选的字符集介绍器和 COLLATE 子句，将其指定为使用特定字符集和排序规则的字符串，语法格式如下。

```
[_字符集名称] X'val' [COLLATE 排序规则名称]
```

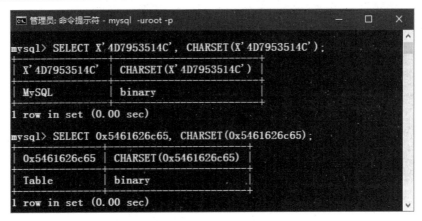

图 5.3　输出十六进制常量

例如：

```
SELECT _latin1 X'4D7953514C';
SELECT _utf8 0x4D7953514C COLLATE utf8_general_ci;
```

在数字上下文中，MySQL 将十六进制常量视为 BIGINT（64 位整数）。要对十六进制常量进行数字处理，应在数字上下文中使用。所以可在十六进制常量后面加上数字 0，或者使用 CAST(... AS UNSIGNED)函数进行转换。一个空的十六进制值（X''）计算为零长度二进制字符串，转换为数字时将得到 0。

【例 5.4】对十六进制常量进行数字处理。

使用 mysql 客户端工具，连接到 MySQL 服务器上，然后输入以下语句。

```
mysql> SELECT X'41' AS v1, X'41'+0 AS v2, CAST(X'41' AS UNSIGNED) AS v3;
```

其中，CAST()为数据类型转换函数，在本例中，用它将二进制字符串转换为数字。

执行结果如图 5.4 所示。

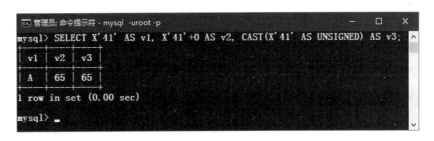

图 5.4　对十六进制常量进行数字处理

对于十六进制常量而言，X'val'表示法是基于标准 SQL，0x 表示法则是基于 ODBC，其十六进制字符串通常用于为 BLOB 列提供值。要将字符串或数字转换为十六进制格式的字符串，可以使用 HEX()函数。

【例 5.5】将字符串转换为十六进制格式字符串。

使用 mysql 客户端工具，连接到 MySQL 服务器上，然后输入以下语句。

```
mysql> SELECT X'436174', CHARSET(X'436174'), HEX(X'436174');
```

执行结果如图 5.5 所示。

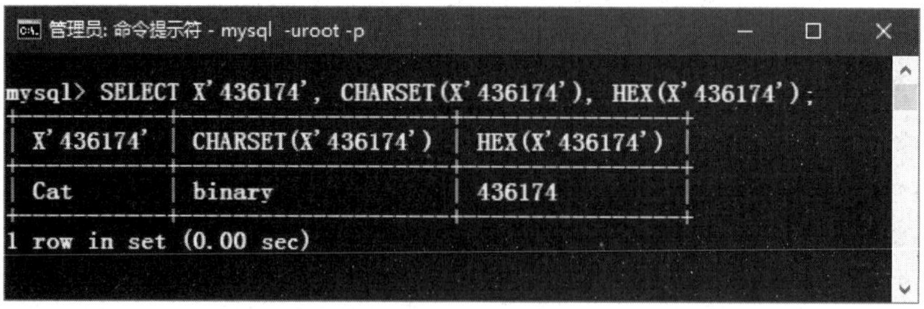

```
管理员: 命令提示符 - mysql  -uroot -p                        □  ×
mysql> SELECT X'436174', CHARSET(X'436174'), HEX(X'436174');
+------------+----------------------+-----------------+
| X'436174'  | CHARSET(X'436174')   | HEX(X'436174')  |
+------------+----------------------+-----------------+
| Cat        | binary               | 436174          |
+------------+----------------------+-----------------+
1 row in set (0.00 sec)
```

图 5.5　将字符串转换为十六进制格式字符串

4. 日期和时间常量

日期型常量的数据类型为 DATE，其中，包括年、月和日 3 个部分，可以用'2019-07-01'之类的日期字符串来表示。

时间型常量的数据类型为 TIME，其中，包括小时数、分钟数、秒数和微秒数 4 个部分，可以用'21:01:16.00026'之类的时间字符串来表示。

日期时间型常量的类型为 DATETIME 或 TIMESTAMP，其中包括日期和时间两个部分，可以用'2019-07-01 21:07:36'之类的日期时间字符串来表示。DATETIME 与 TIMESTAMP 的区别在于：DATETIME 的年份范围为 1000～9999，TIMESTAMP 的年份范围则为 1970～2037；此外，TIMESTAMP 还支持时区，并且会忽略时间中的微秒部分。

5. 位值常量

位值常量使用 b'val'或 0bval 形式表示，其中，val 是使用 0 和 1 表示的二进制值。前导字符 0b 是区分大小写的，不能写成 0B。

合法的位值常量：

```
b'01', B'01', 0b01
```

非法的位值常量：

```
b'2'  （2 不是二进制数字）
0B01  （前导字符必须写成 0b）
```

在默认情况下，位值常量是二进制字符串。

【例 5.6】使用 SELECT 语句输出位值常量并检查其字符集。

使用 mysql 客户端工具，连接到 MySQL 服务器上，然后输入以下语句。

```
mysql> SELECT b'1000001', CHARSET(b'1000001'), 0b1100001,
    CHARSET(0b1100001);
```

执行结果如图 5.6 所示。

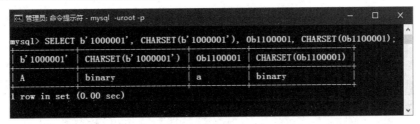

图 5.6 输出位值常量

位值常量可以具有可选的字符集介绍器和 COLLATE 子句，将其指定为使用特定字符集和排序规则的字符串，语法格式如下。

```
[_字符集名称] b'val' [COLLATE 排序规则名称]
```

例如：

```
SELECT _latin1 b'1000001';
SELECT _utf8 0b1000001 COLLATE utf8_general_ci;
```

在数字上下文中，MySQL 将位值常量视为整数。要确保对位值常量进行数字处理，请在数字上下文中使用，为此，可以在其后面加上 0，或者使用 CAST(... AS UNSIGNED)函数进行转换。一个空的位值（b''）计算为零长度二进制字符串，若将其转换为数字，则会得到 0。

【例 5.7】对位值常量进行数字处理。

使用 mysql 客户端工具，连接到 MySQL 服务器上，然后输入以下语句。

```
mysql> SELECT b'1100001' AS v1, b'1100001'+0 AS v2, CAST(b'1100001' AS
       UNSIGNED) v3;
```

执行结果如图 5.7 所示。

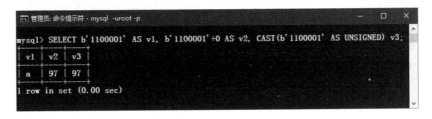

图 5.7 对位值常量进行数字处理

位值表示法便于指定要分配给 BIT 列的值。请看下面的例子。

【例 5.8】对位值常量在 BIT 列中插入值。

使用 mysql 客户端工具，连接到 MySQL 服务器上，然后输入以下语句。

```
mysql> INSERT INTO t SET b = b'11111111';
mysql> INSERT INTO t SET b = b'1010';
mysql> INSERT INTO t SET b = b'0101';
mysql> SELECT b+0, BIN(b), OCT(b), HEX(0) FROM t;
```

在本例中，使用 SELECT 语句查询数据时，结果集中的位值作为二进制值返回，可能无法很好地显示。为了将位值转换为可打印格式，在数字上下文中使用了转换函数 BIN()、OCT()

和 HEX()，此时，在转换后的值中不显示高位中的数字 0。执行结果如图 5.8 所示。

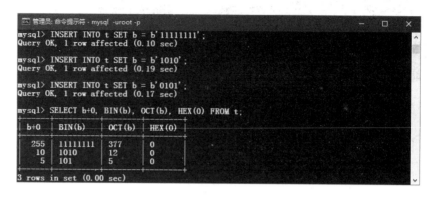

图 5.8　使用位值常量对 BIT 列分配值

6. 布尔常量

布尔常量有两个可能值：TRUE 和 FALSE，其中 TRUE 的数字值等于 1，FALSE 的数字值等于 0。这两个常量的名称不区分大小写，写成大写、小写或首字符大写都可以。

【例 5.9】使用 SELECT 语句获取布尔常量的值。

使用 mysql 客户端工具，连接到 MySQL 服务器上，然后输入以下语句。

```
mysql> SELECT TRUE, true, FALSE, false;
```

执行结果如图 5.9 所示。

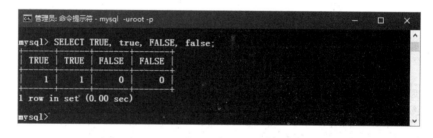

图 5.9　输出布尔常量

7. NULL 值

NULL 值表示"没有数据"。NULL 值不区分大小写，可以写成 NULL、Null 或 null。NULL 值与数值类型的值（如 0）或字符串类型的空字符串（""）不同。

当使用 ORDER BY 查询结果进行排序时，升序排序中 NULL 值位于其他值之前，降序排序中 NULL 值位于其他值之后。

5.1.2　变量

变量来源于数学，是计算机语言中能存储计算结果或能表示值的抽象概念。变量有变量名和数据类型两个属性，变量名用于标识变量，可以通过变量名访问；变量的数据类型则决

定可以在变量存储什么数据及可以进行哪些运算。在 MySQL 中，变量可以分为两种：即用户变量和系统变量。

1. 用户变量

用户变量是由用户定义的变量。在实际应用中，可以先在用户变量中保存值，然后在需要时来引用它，这样就可以将值从一个语句传递到另一个语句。在 MySQL 中，可以使用 SET 语句对一个或多个用户变量进行初始化，语法格式如下。

```
SET @var_name = 表达式 [, @var_name = 表达式] ...
```

用户变量的形式为@var_name，其中 var_name 为变量名，可以由当前字符集中的字母数字字符、句点 "."、下画线 "_" 和美元符号 "$" 组成，变量名的最大长度为 64 个字符。如果要在变量名包含一些特殊字符（如空格、-或#等），可以使用引号将整个变量名引起来，如@'my-var'、@"my-var"或@`my-var`。用户变量名不区分大小写。

在 SET 语句中，可以使用 "=" 或 ":=" 作为赋值运算符，分配给每个变量的表达式可以是整数、实数、字符串或 NULL 值。

用户变量与连接有关，在一个客户端中，定义的变量不能被其他客户端看到或使用。当客户端退出时，该客户端连接的所有变量将自动释放。

如果在 SELECT 语句中，选择了用户变量的值，则会将其作为字符串返回给客户端。如果引用了尚未初始化的变量，则其值为 NULL 且为字符串类型。

分配给用户变量的十六进制或位值被视为二进制字符串。要将十六进制或位值作为数字分配给用户变量，请在数字上下文中使用它，既可以与 0 相加，也可以使用 CAST(... AS UNSIGNED)函数进行转换。

【例 5.10】对用户变量分配十六进制或位值常量。

使用 mysql 客户端工具，连接到 MySQL 服务器上，然后输入以下语句。

```
mysql> SET @v1 = X'41';
mysql> SET @v2 = X'41'+0;
mysql> SET @v3 = CAST(X'41' AS UNSIGNED);
mysql> SET @v4 = b'01000010';
mysql> SET @v5 = b'01000010'+0;
mysql> SET @v6 = CAST(b'01000010' AS UNSIGNED);
mysql> SELECT @v1, @v2, @v3, @v4, @v5, @v6;
```

执行结果如图 5.10 所示。

也可以使用 SELECT 语句来为用户变量分配一个值。在这种情况下，赋值运算符必须使用 ":="，而不能使用 "="，因为在非 SET 语句中 "=" 被视为一个比较运算符。

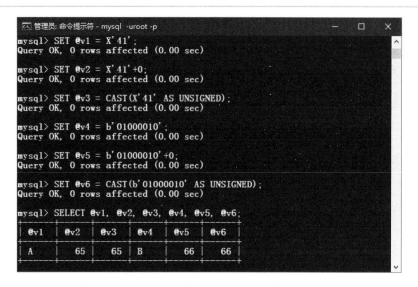

图 5.10　对用户变量分配十六进制或位值常量

【例 5.11】使用 SELECT 语句对用户变量赋值。

使用 mysql 客户端工具，连接到 MySQL 服务器上，然后输入以下语句。

```
mysql> SET @t1=0, @t2=0, @t3=0;
mysql> SELECT @t1:=(@t2:=3)+@t3:=6, @t1, @t2, @t3;
```

执行结果如图 5.11 所示。

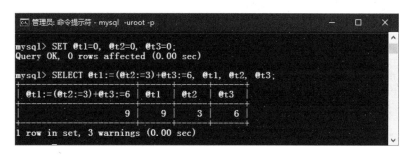

图 5.11　使用 SELECT 语句对用户变量赋值

如果为用户变量分配一个字符串值，则其字符集和校对规则与该字符串的相同。如果使用没有初始化的变量，则其值为 NULL。

用户变量可以用于表达式中，但不能用于那些明确需要常量值的上下文中。例如，如果在 SELECT 语句的 LIMIT 子句中使用用户变量来指示行数，就会出现错误。

【例 5.12】设置用户变量并将其应用于 SELECT 语句的 WHERE 子句中。

使用 mysql 客户端工具，连接到 MySQL 服务器上，然后输入以下语句。

```
mysql> SET @name='刘爱梅';
mysql> SET @course='平面设计';
mysql> SELECT * FROM st_sc_view
    WHERE 姓名=@name AND 课程=@course;
```

执行结果如图 5.12 所示。

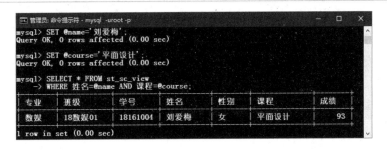

图 5.12　在 WHERE 子句中使用用户变量

在 SELECT 语句中，表达式发送到客户端后才进行计算。说明在 HAVING、GROUP BY 或者 ORDER BY 子句中，不能使用包含 SELECT 列表中所设的变量的表达式。例如，下面的语句是不能按期望工作的。

```
mysql> SELECT (@aa:=id) AS a, (@aa+3) AS b FROM tbl_name HAVING b=5;
```

在这里，HAVING 子句中引用了 SELECT 列表中的表达式的别名 b，这需要用到变量@aa，但变量@aa 并不包含当前行的值，而是所选的行的 id 值，因此不能按期望工作。

2. 系统变量

MySQL 服务器维护两种系统变量，即全局变量和会话变量，其中，全局变量影响服务器的整体操作，会话变量则影响具体客户端连接的操作。

当服务器启动时，它将所有全局变量初始化为默认值，这些默认值可以在配置文件中或在命令行选项中进行更改。当服务器启动后，通过连接服务器并执行 SET GLOBAL var_name 语句，可以动态更改这些全局变量。要想更改全局变量，必须具有 SUPER 权限。

服务器还为每个连接的客户端维护一系列会话变量。在连接时服务器使用相应全局变量的当前值对客户端的会话变量进行初始化。对于动态会话变量，客户端可以通过 SET SESSION var_name 语句更改它们。设置会话变量不需要特殊权限，但客户端只能更改自己的会话变量，而不能更改其他客户端的会话变量。

对于全局变量的更改可以被访问该全局变量的任何客户端看见。然而，它只影响更改后连接的客户从该全局变量初始化的相应会话变量，而不会影响已经连接的客户端的会话变量，即使客户端执行 SET GLOBAL 语句也不会影响。

下面以系统变量 sort_buffer_size 为例，说明如何设置或检索全局变量或会话变量。

（1）设置全局变量的值时，应使用 GLOBAL 关键字或@@global.前缀，语法格式如下。

```
mysql> SET GLOBAL sort_buffer_size=value;
mysql> SET @@global.sort_buffer_size=value;
```

（2）设置会话变量的值时，应使用 SESSION 关键字或@@session.前缀，也可以什么都不添加，语法格式如下。

```
mysql> SET SESSION sort_buffer_size=value;
mysql> SET @@session.sort_buffer_size=value;
mysql> SET sort_buffer_size=value;
```

LOCAL 是 SESSION 的同义词。如果用 SET 语句设置变量时，不指定 GLOBAL、SESSION 或 LOCAL，则默认使用 SESSION。

（3）要检索一个全局变量的值，可以使用以下语句。

```
mysql> SELECT @@global.sort_buffer_size;
mysql> SHOW GLOBAL VARIABLES LIKE 'sort_buffer_size';
```

（4）要检索所有全局变量的清单，可以使用以下语句。

```
mysql> SHOW GLOBAL VARIABLES;
```

（5）要检索一个会话变量的值，可以使用以下语句。

```
mysql> SELECT @@sort_buffer_size;
mysql> SELECT @@session.sort_buffer_size;
mysql> SHOW SESSION VARIABLES LIKE 'sort_buffer_size';
```

这里，LOCAL 也是 SESSION 的同义词。

当使用 SELECT @@var_name 检索一个变量时，如果不指定 global.、session.或者 local.，则 MySQL 返回 SESSION 值（如果存在）；如果 SESSION 值不存在，则返回 GLOBAL 值。

（6）要检索所有会话变量的清单，可以使用以下语句。

```
mysql> SHOW SESSION VARIABLES;
mysql> SHOW VARIABLES;
```

对于 SHOW VARIABLES，如果不指定 GLOBAL、SESSION 或者 LOCAL，则 MySQL 返回 SESSION 值。

【例 5.13】获取 MySQL 的版本号、当前日期和时间及当前用户账户。

使用 mysql 客户端工具，连接到 MySQL 服务器上，然后输入以下语句。

```
mysql> SELECT @@version, CURRENT_TIMESTAMP, CURRENT_USER;
```

在 MySQL 中，多数系统变量在使用时，要在其名称前面添加两个@符号，本例中的系统变量@@version 就是如此。不过，也有一些系统变量要省略这两个@符号，例如，CUREENT_DATE（当前系统日期）、CURRENT_TIME（当前系统时间）、CURRENT_TIMESTAMP（当前系统日期和时间）、CURRENT_USER（当前用户账户）。

执行结果如图 5.13 所示。

图 5.13　获取 MySQL 的版本号、当前日期和时间及当前用户账户

5.2　运算符和表达式

MySQL 提供了各种各样的运算符，主要包括算术运算符、比较运算符、逻辑运算符和位运算符等。使用这些运算符可以针对一个以上的运算对象（如常量、变量等）进行运算，通过运算符连接运算对象构成的表达式可用于各种 SQL 语句中。

5.2.1　算术运算符

算术运算符用于对两个表达式进行数学运算，这两个表达式的值可以是任何数字数据类型。MySQL 提供的算术运算符包括：+（加法）、-（减法）、*（乘法）、/（除法）、DIV（整除）和%（求余），其中，求余运算符%用于计算两个相除得到的余数，也可以写成 MOD。

1. 加法运算符

加法运算符 "+" 用于计算两个或多个值相加得到的和，也可用于对日期时间值进行算术运算。

【例 5.14】使用加法运算符对数字进行相加。

使用 mysql 客户端工具，连接到 MySQL 服务器上，然后输入以下语句。

```
mysql> SELECT 1+2, 3+4+5, 3.14+6.92;
```

执行结果如图 5.14 所示。

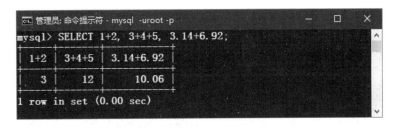

图 5.14　对数字进行加法运算

【例 5.15】对日期值加上一个时间间隔，以年为单位。

使用 mysql 客户端工具，连接到 MySQL 服务器上，然后输入以下语句。

```
mysql> SELECT '2019-07-03'+INTERVAL 20 YEAR;
```

其中，关键字 INTERVAL 表示时间间隔，20 YEAR 表示 20 年。

执行结果如图 5.15 所示。

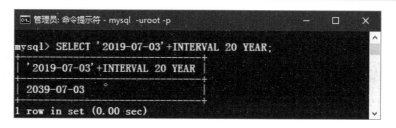

图 5.15　对日期进行加法运算

2. 减法运算符

减法运算符 "-" 用于计算两个值相减得到的差。与加法运算符一样，减法运算符也可以用于对日期时间值进行运算。

【例 5.16】对数字进行减法运算。

使用 mysql 客户端工具，连接到 MySQL 服务器上，然后输入以下语句。

```
mysql> SELECT 60-30, 19-25, 1.23981-8.57912;
```

执行结果如图 5.16 所示。

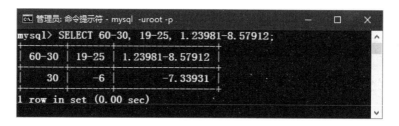

图 5.16　对数字进行减法运算

【例 5.17】从日期值中减去一个时间间隔。

使用 mysql 客户端工具，连接到 MySQL 服务器上，然后输入以下语句。

```
mysql> SELECT '2019-10-01'-INTERVAL 70 YEAR;
```

执行结果如图 5.17 所示。

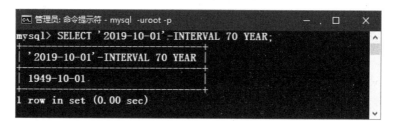

图 5.17　对日期进行减法运算

3. 乘法运算符

乘法运算符 "*" 用于计算两个或多个值相乘得到的积。

【例 5.18】对数字进行乘法运算。

使用 mysql 客户端工具，连接到 MySQL 服务器上，然后输入以下语句。

```
mysql> SELECT 2*3, 300*600, 3.14*12.56*12.56;
```

执行结果如图 5.18 所示。

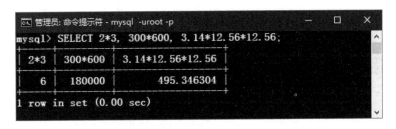

图 5.18　对数字进行乘法运算

4. 除法运算符

除法运算符有两个：即"/"和 DIV。其中"/"用于计算两个数相除得到的商，包括小数部分在内；DIV 也用于计算两个数相除得到的商，但只取整数部分。

在除法运算中，不允许以 0 作为除数，如果以 0 作为除数，则返回 NULL。

【例 5.19】对数字进行除法运算。

使用 mysql 客户端工具，连接到 MySQL 服务器上，然后输入以下语句。

```
mysql> SELECT 10/3, 10 DIV 3, 10/0;
```

执行结果如图 5.19 所示。

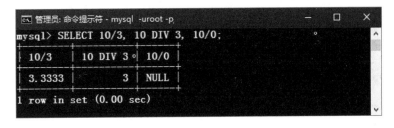

图 5.19　对数字进行除法运算

5. 求余运算符

MySQL 提供了两个求余运算符：即"%"和 MOD，它们的作用完全相同。与除法运算一样，在求余运算中也不允许以 0 作为除数，如果以 0 作为除数，则返回 NULL。

【例 5.20】对数字进行求余运算。

使用 mysql 客户端工具，连接到 MySQL 服务器上，然后输入以下语句。

```
mysql> SELECT 17%3, 13 MOD 5, 10%0, 210 MOD 0;
```

执行结果如图 5.20 所示。

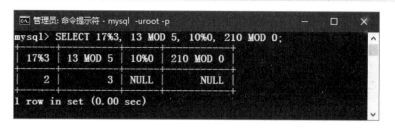

图 5.20　对数字进行求余运算

5.2.2　比较运算符

比较运算符用于比较两个表达式的值，用它所构成的表达式称为关系表达式，其运算结果为布尔值，可以是 TRUE（1）、FALSE（0）或 NULL（空）。比较运算符主要包括：=（等于）、>（大于）、>=（大于或等于）、<（小于）、<=（小于或等于）、<>和!=（不等于）、<=>（相等或都等于空）。比较运算符可以用于比较数字和字符串。对于数字，是作为浮点数进行比较的；对于字符串，是按照不区分大小写的方式进行比较的，除非使用了 BINARY 关键字。在本书 3.4 节中曾介绍过各种比较运算符的使用方法，下面再做一些补充说明。

1. 等于运算符

等于运算符"="用于比较两个表达式的值是否相等，如果相等则返回 1；否则返回 0。如果两个表达式中有一个为 NULL，则返回 NULL。等于运算符既可以用于比较两个数字表达式，也可以用于比较两个字符串表达式。比较字符串时是不区分大小的，如果要区分大小写，则需要使用 BINARY 关键字。

【例 5.21】比较两个表达式是否相等，对于字符串要求按照不区分大小写和区分大小写两种情况进行比较。

使用 mysql 客户端工具，连接到 MySQL 服务器上，然后输入以下语句。

```
mysql> SELECT 200=300, 3.14=3.1400, 33=NULL, 'mysql'='MySQL', BINARY
'mysql'='MySQL';
```

执行结果如图 5.21 所示。

图 5.21　比较两个表达式是否相等

2. 不等于运算符

MySQL 提供了两个不等于运算符："<>"和"!="，它们的作用完全相同。不等于运算符用于比较两个表达式是否不相等，如果不相等则返回 1；否则返回 0。如果两个表达式中有一个为 NULL，则返回 NULL。

【例 5.22】比较两个表达式是否不相等，对于字符串要求按照不区分大小写和区分大小写两种情况进行比较。

使用 mysql 客户端工具，连接到 MySQL 服务器上，然后输入以下语句。

```
mysql> SELECT 200<>200, 200!=300, 1000<>NULL, 'this'!='that', BINARY
'book'<>'Book';
```

执行结果如图 5.22 所示。

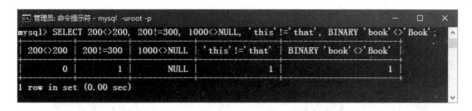

图 5.22　比较两个表达式是否不相等

3. 其他比较运算符

">"">=""<""<="运算符用于比较左边表达式的值是否大于、大于或等于、小于、小于或等于右边表达式的值，如果关系成立则返回 1；否则返回 0。如果两个表达式中有一个为 NULL，则返回 NULL。这些运算符可以用于比较数字和字符串。

【例 5.23】使用">"">=""<""<="运算符比较两个表达式。

使用 mysql 客户端工具，连接到 MySQL 服务器上，然后输入以下语句。

```
mysql> SELECT 2>3, 3>=3, 3.14<3.140, 6.28<=9.36, 'B'>'A', 'this'>'that';
```

执行结果如图 5.23 所示。

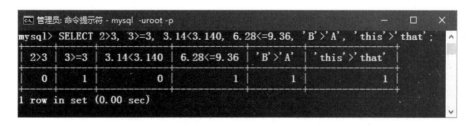

图 5.23　其他比较运算符的应用

5.2.3　逻辑运算符

逻辑运算符用于将两个或多个关系表达式连接成一个新的关系表达式，或者使表达式的逻辑反转。MySQL 提供的逻辑运算符包括：NOT 或!（逻辑非）、AND 或&&（逻辑与）、OR 或||（逻辑或）及 XOR（逻辑异或）。

1. 逻辑非运算符

逻辑非运算符有两种形式："NOT"和"!"，它们的作用完全相同。逻辑非运算符是一个单目运算符，即只有一个操作数。如果操作数为 0，则结果为 1；如果操作数不为 0，则结果为 0；NOT NULL 返回 NULL。

【例 5.24】使用逻辑非运算符对表达式的值取反。

使用 mysql 客户端工具，连接到 MySQL 服务器上，然后输入以下语句。

```
mysql> SELECT NOT(3<2), NOT(2>=2), !('A'='B'), !('This'='That');
```

执行结果如图 5.24 所示。

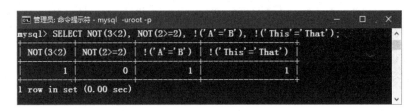

图 5.24　逻辑非运算符应用示例

2. 逻辑与运算符

逻辑与运算符有两种形式：即"AND"和"&&"，它们的作用完全相同。逻辑与运算符用于测试两个或多个操作数的有效性，如果所有操作数都不为 0 且不为 NULL，则结果为 1；如果一个或多个操作数为 0，则结果为 0；如果任一操作数为 NULL，则返回 NULL。

【例 5.25】使用逻辑与运算符连接多个表达式。

使用 mysql 客户端工具，连接到 MySQL 服务器上，然后输入以下语句。

```
mysql> SELECT @a>0 AND @b>0 AND @c>0, @a+@b>@c && @b+@c>@a && @c+@a>@b;
```

执行结果如图 5.25 所示。

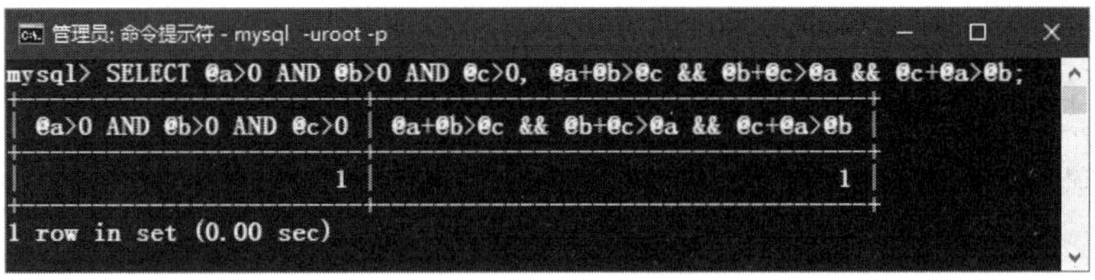

图 5.25　逻辑与运算符应用示例

3. 逻辑或运算符

逻辑或运算符有两种形式，即"OR"和"||"，它们的作用完全相同。当两个操作数都不是 NULL 时，如果任何操作数非零，则结果为 1；否则为 0。使用 NULL 操作数时，如果另一个操作数非零，则结果为 1；否则为 NULL。如果两个操作数均为 NULL，结果为 NULL。

【例 5.26】使用逻辑或运算符测试表达式。

使用 mysql 客户端工具，连接到 MySQL 服务器上，然后输入以下语句。

```
mysql> SELECT @x>@z-300 OR @y>=@x+200, @x+@y+@z!=2*@z || @x+@y>3*(@z-@x);
```

执行结果如图 5.26 所示。

图 5.26　逻辑或运算符应用示例

4. 逻辑异或运算符

逻辑异或运算符"XOR"用于测试两个操作数的值。其运算规则如下：如果任一操作数为 NULL，则返回 NULL。对于非 NULL 操作数，如果奇数个操作数非零，则结果为 1；否则结果为 0。

【例 5.27】使用逻辑异或运算符测试表达式。

使用 mysql 客户端工具，连接到 MySQL 服务器上，然后输入以下语句。

```
mysql> SELECT @v2>@v1 XOR @v3>=@v2, @v1+@v2=@v2+@v3 XOR @v3-@v2<=45;
```

执行结果如图 5.27 所示。

图 5.27　逻辑异或运算符应用示例

5.2.4　位运算符

位运算符用于对两个表达式执行二进制位运算，这两个表达式可以是整型或与整型兼容的数据类型（如字符串）。位运算符包括：~（位取反）、&（位与）、|（位或）、^（位异或）、>>（位右移）、<<（位左移）。

1. 位取反运算符

位取反运算符"~"是一个一元运算符，其功能是对运算对象按二进制位逐位执行取反操作，即 1 变 0，0 变 1，并返回一个 64 位整型数。

【例 5.28】使用位取反运算符对整数进行操作，要求用二进制表示操作数和运算结果。

使用 mysql 客户端工具，连接到 MySQL 服务器上，然后输入以下语句。

```
msql> SELECT BIN(~0b10010111000110101), BIN(~0b1)\G
```

在本例中，两个操作数均为位值常量，执行位取反运算后得到的结果均为 64 位整数。由于左边高位上原来都是 0，按位取反时这些位上全部变成了 1。

执行结果如图 5.28 所示。

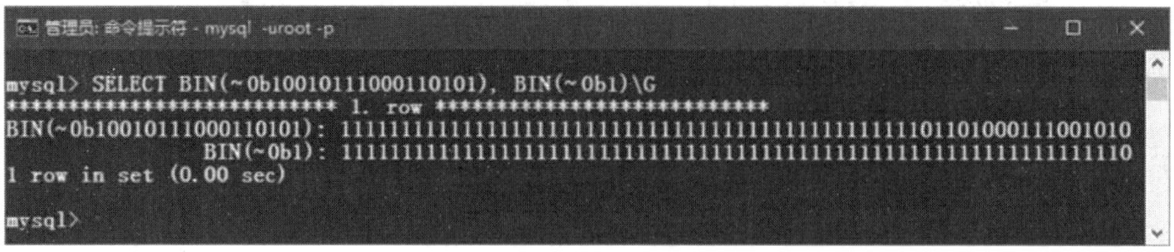

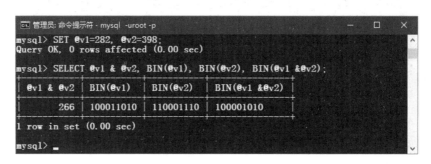

图 5.28 位取反运算示例

2. 位与运算符

位与运算符"&"用于对两个操作数按二进制位执行逐位与运算，即两个对应位同时为 1 则结果为 1；两个对应位只要一个为 0，则结果为 0。

【例 5.29】对整数执行位与运算，要求使用十进制和二进制两种形式表示操作数和结果。

使用 mysql 客户端工具，连接到 MySQL 服务器上，然后输入以下语句。

```
mysql> SET @v1=282, @v2=398;
mysql> SELECT @v1 & @v2, BIN(@v1), BIN(@v2), BIN(@v1 &@v2);
```

执行结果如图 5.29 所示。

图 5.29 位与运算示例

3. 位或运算符

位或运算符"|"用于对两个操作数按二进制位执行逐位或运算，即两个对应位只要有一个为 1，则结果为 1；两个对应位同时为 0，则结果为 0。

【例 5.30】对整数执行位或运算，要求使用十进制和二进制两种形式表示操作数和结果。

使用 mysql 客户端工具，连接到 MySQL 服务器上，然后输入以下语句。

```
mysql> SET @v1=282, @v2=398;
mysql> SELECT @v1 | @v2, BIN(@v1), BIN(@v2), BIN(@v1 | @v2);
```

执行结果如图 5.30 所示。

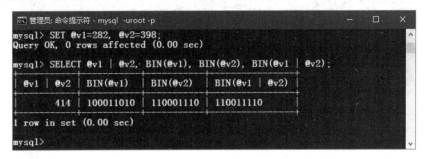

图 5.30　位或运算示例

4. 位异或运算符

位异或运算符 "^" 用于对两个操作数按二进制位执行逐位异或运算，即两个对应位上的数字相等时，结果为 0，两个对应位上的数字不相等时，结果为 1。

【例 5.31】对整数执行位异或运算，要求使用十进制和二进制两种形式表示操作数和结果。

使用 mysql 客户端工具，连接到 MySQL 服务器上，然后输入以下语句。

```
mysql> SET @v1=282, @v2=398;
mysql> SELECT @v1 ^ @v2, BIN(@v1), BIN(@v2), BIN(@v1 ^ @v2);
```

执行结果如图 5.31 所示。

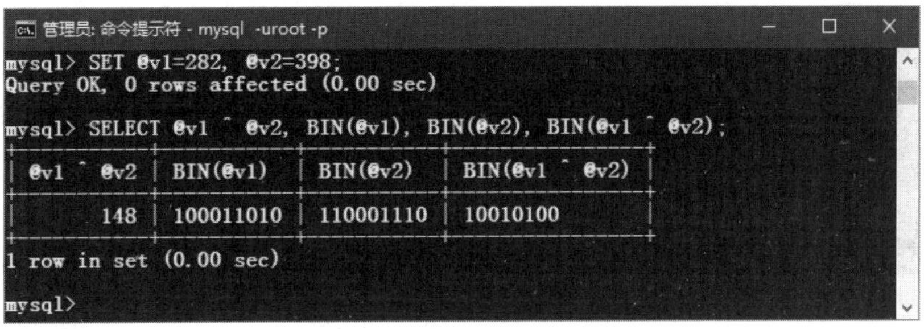

图 5.31　位异或运算示例

5. 位右移运算符

位右移运算符 ">>" 将左操作数的各个二进制位向右移动，移动的位数由右操作指定，向右移动一位相当于除以 2，移动后左边的空位补 0，一个数向右移动 n 位相当于对这个数除以 2^n。

【例 5.32】对整数执行位右移运算。

使用 mysql 客户端工具，连接到 MySQL 服务器上，然后输入以下语句。

```
mysql> SET @v1=512, @v2=256;
mysql> SELECT @v1, @v2, BIN(@v1), BIN(@v2) , @v1>>4, BIN(@v1>>4), @v2>>2,
      BIN(@v2>>2);
```

执行结果如图 5.32 所示。

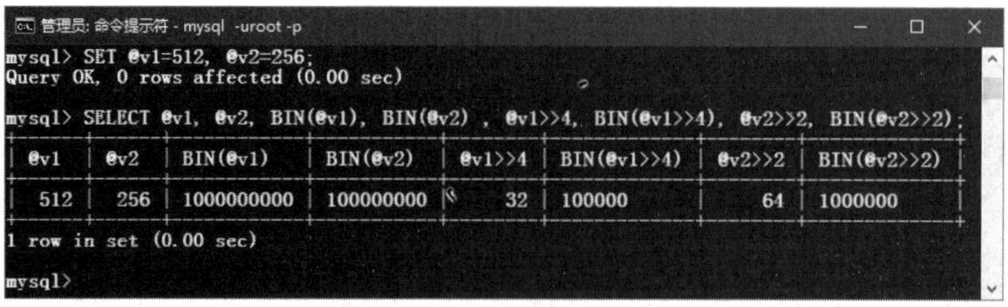

图 5.32　位右移运算示例

6. 位左移运算符

位左移运算符 "<<" 将左操作数的各个二进制位向左移动，移动的位数由右操作指定，向左移动一位相当于乘以 2，移动后右边的空位补 0，一个数向左移动 n 位相当于对这个数乘 2^n。

【例 5.33】对整数执行位左移运算。

使用 mysql 客户端工具，连接到 MySQL 服务器上，然后输入以下语句。

```
mysql> SET @v1=8, @v2=32;
mysql> SELECT @v1, @v2, BIN(@v1), BIN(@v2) , @v1<<4, BIN(@v1<<4), @v2<<3,
       BIN(@v2<<3);
```

执行结果如图 5.33 所示。

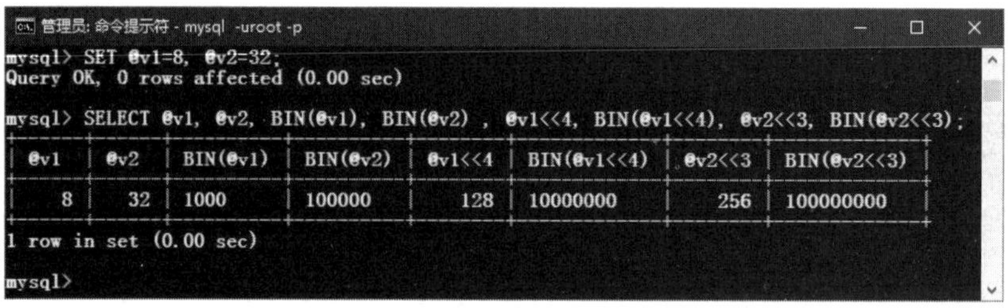

图 5.33　位左移运算示例

5.2.5　运算符优先级

当一个表达式包含多个运算符时，运算的先后顺序取决于运算符的优先级，运算的顺序将对运算结果产生影响。下面由低到高的顺序列出了运算符的优先级，排列在同一行的运算符具有相同的优先级。

```
BINARY, COLLATE
!
-（一元运算符，负号），~（一元运算符，位取反）
^
*, /, DIV, %, MOD
-, +
<<, >>
```

```
&|
=（比较运算符，相等），<=>, >=, >, <=, <, <>, !=, IS, LIKE, REGEXP, IN
BETWEEN, CASE, WHEN, THEN, ELSE
NOT
AND, &&
XOR
OR, ||
=（赋值运算符），:=
```

当一个表达式中的两个运算符具有相同的优先级时，一元运算符按从右向左的顺序运算，赋值也是从右到左进行求值，二元运算符则按从左向右的顺序运算。

在实际应用中，也可以使用圆括号()来规定表达式的运算顺序，首先对括号内的表达式求值，然后，对括号外的运算符进行计算并使用该值。如果嵌套使用括号，则首先对嵌套最深的表达式求值。

【例 5.34】使用括号改变运算符的优先级。

使用 mysql 客户端工具，连接到 MySQL 服务器上，然后输入以下语句。

```
mysql> SET @a=1, @b=2, @c=3;
mysql> SELECT @a+@b*@c, (@a+@b)*@c;
```

执行结果如图 5.34 所示。

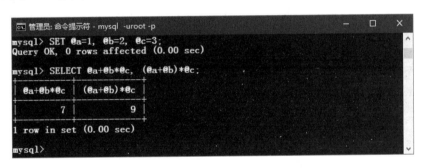

图 5.34　使用括号改变运算符的优先级

5.2.6　表达式

表达式是由常量、变量、列名、函数和运算符组合而成的式子。一个表达式通常可以计算出一个值，该值称为表达式的值。与常量和变量一样，表达式也具有某种数据类型，可能的数据类型包括字符串型、数值型及日期时间型。根据表达式的值的数据类型，可以将表达式分为字符串表达式、数值表达式和日期时间表达式。

表达式的值有各种形式，既可以是一个值，也可以是一组值。

如果表达式的值可以是一个值，如一个字符串、一个数值或一个日期，则这种表达式称为标量表达式。如 1+2*3、'MySQL' 和 'A'>='B' 等都是标量表达式。

如果表达式的值是由不同数据类型组成的一行值，则这种表达式称为行表达式。例如，下面的数据表示一条学生记录，这就是一个行表达式。

```
'18161001', '张三', '男', '1999-09-09', '数学', 80*0.4+92*0.6
```

如果表达式是由 0 个、1 个或多个行表达式构成的集合，则这种表达式称为表表达式。在 MySQL 中，表达式一般用于 SELECT 语句的输出列表和 WHERE 子句中。

5.3 系统内置函数

MySQL 提供了许多内置函数，这些函数可以分为数学函数、字符串函数、日期和时间函数、聚合函数、加密函数、条件判断函数、格式化函数、类型转换函数及系统信息函数等类别。这些系统内置函数为使用 MySQL 进行应用开发带来了极大的便利。下面结合实例，对一些常用的系统内置函数加以说明。

5.3.1 数学函数

数学函数用于执行各种数学运算，如计算三角函数、指数函数和对数函数的值等。如果在调用数学函数的过程中出现错误，则所有数学函数将返回 NULL 值。MySQL 提供的数学函数在表 5.2 中列出。

表 5.2 MySQL 提供的数学函数

名　称	描　述
ABS(X)	返回参数 X 的绝对值
ACOS(X)	返回参数 X 的反余弦值。如果 X 不在-1 到 1 的范围内，则返回 NULL
ASIN(X)	返回参数 X 的反正弦值。如果 X 不在-1 到 1 的范围内，则返回 NULL
ATAN(X)	返回参数 X 反正切值
ATAN(Y, X)，ATAN2(Y, X)	返回两个变量 X 和 Y 的反正切。类似于计算 Y／X 的反正切，两个参数的符号用于确定结果所在的象限
CEIL(X)	返回不小于参数 X 的最小整数值。CEIL()是 CEILING()的同义词
CEILING(X)	返回不小于参数 X 的最小整数值
CONV(N, from_base, to_base)	转换不同数字基数之间的数字。返回数字 N 的字符串表示形式，将基数 from_base 转换为基数 to_base。如果任何参数为 NULL，则返回 NULL。参数 N 被解释为整数，但可以指定为整数或字符串。最小基数为 2，最大基数为 36。如果 from_base 是负数，则 N 被视为带符号数；否则 N 被视为无符号数。CONV()函数使用 64 位精度
COS(X)	返回 X 的余弦值，其中 X 以弧度给出
COT(X)	返回 X 的余切值

续表

名　称	描　述
CRC32(expr)	计算循环冗余校验值并返回 32 位无符号值。如果参数 expr 为 NULL，则结果为 NULL。该参数应该是一个字符串，如果不是，则被处理为字符串
DEGREES(X)	将弧度表示的参数 X 转换为度数并返回该度数
EXP(X)	返回自然对数的底 e 的 X 次方的值
FLOOR(X)	返回不大于参数 X 的最大整数值
LN(X)	返回参数 X 的自然对数
LOG(X)，LOG(B, X)	如果使用一个参数调用，则返回 X 的自然对数。如果 X 小于或等于 0.0E0，则函数返回 NULL 并发出警告。如果使用两个参数调用，则将参数 X 以 B 为底的对数。如果 X 小于或等于 0 或者小于或等于 1，则返回 NULL。LOG(B, X)等价于 LOG(X)/LOG(B)
LOG10(X)	返回参数 X 的以 10 为底的对数。如果 X 小于或等于 0.0E0，则该函数返回 NULL 并发出警告。LOG10(X)等价于 LOG(10, X)
LOG2(X)	返回参数 X 的以 2 为底的对数。如果 X 小于或等于 0.0E0，则函数返回 NULL 并发出警告。LOG2(X)等价于 LOG(X)/LOG(2)
MOD(N, M)	返回 N 除以 M 的余数，等价于 N％M 和 N MOD M。MOD(N, 0)返回 NULL
PI()	返回圆周率 π 的值。默认显示 7 位小数，但 MySQL 在内部使用完整的双精度值
POW(X, Y)	返回参数 X 的 Y 次幂
POWER(X, Y)	返回参数 X 的 Y 次幂。POWER()是 POW()的同义词
RADIANS(X)	将度（°）表示的参数 X 转换为弧度值并返回该值。π 弧度=180°
RAND([N])	返回 $0 \leqslant v < 1.0$ 范围内的随机浮点值 v。为了获得范围 $i \leqslant R < j$ 的随机整数 R，使用表达式 FLOOR(i + RAND()*(j−i))。如果指定了整数参数 N，则将其作为种子值
ROUND(X)，ROUND(X, D)	将参数 X 舍入到 D 个小数位。舍入算法取决于 X 的数据类型。如果未指定 D，则默认为 0。D 可以为负，使得值 X 的小数点左边的 D 位变为零
SIGN()	返回参数 X 的符号为-1、0 或 1，具体取决于 X 是负数、零还是正数
SIN(X)	返回参数 X 的正弦值，其中 X 以弧度给出
SQRT(X)	返回参数 X 的平方根，其中 X 为非负数
TAN(X)	返回参数 X 的正切值，其中 X 以弧度给出
TRUNCATE(X, D)	将数字参数 X 截断为 D 位小数并返回该值。如果 D 为 0，则结果没有小数点或小数部分。D 可以为负，使得值 X 的小数点左边的 D 位变为零

【例 5.35】计算三角函数和反三角函数。

使用 mysql 客户端工具，连接到 MySQL 服务器上，然后输入以下语句。

```
mysql> SET @x1=PI()/3;
mysql> SELECT SIN(@x1), COS(@x1), TAN(@x1), COT(@x1);
mysql> SET @x2=0.5;
mysql> SELECT ASIN(@x2), ACOS(@x2), ATAN(@x2), ATAN2(PI(), 0);
```

执行结果如图 5.35 所示。

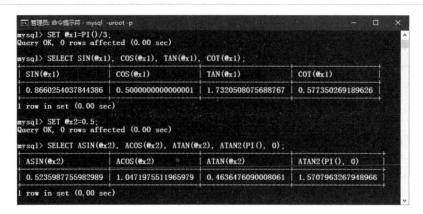

图 5.35　计算三角函数和反三角函数

【例 5.36】计算幂函数和对数函数。

使用 mysql 客户端工具，连接到 MySQL 服务器上，然后输入以下语句。

```
mysql> SELECT EXP(-2), EXP(0), EXP(1), POW(2, 3), POW(3, 0.5);
mysql> SELECT LN(3), LOG(3), LOG(2, 64), LOG10(100), LOG2(256);
```

执行结果如图 5.36 所示。

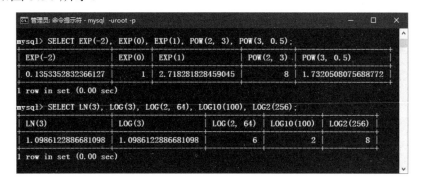

图 5.36　计算幂函数和对数函数

【例 5.37】计算不小于某数的最小整数和不大于某数的最大整数。

使用 mysql 客户端工具，连接到 MySQL 服务器上，然后输入以下语句。

```
mysql> SET @x=2.56;
mysql> SELECT CEILING(@x), CEILING(-@x), FLOOR(@x), FLOOR(-@x);
```

执行结果如图 5.37 所示。

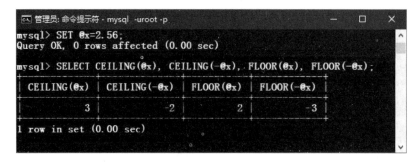

图 5.37　计算不小于某数的最小整数和不大于某数的最大整数

【例 5.38】数字的舍入与截取操作。

使用 mysql 客户端工具，连接到 MySQL 服务器上，然后输入以下语句。

```
mysql> SELECT ROUND(1.58), ROUND(1.298, 1), ROUND(1.298, 0), ROUND(23.298,
    -1);
mysql> SELECT TRUNCATE(1.223,1),TRUNCATE(1.999,1), TRUNCATE(1.999,0),
    TRUNCATE(122,-2);
```

执行结果如图 5.38 所示。

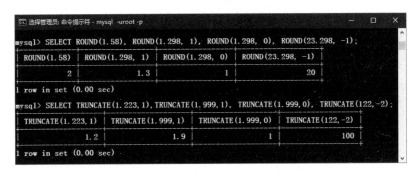

图 5.38　数字的舍入与截取操作

5.3.2　字符串函数

字符串函数主要用于处理数据库中的字符串数据，例如，计算字符串长度、合并字符串、替换字符串及提取子字符串等。MySQL 提供的字符串函数在表 5.3 中列出。

表 5.3　MySQL 提供的字符串函数

名　　称	描　　述
ASCII(str)	返回字符串 str 的最左侧字符的 ASCII 码数值。如果 str 是空字符串，则返回 0。如果 str 为 NULL，则返回 NULL。ASCII()适用于 8 位字符
BIN(N)	返回二进制值 N 的字符串表示形式，其中 N 是 BIGINT 数字。这相当于 CONV(N, 10, 2)。如果 N 为 NULL，则返回 NULL
BIT_LENGTH(str)	以位为单位返回字符串 str 的长度
CHAR(N,... [USING charset])	CHAR()函数将每个参数 N 解释为一个整数，并返回一个字符串，该字符串由这些整数的代码值给出的字符组成。跳过 NULL 值。大于 255 的参数将转换为多个字节。例如，CHAR（256）等效于 CHAR(1,0)，CHAR(256 ∗ 256)等效于 CHAR（1,0,0)。默认情况下，CHAR()返回二进制字符串。要在给定字符集中生成字符串，请使用可选的 USING 子句指定字符集
CHAR_LENGTH(str)	返回字符串 str 的长度，以字符为单位。多字节字符计为单个字符。这意味着对于包含 5 个 2 字节字符的字符串，LENGTH()返回 10，而 CHAR_LENGTH()返回 5
CHARACTER_LENGTH (str)	CHAR_LENGTH()的同义词

名　称	描　述
CONCAT(str1, str2,...)	返回连接各个参数所产生的字符串。可能有一个或多个参数。如果所有参数都是非二进制字符串，则结果为非二进制字符串。如果参数包含任何二进制字符串，则结果为二进制字符串。数字参数将转换为其等效的非二进制字符串形式。如果有任何参数为 NULL，则 CONCAT()函数返回 NULL
CONCAT_WS(sep, str1, str2, ...)	CONCAT_WS()是 CONCAT()的一种特殊形式。其第一个参数 sep 是其余参数的分隔符。在字符串之间添加分隔符被连接起来。分隔符可以是字符串，其余参数也可以是字符串。如果分隔符为 NULL，则结果为 NULL
ELT(N, str1, str2, str3, ...)	ELT()返回字符串列表的第 N 个元素。如果 N=1，则为 str1；如果 N=2，则为 str2，以此类推。如果 N 小于 1 或大于参数个数，则返回 NULL
EXPORT_SET(bits, on, off[, sep[, num]])	返回一个字符串，使得对于 bits 中设置的每个位将获得一个 on 字符串，对于未在该值中设置的每个位将获得一个 off 字符串。从右到左（从低位到高位）检查 bits 中的位。字符串从左到右添加到结果中，由分隔符字符串（默认为逗号字符）分隔。检查的位数由 num 给出，如果未指定，则默认值为 64。如果大于 64，num 将被静默剪裁为 64
FIELD(str, str1, str2, str3, ...)	返回 str1，str2，str3，...列表中 str 的索引（位置）。如果未找到 str，则返回 0。如果 FIELD()的所有参数都是字符串，则所有参数都将作为字符串进行比较。如果所有参数都是数字，则将它们作为数字进行比较，否则参数将作为浮点数进行比较。如果 str 为 NULL，则返回值为 0，因为 NULL 无法与任何值进行相等性比较
FIND_IN_SET(str, strlist)	如果字符串 str 位于由 N 个子字符串组成的字符串列表 strlist 中，则返回 1 到 N 范围内的值。字符串列表是由字符串分隔的子字符串组成的字符串。如果第一个参数是一个常量字符串，第二个参数是 SET 类型的列，FIND_IN_SET()函数被优化为使用位运算。如果 str 不在 strlist 中，或者 strlist 是空字符串，则返回 0。如果任一参数为 NULL，则返回 NULL。如果第一个参数包含逗号（,），则此函数无法正常工作
FORMAT(X, D[, locale])	将数字 X 格式化为'#,###,###.##'等格式，舍入到 D 位小数，并将结果作为字符串返回。如果 D 为 0，则结果不带小数点，或不包含小数部分。可选的第三个参数 locale 允许指定区域设置，用于结果的小数点、千位分隔符及分隔符之间的分组
FROM_BASE64(str)	采用由 TO_BASE64()使用的 64 位编码规则编码的字符串，并将解码结果作为二进制字符串返回。如果参数为 NULL 或不是有效的 64 位字符串，则结果为 NULL
HEX(str)，HEX(N)	对于字符串参数 str，HEX()返回 str 的十六进制字符串表示形式，其中，str 中每个字符的每个字节都转换为两个十六进制数字。因此，多字节字符变为两位以上。对于数字参数 N，HEX()返回 N 值的十六进制字符串表示形式，将其视为 BIGINT 数字
INSERT(str, pos, len, newstr)	返回字符串 str，从位置 pos 开始、长度为 len 的子字符串由字符串 newstr 替换。如果 pos 不在字符串的长度内，则返回原始字符串。如果 len 不在字符串其余部分的长度内，则从位置 pos 替换字符串的其余部分。如果任何参数为 NULL，则返回 NULL
INSTR(str, substr)	返回字符串 str 中第一次出现的子字符串 substr 的位置。这与 LOCATE()的双参数形式相同，只是参数的顺序是相反的
LCASE(str)	LOWER()的同义词
LEFT(str, len)	返回字符串 str 中最左边的 len 个字符，如果任何参数为 NULL，则返回 NULL
LENGTH(str)	返回字符串 str 的长度，以字节为单位。多字节字符计为多个字节。这意味着对于包含 5 个 2 字节字符的字符串，LENGTH()返回 10，而 CHAR_LENGTH()返回 5

续表

名　称	描　述
LOAD_FILE(file_name)	读取文件并以字符串形式返回文件内容。要使用此功能，文件必须位于服务器主机上，必须指定文件的完整路径名，并且必须具有 FILE 权限
LOCATE(substr,str)，LOCATE(substr, str, pos)	第一种语法返回字符串 str 中第一次出现的子字符串的位置。第二种语法返回字符串 str 中从位置 pos 开始第一次出现的子字符串 substr 的位置。如果 substr 不在 str 中，则返回 0。如果任何参数为 NULL，则返回 NULL
LOWER(str)	根据当前字符集映射将所有字符更改为小写并返回字符串 str。默认字符集为 utf8mb4
LPAD(str, len, padstr)	使用字符串 padstr 左边填充为 len 个字符的长度并返回字符串 str。如果 str 长于 len，则返回值将缩短为 len 个字符
LTRIM(str)	返回删除了前导空格字符的字符串 str
MAKE_SET(bits, str1, str2, ...)	返回一个设置值具有相应位的字符串，该字符串包含由逗号分隔的子字符串。str1 对应于位 0，str2 对应于位 1 等。str1，str2，...中的 NULL 值不会附加到结果中
MID(str, pos, len)	SUBSTRING(str, pos, len)的同义词
OCT(N)	返回八进制值 N 的字符串表示形式，其中 N 是 BIGINT 数字。如果参数 N 为 NULL，则返回 NULL
OCTET_LENGTH(str)	LENGTH()的同义词
ORD(str)	如果字符串 str 的最左边的字符是多字节字符，则返回该字符的代码，使用以下公式从其组成字节数值进行计算：第一字节代码+第二字节代码 * 256+第三字节代码 * 256^2 ...。如果最左边的字符不是多字节字符，则 ORD()返回与 ASCII()相同的值
POSITION(substr IN str)	LOCATE(substr, str)的同义词
QUOTE(str)	引用字符串以生成可在 SQL 语句中用作正确转义的数据值的结果。返回的字符串用单引号和每个实例括起来，反斜线（\）、单引号（'）、ASCII NUL 和 Ctrl+Z 前面加一个反斜线。如果参数为 NULL，则返回值为单词 NULL，不包含单引号
REPEAT(str, count)	返回由字符串 str 重复 count 次组成的字符串。如果 count 小于 1，则返回一个空字符串。如果 str 或 count 为 NULL，则返回 NULL
REPLACE(str, from_str, to_str)	返回字符串 str，其中所有出现的字符串 from_str 都替换为字符串 to_str。搜索 from_str 时，REPLACE()执行区分大小写的匹配
REVERSE(str)	对字符串 str 反转字符的顺序并返回 str
RIGHT(str, len)	返回字符串 str 中最右边的 len 个字符，如果任何参数为 NULL，则返回 NULL
RPAD(str, len, padstr)	对字符串 str 右边用字符串 padstr 填充到 len 个字符的长度并返回字符串 str。如果 str 长于 len，则返回值缩短为 len 个字符
RTRIM(str)	返回删除了尾随空格字符的字符串 str
SOUNDEX(str)	从参数 str 返回一个 soundex 字符串。听起来几乎相同的两个字符串应具有相同的 soundex 字符串。标准 soundex 字符串长度为四个字符，但 SOUNDEX()函数返回一个任意长的字符串，可以在结果上使用 SUBSTRING()来获取标准 soundex 字符串。str 中的所有非字母字符都将被忽略。A~Z 范围之外的所有国际字母字符都被视为元音
SPACE(N)	返回由 N 个空格组成的字符串
SUBSTR(str, pos)，SUBSTR(str, pos, len)	SUBSTRING()的同义词

名　　称	描　　述
SUBSTRING(str, pos), SUBSTRING(str, pos, len)	没有 len 参数的形式从位置 pos 开始返回字符串 str 的子串。带有 len 参数的形式从字符串 str 中返回一个子字符串，该子字符串包含 len 个字符，从位置 pos 开始。pos 也可以是负值，此时子字符串的开头是字符串末尾的 pos 字符。从字符串中提取子字符串的第一个字符的位置计为 1
SUBSTRING_INDEX(str, delim, count)	在分隔符 delim 的计数出现之前，从字符串 str 返回子字符串。如果 count 为正数，则返回最终分隔符左侧的所有内容（从左侧开始计算）。 如果 count 为负数，则返回最终分隔符右侧的所有内容（从右侧开始计算）。搜索 delim 时，SUBSTRING_INDEX()区分大小写
TO_BASE64(str)	将字符串参数转换为 64 位编码形式，并将结果作为带有连接字符集和排序规则的字符串返回。如果参数不是字符串，则在转换发生之前将其转换为字符串。 如果参数为 NULL，则结果为 NULL。64 位编码的字符串可以使用 FROM_BASE64()函数进行解码
TRIM([{BOTH | LEADING | TRAILING} [remstr] FROM] str), TRIM([remstr FROM] str)	返回字符串 str，删除所有 remstr 前缀或后缀。如果没有给出 BOTH、LEADING 或 TRAILING 说明符，则假设为 BOTH。 remstr 是可选的，如果未指定，则删除空格
UCASE(str)	UPPER()的同义词。视图中使用的 UCASE()被重写为 UPPER()
UNHEX(str)	对于字符串参数 str，UNHEX(str)将参数 str 中的每对字符解释为十六进制数，并将其转换为数字表示的字节。返回值是二进制字符串
UPPER(str)	根据当前字符集映射将所有字符更改为大写并返回字符串 str。默认字符集为 utf8mb4

【例 5.39】计算字符串的长度。

使用 mysql 客户端工具，连接到 MySQL 服务器上，然后输入以下语句。

```
mysql> SET @str='MySQL 数据库';
mysql> SELECT LENGTH(@str), CHAR_LENGTH(@str);
```

执行结果如图 5.39 所示。

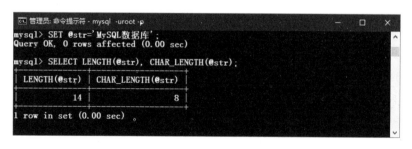

图 5.39　计算字符串的长度

【例 5.40】连接字符串。

使用 mysql 客户端工具，连接到 MySQL 服务器上，然后输入以下语句。

```
mysql> SET @str1='MySQL', @str2='数据库', @str3='设计与应用';
mysql> SELECT CONCAT(@str1, @str2, @str3),
    CONCAT_WS('*****', @str1, @str2, @str3);
```

执行结果如图 5.40 所示。

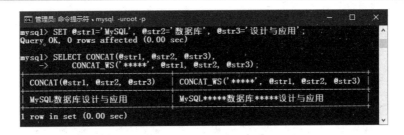

图 5.40　连接字符串

【例 5.41】替换字符串。

使用 mysql 客户端工具，连接到 MySQL 服务器上，然后输入以下语句。

```
mysql> SELECT INSERT('Quadratic', 3, 4, 'What') AS col1,
    INSERT('Quadratic', -1, 4, 'What') AS col2,
    INSERT('Quadratic', 3, 100, 'What') AS col3;
```

执行结果如图 5.41 所示。

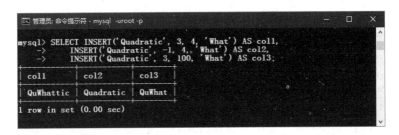

图 5.41　替换字符串

【例 5.42】字母大小写转换。

使用 mysql 客户端工具，连接到 MySQL 服务器上，然后输入以下语句。

```
mysql> SET @str1='MySQL', @str2='Database';
mysql> SELECT LOWER(@str1), LCASE(@str1), UPPER(@str2), UCASE(@str2);
```

执行结果如图 5.42 所示。

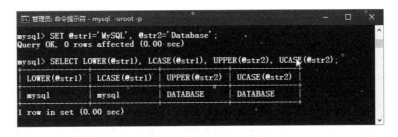

图 5.42　字母大小写转换

【例 5.43】从字符串中提取子字符串。

使用 mysql 客户端工具，连接到 MySQL 服务器上，然后输入以下语句。

```
mysql> SET @str='MySQL 数据库设计与应用';
mysql> SELECT LEFT(@str, 5), SUBSTRING(@str, 6, 3), RIGHT(@str, 2);
```

在本例中，使用 LEFT()函数从字符串左边取子字符串，使用 SUBSTRING()函数从字符串中间某个位置取子字符串，使用 RIGHT()函数从字符串右边取子字符串。

执行结果如图 5.43 所示。

图 5.43　从字符串中提取子字符串

【例 5.44】填充字符串。

使用 mysql 客户端工具，连接到 MySQL 服务器上，然后输入以下语句。

```
mysql> SELECT LPAD(@str, 4, '??') AS col1, LPAD(@str, 12, '??') AS col2,
    RPAD(@str, 4, '??') AS col3, RPAD(@str, 12, '??') AS col4;
```

执行结果如图 5.44 所示。

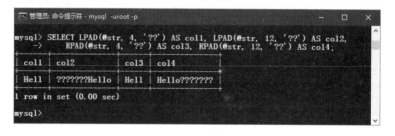

图 5.44　填充字符串

【例 5.45】删除字符串的前导空格和尾部空格。

使用 mysql 客户端工具，连接到 MySQL 服务器上，然后输入以下语句。

```
mysql> SET @str='        MySQL          ';
mysql> SELECT CONCAT('<', LTRIM(@str), '>') AS col1,
    CONCAT('<', RTRIM(@str), '>') AS col2,
    CONCAT('<', TRIM(@str), '>') AS col3;
```

执行结果如图 5.45 所示。

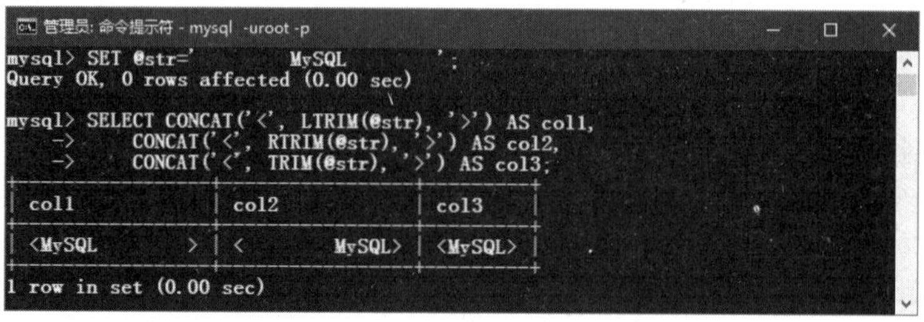

图 5.45　从字符串中删除前导空格和尾部空格

【例 5.46】从列表中获取字符串或字符串的位置。

使用 mysql 客户端工具，连接到 MySQL 服务器上，然后输入以下语句。

```
mysql> SELECT ELT(1, 'Aa', 'Bb', 'Cc', 'Dd'), ELT(4, 'Aa', 'Bb', 'Cc', 'Dd');
mysql> SELECT FIELD('Bb', 'Aa', 'Bb', 'Cc', 'Dd'), FIELD('Gg', 'Aa', 'Bb',
       'Cc', 'Dd');
```

执行结果如图 5.46 所示。

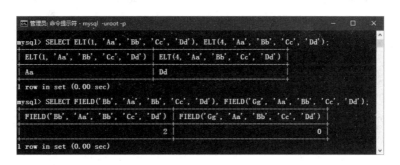

图 5.46　获取字符串或字符串的位置

【例 5.47】在学生成绩管理数据库中，取出 18 网络 02 班学生的姓氏和名字。

使用 mysql 客户端工具，连接到 MySQL 服务器上，然后输入以下语句。

```
mysql> USE sams;
mysql> SELECT 学号, LEFT(姓名, 1) AS 姓氏,
         SUBSTRING(姓名, 2, CHAR_LENGTH(姓名)-1) AS 名字
       FROM student_view
       WHERE 班级='18 网络 02';
```

执行结果如图 5.47 所示。

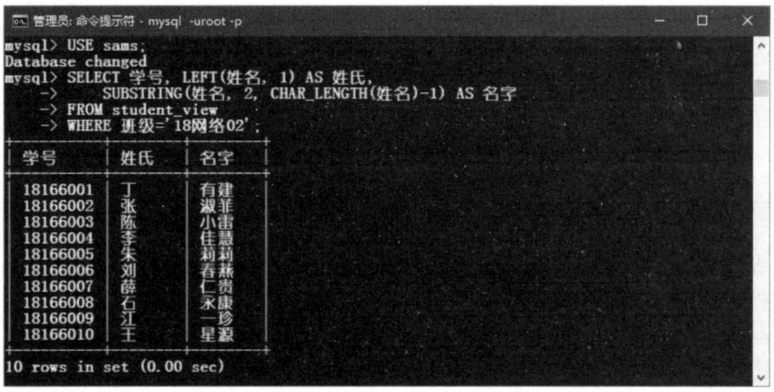

图 5.47　取出学生的姓氏和名字

5.3.3　日期和时间函数

日期和时间函数主要用于处理日期和时间数据。用于处理日期值的函数通常会接受日期时间值而忽略时间部分，而用于时间值的函数通常接受日期时间值而忽略日期部分。此外，

许多日期函数还可以接受数值和字符串类型的参数。MySQL 提供的日期和时间函数在表 5.4
中列出。

表 5.4   MySQL 提供的日期和时间函数

名　　称	描　　述
ADDDATE(date, INTERVAL expr unit)，ADDDATE(expr, days)	这两个函数用于执行日期的加法运算。第一种语法格式对 date 日期加上一个指定的时间间隔，expr 是一个数字，指定间隔的长短；unit 指定间隔的单位，可以是 YEAR、MONTH、DAY、HOUR、MINUTE、SECOND 等。第二种语法格式中 expr 是一个日期，days 参数是一个整数，指定要添加到 expr 的天数
ADDTIME(expr1, expr2)	将 expr2 添加至 expr1 并返回结果。参数 expr1 是一个时间或日期时间表达式，而参数 expr2 是一个时间表达式
CONVERT_TZ(dt, from_tz, to_tz)	将日期时间值 dt 从 from_tz 给出的时区转换到 to_tz 给出的时区并返回结果值。如果参数无效，则该函数返回 NULL
CURDATE()	按照'YYYY-MM-DD' 或 YYYYMMDD 格式返回当前日期，具体格式根据函数是用在字符串中还是用在数字语境中而定
CURTIME()	按照'HH:MM:SS'或 HHMMSS 格式返回当前时间，具体格式根据函数是用在字符串中还是用在数字语境中而定
DATE(expr)	提取日期或时间日期表达式 expr 中的日期部分
DATEDIFF(expr1, expr2)	返回起始时间 expr1 与结束时间 expr2 之间的天数。expr1 和 expr2 为日期或日期时间表达式，计算中只用到这些值的日期部分
DATE_ADD(date, INTERVAL expr unit), DATE_SUB(date, INTERVAL expr unit)	这些函数对日期执行算术运算。date 参数指定起始日期或日期时间值。expr 是一个表达式，用于指定要从开始日期添加或减去的间隔值。expr 是一个字符串，它可能以 "–" 开头，表示负的间隔。unit 是一个关键字，表示表达式 expr 的单位。INTERVAL 关键字和单位说明符不区分大小写
DATE_FORMAT(date, format)	根据格式字符串 format 对日期值 date 进行格式化。格式字符串请参阅表 5.5
DAY(date)	返回日期 date 中的天数，范围是从 1 到 31。DAYOFMONTH()的同义词
DAYNAME(date)	返回日期 date 对应的工作日名称，如 Friday 等
DAYOFMONTH(date)	返回日期 date 中的天数，范围是从 1 到 31
DAYOFWEEK(date)	返回日期 date 对应的工作日索引（1=周日，2=周一，……，7=周六）
DAYOFYEAR(date)	返回日期 date 对应的一年中的天数，范围是从 13 到 66
EXTRACT(unit FROM date)	该函数使用与 DATE_ADD()或 DATE_SUB()相同类型的单位指示符，但是从日期中提取一部分而不是对日期执行算术运算
FROM_DAYS(N)	对于给定的天数 N 返回一个 DATE 值
FROM_UNIXTIME(unix_ts)，FROM_UNIXTIME(unix_ts, format)	以"YYYY-MM-DD HH:MM:SS"或 YYYYMMDDHHMMSS 格式返回 unix_ts 参数的表示形式，具体取决于函数是在字符串中使用还是在数字上下文中使用。该值以当前时区表示。unix_ts 是一个内部时间戳值，例如由 UNIX_TIMESTAMP()函数生成的值。如果给出 format 参数，则根据格式字符串对结果进行格式化，格式字符串的使用方式参见表 5.5
HOUR(time)	返回时间 time 对应的小时数，范围是从 0 到 23。不过，time 值的范围实际上非常大，所以，该函数可以返回大于 23 的值

续表

名　　称	描　　述
LAST_DAY(date)	获取一个日期或日期时间值，返回该月最后一天对应的值。如果参数无效，则返回 NULL
LOCALTIME，LOCALTIME([fsp])	LOCALTIME、LOCALTIME()和 NOW()是同义词
MAKEDATE(year, dayofyear)	给出年份值 year 和一年中的天数值 dayofyear，返回一个日期。参数 dayofyear 必须大于 0，否则返回 NULL
MAKETIME(hour, minute, second)	返回由 hour（时）、minute（分）和 second（秒）参数计算得出的时间值
MICROSECOND(expr)	从时间或日期时间表达式 expr 返回微秒值，其数字范围从 0 到 999999
MINUTE(time)	返回时间值 time 对应的分钟数，范围是从 0 到 59
MONTH(date)	返回日期值 date 对应的月份，范围是从 1 到 12
MONTHNAME(date)	返回日期值 date 对应月份的英文全名，如 July 等
NOW([fsp])	按照格式'YYYY-MM-DD HH:MM:SS'或 YYYYMMDDHHMMSS 返回当前日期和时间值，具体格式取决于该函数是用在字符串中还是用在数字语境中。可选参数 fsp 指定秒的小数精度，取值为从 0 到 6，如果给定该参数，则返回值的秒部分包括多个小数位数。在一个存储程序或触发器内，NOW()返回一个时间常量，该常量指示该存储程序或触发语句开始执行的时间。这与 SYSDATE()的运作有所不同
PERIOD_ADD(P, N)	添加 N 个月至周期 P（格式为 YYMM 或 YYYYMM），返回值的格式为 YYYYMM。注意周期参数 P 不是日期值
PERIOD_DIFF(P1, P2)	返回周期 P1 和 P2 之间的月份数。P1 和 P2 的格式为 YYMM 或 YYYYMM。注意周期参数 P1 和 P2 不是日期值
QUARTER(date)	返回日期值 date 对应的一年中的季度值，范围是从 1 到 4
SECOND(time)	返回时间值 time 对应的秒数，范围是从 0 到 59
SEC_TO_TIME(seconds)	返回被转化为小时、分钟和秒数的 seconds 参数值，其格式为'HH:MM:SS'或 HHMMSS，具体格式根据该函数是用在字符串中还是用在数字语境中而定
STR_TO_DATE(str, format)	这是 DATE_FORMAT()函数的反转。它用到了字符串 str 和格式字符串 format。如果格式字符串包含日期和时间部分，则 STR_TO_DATE()返回 DATETIME 值；如果字符串仅包含日期或时间部分，则返回 DATE 或 TIME 值。如果从 str 中提取的日期、时间或日期时间值是非法的，则 STR_TO_DATE()将返回 NULL 并生成警告
SUBDATE(date, INTERVAL expr unit), SUBDATE(expr, days)	第一种语法格式从日期值 date 中减去一个时间间隔并返回生成的结果，该时间间隔的长度由参数 expr 指定，时间间隔的单位由参数 unit 指定；第二种语法格式从日期表达式 expr 中减去由参数 days 指定的天数并返回生成的结果
SUBTIME(expr1, expr2)	从 expr1 中减去 expr2 并返回结果。expr1 是一个时间或日期时间表达式，而 expr2 是一个时间表达式
SYSDATE()	返回当前日期和时间值，格式为 'YYYY-MM-DD HH:MM:SS' 或 YYYYMMDDHHMMSS，具体格式根据函数是用在字符串中还是用在数字语境中而定。在一个存储程序或触发器中，SYSDATE()返回其执行的时间，而非存储程序或触发语句开始执行的时间。这与 NOW()的运作有所不同
TIME(expr)	从一个时间或日期时间表达式中提取时间部分并将以字符串形式返回

名　　称	描　　述
TIMEDIFF(expr1, expr2)	返回起始时间 expr1 与结束时间 expr2 之间的时间间隔。expr1 和 expr2 为时间或日期时间表达式，它们的类型必须相同
TIMESTAMP(expr), TIMESTAMP(expr1, expr2)	第一种语法格式将日期或日期时间表达式 expr 作为日期时间值返回；第二种语法格式将时间表达式 expr2 添加到日期或日期时间表达式 expr1 中，并将计算结果作为日期时间值返回
TIMESTAMPADD(interval,　int_expr, datetime_expr)	将整型表达式 int_expr 添加到日期或日期时间表达式 datetime_expr 中。int_expr 的单位由时间间隔参数 interval 给定，该参数必须是以下值中的一个：FRAC_SECOND、SECOND、MINUTE、HOUR、DAY、WEEK、MONTH、QUARTER 或 YEAR
TIMESTAMPDIFF(interval, datetime_expr1, datetime_expr2)	返回日期或日期时间表达式 datetime_expr1 和 datetime_expr2 之间的整数差。其计算结果的单位由时间间隔参数 interval 给出。interval 的取值与 TIMESTAMPADD()函数说明中所列出的相同
TIME_FORMAT(time, format)	该函数的用法与 DATE_FORMAT()函数相同，不过 format 字符串可能仅包含处理小时、分钟和秒的格式说明符。其他说明符产生一个 NULL 值或 0。如果 time value 包含一个大于 23 的小时部分，则%H 和%k 小时格式说明符会产生一个超出 0～23 范围的值，其他小时格式说明符将产生小时值模数 12
TIME_TO_SEC(time)	返回已转换为秒的 time 参数
TO_DAYS(date)	给定一个日期 date，返回一个天数（从年份 0 开始的天数）
UNIX_TIMESTAMP(), UNIX_TIMESTAMP(date)	第一种语法格式无参数调用，返回一个 UNIX 时间戳（'1970-01-01 00:00:00' GMT 之后的秒数）作为无符号整数。第二种语法格式调用 UNIX_TIMESTAMP() 时传入参数 date，它会将参数值以'1970-01-01 00:00:00' GMT 后的秒数的形式返回。参数 date 可以是一个 DATE 字符串、一个 DATETIME 字符串、一个 TIMESTAMP 或一个当地时间的 YYMMDD 或 YYYYMMDD 格式的数字
UTC_DATE，UTC_DATE()	返回当前 UTC 日期值，其格式为'YYYY-MM-DD'或 YYYYMMDD，具体格式取决于函数是用在字符串中还是用在数字语境中
UTC_TIME，UTC_TIME()	返回当前 UTC 值，其格式为'HH:MM:SS'或 HHMMSS，具体格式根据该函数是用在字符串中还是用在数字语境中而定
UTC_TIMESTAMP，UTC_TIMESTAMP()	返回当前 UTC 日期及时间值，其格式为'YYYY-MM-DD HH:MM:SS'或 YYYYMMDDHHMMSS，具体格式根据该函数是用在字符串中还是用在数字语境中而定
WEEK(date[, mode])	返回日期 date 对应的星期数。如果给定 mode 参数，则允许指定星期是否起始于周日或周一以及返回值的范围是否为从 0 到 53 或从 1 到 53。如果省略 mode 参数，则使用 default_week_format 系统变量的值
WEEKDAY(date)	返回日期 date 对应的工作日索引（0=周一，1=周二，……，6=周日）
WEEKOFYEAR(date)	返回日期的日历周，作为 1 到 53 范围内的数字。WEEKOFYEAR()是一个兼容函数，相当于 WEEK(date, 3)
YEAR(date)	返回日期 date 对应的年份，范围是从 1000 到 9999
YEARWEEK(date), YEARWEEK(date, mode)	返回日期 date 的年份和周。结果中的年份可以和该年的第一周和最后一周对应的日期参数有所不同。mode 参数的工作方式与 WEEK()的 mode 参数完全相同。对于单参数语法，使用模式值 0。与 WEEK()不同，default_week_format 的值不会影响 YEARWEEK()

使用 DATE_FORMAT()函数对日期进行格式化处理时，可以在日期格式化字符串中使用各种说明符，这些说明符的具体含义在表 5.5 中列出。

表 5.5　日期格式说明符

说　明　符	描　述
%a	工作日英文名称的缩写（Sun～Sat）
%b	月份英文名称的缩写（Jan～Dec）
%c	月份的数字形式（0～12）
%D	带有英语后缀的日期（0th、1st、2nd、3rd、…）
%d	一月中天数的数字形式（00～31）
%e	一月中天数的数字形式（0～31）
%f	微秒（000000～999999）
%H	小时（00～23）
%h	小时（01～12）
%I	小时（01～12）
%i	分钟的数字形式（00～59）
%j	一年中的天数（001～366）
%k	小时（0～23）
%l	小时（1～12）
%M	月份英文名称（January～December）
%m	月份的数字形式（00～12）
%p	上午（AM）或下午（PM）
%r	12 小时制时间（hh:mm:ss AM/PM）
%S	秒（00～59）
%s	秒（00～59）
%T	24 小时制时间（hh:mm:ss）
%U	周（00～53），其中周日为每周的第一天
%u	周（00～53），其中周一为每周的第一天
%V	周（01～53），其中周日为每周的第一天；与%X 同时使用
%v	周（01～53），其中周一为每周的第一天；与%x 同时使用
%W	工作日名称（周日～周六）
%w	一周中的每日（0=周日，1=周一，……，6=周六）
%X	该周的年份，其中周日为每周的第一天，是 4 位数的数字形式；与%V 同时使用
%x	该周的年份，其中周一为每周的第一天，是 4 位数的数字形式；与%v 同时使用
%Y	年份，4 位数的数字形式
%y	年份，2 位数的数字形式
%%	百分号"%"

【例 5.48】获取当前日期和当前时间。

使用 mysql 客户端工具，连接到 MySQL 服务器上，然后输入以下语句。

```
mysql> SELECT CURDATE(), CURDATE()+0, CURTIME(), CURTIME()+0;
```

执行结果如图 5.48 所示。

```
mysql> SELECT CURDATE(), CURDATE()+0, CURTIME(), CURTIME()+0;
+------------+-------------+-----------+-------------+
| CURDATE()  | CURDATE()+0 | CURTIME() | CURTIME()+0 |
+------------+-------------+-----------+-------------+
| 2019-07-05 |    20190705 | 11:28:16  |      112816 |
+------------+-------------+-----------+-------------+
1 row in set (0.00 sec)
```

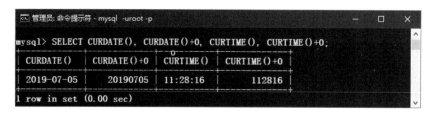

图 5.48　获取当前日期和当前时间

【例 5.49】获取当前日期和时间。

使用 mysql 客户端工具，连接到 MySQL 服务器上，然后输入以下语句。

```
mysql> SELECT NOW(), NOW(2), LOCALTIME(), SYSDATE();
```

执行结果如图 5.49 所示。

```
mysql> SELECT NOW(), NOW(2), LOCALTIME(), SYSDATE();
+---------------------+------------------------+---------------------+---------------------+
| NOW()               | NOW(2)                 | LOCALTIME()         | SYSDATE()           |
+---------------------+------------------------+---------------------+---------------------+
| 2019-07-05 11:31:31 | 2019-07-05 11:31:31.33 | 2019-07-05 11:31:31 | 2019-07-05 11:31:31 |
+---------------------+------------------------+---------------------+---------------------+
1 row in set (0.00 sec)
```

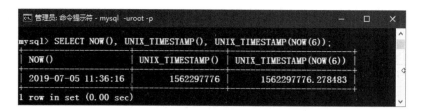

图 5.49　获取当前日期和时间

【例 5.50】获取 UNIX 时间戳。

使用 mysql 客户端工具，连接到 MySQL 服务器上，然后输入以下语句。

```
mysql> SELECT NOW(), UNIX_TIMESTAMP(), UNIX_TIMESTAMP(NOW(6));
```

执行结果如图 5.50 所示。

```
mysql> SELECT NOW(), UNIX_TIMESTAMP(), UNIX_TIMESTAMP(NOW(6));
+---------------------+------------------+------------------------+
| NOW()               | UNIX_TIMESTAMP() | UNIX_TIMESTAMP(NOW(6)) |
+---------------------+------------------+------------------------+
| 2019-07-05 11:36:16 |       1562297776 |      1562297776.278483 |
+---------------------+------------------+------------------------+
1 row in set (0.00 sec)
```

图 5.50　获取 UNIX 时间戳

【例 5.51】获取当前日期和时间，将其用中文表示出来。

使用 mysql 客户端工具，连接到 MySQL 服务器上，然后输入以下语句。

```
mysql> SET @wofy=CONCAT('今年第', WEEKOFYEAR(@now), '周');
mysql> SET @hour=CONCAT(HOUR(@now), '时');
mysql> SET @min=CONCAT(MINUTE(@now), '分');
mysql> SET @sec=CONCAT(SECOND(@now), '秒');
```

```
mysql> SET @ms=CONCAT(MICROSECOND(@now), '微秒');
mysql> SELECT CONCAT(@year, @mon, @day, @weekday, @qt, @wofy, @hour, @min,
    @sec, @ms);
```

执行结果如图 5.51 所示。

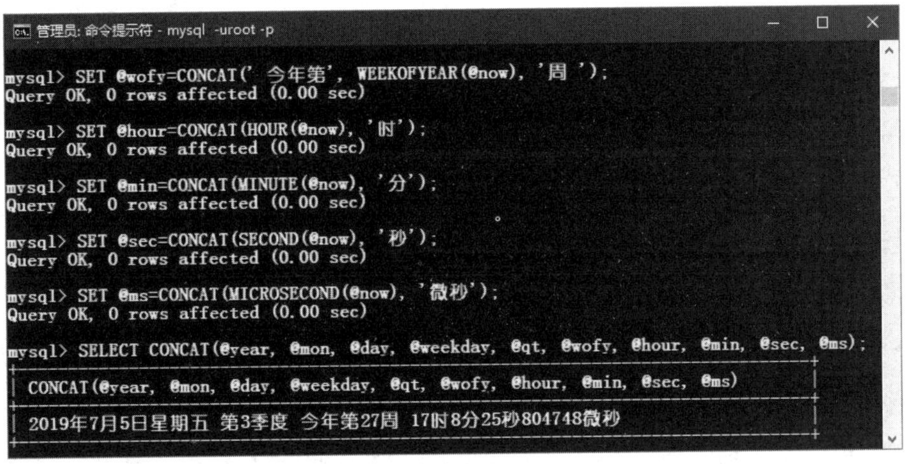

图 5.51　获取当前日期和时间用中文表示

【例 5.52】对日期进行格式化处理。

使用 mysql 客户端工具，连接到 MySQL 服务器上，然后输入以下语句。

```
mysql> SET@n=NOW(6);
mysql> SELECT DATE_FORMAT(@n, '%Y 年%m 月%d 日星期%w 今年的%j 天 %H 时%k 分%S 秒%f
    微秒');
```

执行结果如图 5.52 所示。

图 5.52　日期格式化

5.3.4　流程控制函数

流程控制函数也称为条件判断函数，这类函数根据不同的条件执行不同的流程。MySQL 提供的流程函数包括 IF()、IFNULL()、NULLIF() 和 CASE()，这些函数的使用方法如下。

1. IF() 函数

IF() 函数根据条件的不同返回不同的值，语法格式如下。

```
IF(表达式 1, 表达式 2, 表达式 3)
```

如果表达式 1 的值为 TRUE，则 IF()的返回值为表达式 2 的值；否则返回值为表达式 3 的值。IF()的返回值为数字类型或字符串类型，具体情况视其所在语境而定。

如果表达式 2 或表达式 3 中只有一个是 NULL，则 IF()函数的结果类型为非 NULL 表达式的结果类型。表达式 1 作为一个整数值进行计算，如果正在验证浮点值或字符串值，则应该使用比较运算进行检验。

IF()函数的默认返回值类型按照以下方式计算。

（1）如果表达式 2 或表达式 3 的值为字符串，则 IF()返回字符串。

（2）如果表达式 2 或表达式 3 的值为浮点值，则 IF()返回浮点值。

（3）如果表达式 2 或表达式 3 的值为整数，则 IF()返回整数。

（4）如果表达式 2 和表达式 3 都是字符串，并且其中任何一个字符串区分大小写，则返回结果是区分大小写的。

【例 5.53】在学生成绩管理数据库中，查询网络专业学生的数学成绩，并将百分制成绩转换为等级制成绩，分级标准是：90～100 分为优秀，80～89 分为良好，70～79 分为中等，60～69 分为及格，60 分以下为不及格。

使用 mysql 客户端工具，连接到 MySQL 服务器上，然后输入以下语句。

```
mysql> USE sams;
mysql> SELECT 学号, 姓名, 课程, 成绩,
           IF(成绩>90, '优秀', IF(成绩>80, '良好', IF(成绩>70, '中等',
               IF(成绩>60, '及格', '不及格')))) AS 成绩等级
       FROM st_sc_view
       WHERE 专业='网络' AND 课程='数学'
       ORDER BY 成绩 DESC;
```

执行结果如图 5.53 所示。

学号	姓名	课程	成绩	成绩等级
18166001	丁有建	数学	99	优秀
18166007	薛仁贵	数学	97	优秀
18166009	江一珍	数学	94	优秀
18165010	程英杰	数学	91	优秀
18166005	朱莉莉	数学	87	良好
18165003	周宇航	数学	84	良好
18165004	张淑美	数学	84	良好
18165007	高云飞	数学	83	良好
18165005	范宁杰	数学	82	良好
18165009	刘飞燕	数学	76	中等
18166006	刘春燕	数学	75	中等
18165001	苏亚康	数学	71	中等
18165002	薛雨欣	数学	71	中等
18166002	张淑菲	数学	71	中等
18166008	石永康	数学	69	及格

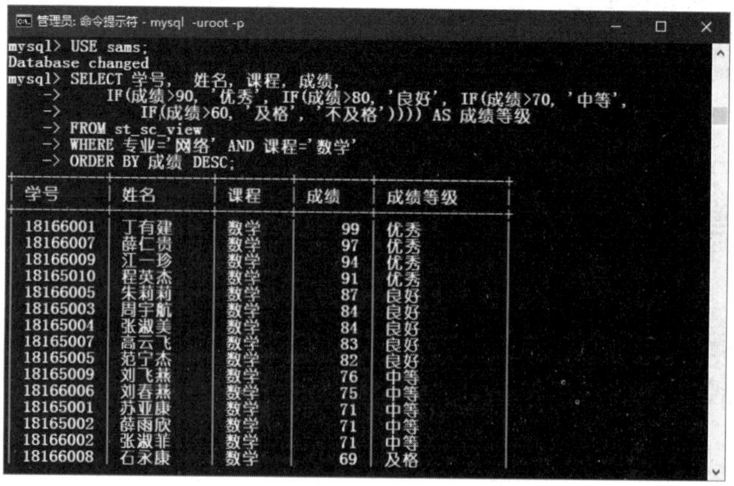

图 5.53　百分制成绩转换为等级制成绩

2. IFNULL()函数

IFNULL()函数根据测试表达式的值是否为空返回不同的值，语法格式如下。

```
IFNULL(表达式 1, 表达式 2)
```

如果表达式 1 的值不为 NULL，则 IFNULL()函数的返回值为表达式 1 的值；否则其返回值为表达式 2 的值。IFNULL()函数的返回值可以是数字或字符串，具体情况取决于其所使用的语境。

【例 5.54】在学生成绩管理数据库中，查询数媒专业学生信息，并对备注字段进行测试，如果为空，则显示为“未填写”。

使用 mysql 客户端工具，连接到 MySQL 服务器上，然后输入以下语句。

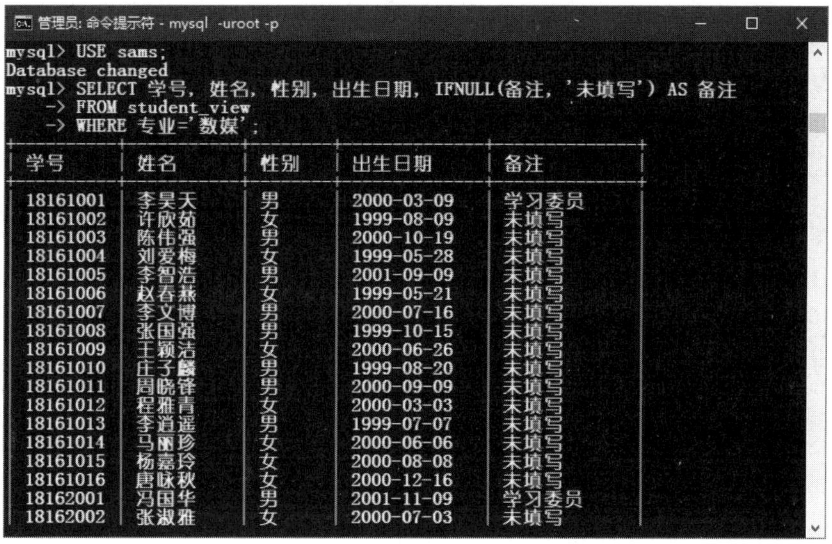

```
mysql> USE sams;
mysql> SELECT 学号, 姓名, 性别, 出生日期, IFNULL(备注, '未填写') AS 备注
       FROM student_view
       WHERE 专业='数媒';
```

执行结果如图 5.54 所示。

```
mysql> USE sams;
Database changed
mysql> SELECT 学号, 姓名, 性别, 出生日期, IFNULL(备注, '未填写') AS 备注
    -> FROM student_view
    -> WHERE 专业='数媒';
```

学号	姓名	性别	出生日期	备注
18161001	李昊天	男	2000-03-09	学习委员
18161002	许欣茹	女	1999-08-09	未填写
18161003	陈伟强	男	2000-10-19	未填写
18161004	刘爱梅	女	1999-05-28	未填写
18161005	李智浩	男	2001-09-09	未填写
18161006	赵春燕	女	1999-05-21	未填写
18161007	李文博	男	2000-07-16	未填写
18161008	张国强	男	1999-10-15	未填写
18161009	王颖洁	女	2000-06-26	未填写
18161010	庄子麟	男	1999-08-20	未填写
18161011	周晓锋	男	2000-09-09	未填写
18161012	程雅青	女	2000-03-03	未填写
18161013	李逍遥	男	1999-07-07	未填写
18161014	马丽珍	女	2000-06-06	未填写
18161015	杨嘉玲	女	2000-08-08	未填写
18161016	唐咏秋	女	2000-12-16	未填写
18162001	冯国华	男	2001-11-09	学习委员
18162002	张淑雅	女	2000-07-03	未填写

图 5.54　IFNULL()函数应用示例

3. NULLIF()函数

NULLIF()函数语法格式如下。

```
NULLIF(表达式 1, 表达式 2)
```

如果表达式 1 的值与表达式 2 的值相等，则 NULLIF()函数的返回值为 NULL；否则返回值为表达式 1 的值。

【例 5.55】NULLIF 函数应用示例。

使用 mysql 客户端工具，连接到 MySQL 服务器上，然后输入以下语句。

```
mysql> SELECT NULLIF(3, 3), NULLIF(60, 90);
```

执行结果如图 5.55 所示。

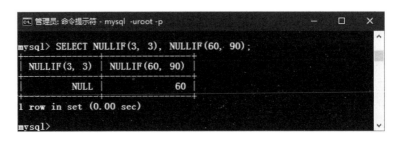

图 5.55　NULLIF()函数应用示例

4. CASE()函数

CASE()函数实际上是一个比较特殊的 SQL 表达式，可以用于计算条件列表并返回多个可能结果表达式之一。CASE()函数有以下两种语法格式。

（1）将某个表达式与一组表达式进行比较以确定结果，语法格式如下。

```
CASE 输入表达式
    WHEN [匹配表达式] THEN 结果表达式
    [WHEN [匹配表达式] THEN 结果表达式 ...]
    ...
    [ELSE 结果表达式]
END
```

CASE()函数首先计算输入表达式的值，然后，将该值与 WHEN 表达式的值进行比较，如果与某个 WHEN 匹配表达式的值相等，则返回相应的 THEN 结果表达式的值。如果输入表达式与所有 WHEN 匹配表达式都不相等，则返回 ELSE 后面的结果表达式的值。

【例 5.56】在学生成绩管理数据库中，使用 CASE()函数实现交叉表查询，用于检索网络专业学生的数学、英语和网页设计三门课程的成绩。

使用 mysql 客户端工具，连接到 MySQL 服务器上，然后输入以下语句。

```
mysql> USE sams;
mysql> SELECT 学号, 姓名, 班级,
        SUM(CASE 课程 WHEN '数学' THEN 成绩 ELSE 0 END)
            AS 数学,
        SUM(CASE 课程 WHEN '英语' THEN 成绩 ELSE 0 END)
            AS 英语,
        SUM(CASE 课程 WHEN '网页设计' THEN 成绩 ELSE 0 END)
            AS 网页设计
    FROM st_sc_view
    GROUP BY 学号, 姓名, 班级, 专业
    HAVING 专业='网络';
```

在本例中，使用 SELECT 从视图中查询成绩数据，选择列表中包含 3 个计算列，均以

CASE()函数的返回值作为 SUM()函数的参数，并为计算列分配了别名。

执行结果如图 5.56 所示。

```
管理员：命令提示符 - mysql -uroot -p                    —    □    ×

mysql> USE sams;
Database changed
mysql> SELECT 学号, 姓名, 班级,
    ->       SUM(CASE 课程 WHEN '数学' THEN 成绩 ELSE 0 END)
    ->           AS 数学,
    ->       SUM(CASE 课程 WHEN '英语' THEN 成绩 ELSE 0 END)
    ->           AS 英语,
    ->       SUM(CASE 课程 WHEN '网页设计' THEN 成绩 ELSE 0 END)
    ->           AS 网页设计
    -> FROM st_sc_view
    -> GROUP BY 学号, 姓名, 班级, 专业
    -> HAVING 专业='网络';
+----------+----------+-----------+--------+--------+----------+
| 学号     | 姓名     | 班级      | 数学   | 英语   | 网页设计 |
+----------+----------+-----------+--------+--------+----------+
| 18165001 | 苏亚康   | 18网络01  |   71   |   85   |    66    |
| 18165002 | 薛雨欣   | 18网络01  |   71   |   80   |    62    |
| 18165003 | 周宇航   | 18网络01  |   84   |   79   |    70    |
| 18165004 | 张淑美   | 18网络01  |   84   |   79   |    73    |
| 18165005 | 范宁杰   | 18网络01  |   82   |   74   |    89    |
| 18165006 | 鲍翠颖   | 18网络01  |   61   |   65   |    82    |
| 18165007 | 高云飞   | 18网络01  |   83   |   74   |    84    |
| 18165008 | 李云龙   | 18网络01  |   63   |   73   |    66    |
| 18165009 | 刘飞燕   | 18网络01  |   76   |  100   |    78    |
```

图 5.56　使用 CASE()函数实现交叉表查询

（2）计算一组表达式的值以确定结果，语法格式如下。

```
CASE
    WHEN [条件] THEN 结果
    [WHEN [条件] THEN 结果 ...]
    ...
    [ELSE 结果]
END
```

这种语法格式的 CASE()函数，首先计算第一个 WHEN 条件的值，如果该值为 TRUE，则返回第一个 THEN 后面的结果值；否则，继续计算第二个 WHEN 条件的值，以此类推。如果所有 WHEN 条件的值均为 FALSE，则返回值为 ELSE 后面的结果值。如果不存在 ELSE 部分，则返回值为 NULL。

【例 5.57】在学生成绩管理数据库中，查询软件专业学生的英语课成绩，要求用 CASE()函数将百分制成绩转换为优秀、良好、中等、及格和不及格 5 等级，分级标准是：90～100 分为优秀，80～89 分为良好，70～79 分为中等，60～69 分为及格，60 分以下为不及格。

使用 mysql 客户端工具，连接到 MySQL 服务器上，然后输入以下语句。

```
mysql> USE sams;
mysql> SELECT 学号, 姓名, 班级, 课程, 成绩,
       CASE
           WHEN 成绩<60 THEN '不及格'
           WHEN 成绩 BETWEEN 60 AND 69 THEN '及格'
           WHEN 成绩 BETWEEN 70 AND 79 THEN '中等'
           WHEN 成绩 BETWEEN 80 AND 89 THEN '良好'
           WHEN 成绩>=90 THEN '优秀'
       END AS 成绩等级
```

```
FROM st_sc_view
WHERE 专业='软件' AND 课程='英语'
ORDER BY 成绩 DESC;
```

在本例中，使用 SELECT 从视图中查询成绩数据，选择列表中包含一个计算列，该列以 CASE()函数的返回值作为其值，根据不同的分数段返回不同的等级，还为这个计算列分配了别名。

执行结果如图 5.57 所示。

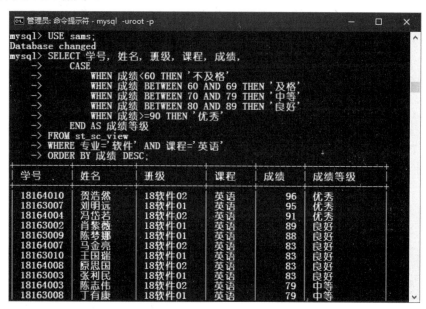

图 5.57　百分制成绩转换为等级制成绩

5.3.5　系统信息函数

MySQL 提供了一些系统信息函数，可以用来获取 MySQL 服务器的版本号、当前连接的用户和数据库及字符串的字符集和排序方式等信息。这些系统信息函数在表 5.6 中列出。

表 5.6　系统信息函数

名　　称	描　　述
BENCHMARK(count, expr)	重复 count 次执行表达式 expr。它可以用于计算 MySQL 处理表达式的速度，结果值通常为 0。预期用途来自 mysql 客户端，用于报告查询执行时间
CHARSET(str)	返回字符串参数 str 的字符集
COERCIBILITY(str)	返回字符串参数 str 的排序规则强制性值
COLLATION(str)	返回字符串参数 str 的排序规则
CONNECTION_ID()	返回连接的线程 ID
CURRENT_ROLE()	返回包含当前会话的当前活动角色的 utf8 字符串，以逗号分隔，如果没有，则返回 NONE。该值反映了 sql_quote_show_create 系统变量的设置

续表

名　　称	描　　述
CURRENT_USER, CURRENT_USER()	返回服务器用于验证当前客户端的 MySQL 账户的用户名和主机名组合。这个账户确定了访问权限。返回值是 utf8 字符集中的字符串。CURRENT_USER()的值可以不同于 USER()的值
DATABASE()	以 utf8 字符集中的字符串形式返回默认的当前数据库名称。如果没有默认数据库，则 DATABASE()将返回 NULL。在存储例程中，默认数据库是与例程关联的数据库，该数据库不一定与调用上下文中的默认数据库相同
FOUND_ROWS()	返回上一条 SELECT 语句（或 SHOW 语句等）查询结果集包含的行数。在实际应用中，可以在 SELECT 语句中选择 SQL_CALC_FOUND_ROWS ，随后调用 FOUND_ROWS()
LAST_INSERT_ID(), LAST_INSERT_ID(expr)	如果没有传入参数，LAST_INSERT_ID()将返回一个 BIGINT UNSIGNED（64 位）值，表示由于最近执行的 INSERT 语句而成功为 AUTO_INCREMENT 列插入的第一个自动生成的值。如果未成功插入行，则 LAST_INSERT_ID()的值保持不变。通过传入参数，LAST_INSERT_ID()返回无符号整数
ROW_COUNT()	返回被前面语句插入、更新或删除的行数
SCHEMA()	DATABASE()的同义词
SESSION_USER()	USER()的同义词
SYSTEM_USER()	USER()的同义词
USER()	以 utf8 字符集中的字符串形式返回当前 MySQL 用户名和主机名
VERSION()	返回表示 MySQL 服务器版本的字符串，该字符串使用 utf8 字符集

【例 5.58】获取 MySQL 服务器版本号、当前用户账户和当前连接的线程 ID。

使用 mysql 客户端工具，连接到 MySQL 服务器上，然后输入以下语句。

```
mysql> SELECT VERSION(), USER(), CURRENT_USER(), CONNECTION_ID();
```

执行结果如图 5.58 所示。

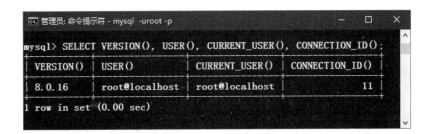

图 5.58　获取 MySQL 服务器版本号、当前用户账户和当前连接的线程 ID

【例 5.59】获取当前数据库、字符串的字符集和排序规则。

使用 mysql 客户端工具，连接到 MySQL 服务器上，然后输入以下语句。

```
mysql> USE test;
mysql> SELECT DATABASE(), CHARSET('MySQL'), COLLATION('数据库');
```

执行结果如图 5.59 所示。

图 5.59　获取当前数据库、字符串的字符集和排序规则

5.3.6　加密函数

为了保证数据库的安全性，MySQL 还提供了一些加密/解密函数，可以用来对某些重要数据进行加密处理，以防止这些数据被他人非法获取和使用。几个常用的加密/解密函数的使用方法如下。

1. MD5()函数

MD5 是 Message-Digest Algorithm 5 的缩写，意即信息摘要算法。MD5 是由麻省理工学院的计算机科学实验室和 RSA 数据安全公司发明的，它是从 MD2/MD3/MD4 发展而来。MD5 的实际应用是对一段 Message（字节串）产生 fingerprint（指纹），用于防止被篡改。

MD5()函数用于计算字符串的 128 位 MD5 校验和，语法格式如下。

```
MD5(str)
```

其中，参数 str 给出要进行加密处理的字符串。MD5()函数以 32 位十六进制数字的字符串形式返回 128 位 MD5 检验和，返回值是连接字符集中的字符串。如果传入的参数为 NULL，则返回 NULL。例如，MD5()的返回值可以作为哈希键使用。

【例 5.60】计算字符串的 MD5 值及其长度和字符集。

使用 mysql 客户端工具，连接到 MySQL 服务器上，然后输入以下语句。

```
mysql> SELECT MD5('abcdef'), LENGTH(MD5('abcdef'));
mysql> SELECT MD5('123456'), CHARSET(MD5('123456'));
```

执行结果如图 5.60 所示。

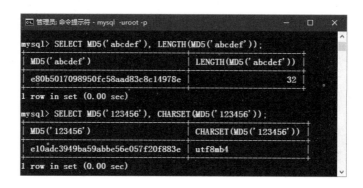

图 5.60　计算字符串的 MD5 值及其长度和字符集

2. SHA1()和 SHA2()函数

SHA 是 Secure Hash Algorithm 的缩写，意即安全散列算法。SHA 是一个密码散列函数家族，其中包括 5 个算法：即 SHA-1、SHA-224、SHA-256、SHA-384 和 SHA-512，后面 4 个算法统称为 SHA-2。SHA 由美国国家安全局（NSA）所设计，并由美国国家标准与技术研究院（NIST）发布。在密码学上，SHA2()比 MD5()和 SHA1()更为安全。

（1）SHA1()函数用于计算字符串的 160 位 SHA-1 校验和，语法格式如下。

```
SHA1(str)
```

其中，参数 str 给出要进行加密处理的字符串。SHA1()以 40 位十六进制数字的字符串形式返回 SHA-1 校验和，返回值是连接字符集中的字符串。如果参数为 NULL，则返回 NULL。SHA1()函数的一种可能用途是作为哈希键使用。SHA()是 SHA1()的同义词。

【例 5.61】计算字符串的 SHA1 值及其长度和字符集。

使用 mysql 客户端工具，连接到 MySQL 服务器上，然后输入以下语句。

```
mysql> SELECT SHA1('abcdef'), AS SHA1值, LENGTH(SHA1('abcdef'))AS 长度,
       CHARSET(SHA1('abcdef'))AS 字符集;
```

执行结果如图 5.61 所示。

图 5.61　计算字符串的 SHA1 值及其长度和字符集

（2）SHA2()函数用于计算 SHA-2 系列散列函数（SHA-224、SHA-256、SHA-384 和 SHA-512），语法格式如下。

```
SHA2(str, hash_length)
```

其中，参数 str 给出进行哈希处理的明文字符串。参数 hash_length 用于指定所需要的结果位长度，其值必须为 224、256、384、512 或 0（相当于 256）。如果任一参数为 NULL 或散列长度不是所允许的值，则返回 NULL；否则函数结果是包含所需位数的散列值。SHA2()的返回值是连接字符集中的字符串。

> **注意**：只有当 MySQL 配置 SSL（Secure Sockets Layer，安全套接层）支持时，SHA2() 函数才是有效的。可以使用 SHOW GLOBAL VARIABLES LIKE 'have%ssl'语句来检查 MySQL 是否支持 SSL。

【例5.62】计算字符串的 SHA2 值及其长度和字符集。

使用 mysql 客户端工具，连接到 MySQL 服务器上，然后输入以下语句。

```
mysql> SELECT SHA2('abcdef', 256) AS SHA2 值, LENGTH(SHA2('abcdef', 256))
    AS 长度,
        CHARSET(SHA2('abcdef', 256)) AS 字符集;
```

执行结果如图 5.62 所示。

图 5.62　计算字符串的 SHA2 值及其长度和字符集

3. AES_ENCRYPT()函数和 AES_DECRYPT()函数

AES_ENCRYPT()函数和 AES_DECRYPT()函数使用官方的 AES（高级加密标准）算法来实现数据的加密和解密。

（1）AES_ENCRYPT()函数使用密钥字符串 key_str 对字符串 str 进行加密，并返回包含加密输出的二进制字符串，语法格式如下。

```
AES_ENCRYPT(str, key_str[, init_vector])
```

其中，参数 str 给出要进行加密处理的字符串。

参数 key_str 指定所使用的密钥字符串。对于 128 位密钥长度，将密钥传递给 key_str 参数的最安全方法是创建一个真正随机的 128 位值并将其作为二进制值传递。

init_vector 参数是可选的，它为块加密模式提供所需要的初始化向量。对于需要该参数的模式，它必须是 16 字节或更长（超过 16 字节的部分将被忽略），如果缺少该参数，则会发生错误。在 MySQL 中，块加密模式可以通过系统变量 block_encryption_mode 来设置。例如：

```
SET block_encryption_mode='aes-256-cbc'
```

如果任一参数为 NULL，则 AES_ENCRYPT()函数返回 NULL。

（2）AES_DECRYPT()函数使用密钥字符串 key_str 对已加密的字符串 crypt_str 进行解密，并返回原始的明文字符串，语法格式如下。

```
AES_DECRYPT(crypt_str, key_str[, init_vector])
```

其中，参数 crypt_str 指定要使用 AES_ENCRYPT()函数加密的字符串。

参数 key_str 指定密钥字符串，可选参数 init_vector 为块加密模式提供所需要的初始化向量。这两个参数的值必须与使用 AES_ENCRYPT()函数加密时所用的相应参数相同。

如果任一参数为 NULL，则 AES_DECRYPT()函数返回 NULL。

【例 5.63】对于一个给定的字符串，首先，使用 AES_ENCRYPT()进行加密，然后，再使用 AES_DECRYPT()函数对已加密的字符串进行解密，在加密和解密过程中，使用的密钥字符串和初始化向量相同。

使用 mysql 客户端工具，连接到 MySQL 服务器上，然后输入以下语句。

```
mysql> SET block_encryption_mode='aes-256-cbc';
mysql> SET @str='abc', @key_str=SHA2('My Secret', 512);
mysql> SET @init_vector=RANDOM_BYTES(16);
mysql> SET @crypt_str=AES_ENCRYPT('abc', @key_str, @init_vector);
mysql> SELECT HEX(@crypt_str);
mysql> SET @result=AES_DECRYPT(@crypt_str, @key_str,@init_vector);
mysql> SELECT @result;
```

在本例中，使用 RANDOM_BYTES()函数获取一个随机字节向量，以此作为 AES 加密和解密过程中使用的初始化向量。执行结果如图 5.63 所示。

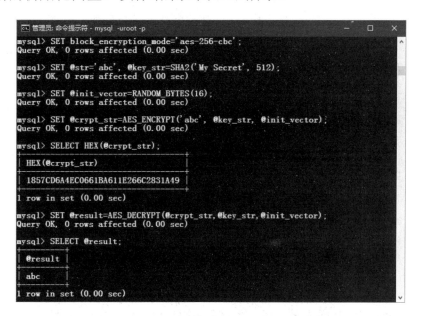

图 5.63　用 AES 算法加密和解密字符串

5.3.7　类型转换函数

在 MySQL 中，变量、列名、函数和表达式的值都具有某种数据类型。根据需要也可以使用类型转换函数将一种数据类型转换为另一种数据类型。两个类型转换函数的使用方法如下。

1. CAST()函数

CAST()函数用于将一个表达式的值转换为另一种数据类型，语法格式如下。

```
CAST(expr AS type)
```

其中，参数 expr 给出要转换的表达式；type 指定要转换的目标数据类型，可以是以下数据类型：BINARY[(N)]、CHAR[(N)] [charset_info]、DATE、DATETIME、DECIMAL [(M[,D])]、SIGNED [INTEGER]、TIME 及 UNSIGNED [INTEGER]。

BINARY 用于生成具有二进制字符串。如果给出了可选的长度 N，则 BINARY(N)会使强制转换使用不超过参数的 N 字节。如果短于 N 字节，则用 0x00 字节填充到 N 字节。在实际应用中，CAST(str AS BINARY)也可以写成 BINARY str 形式。

CHAR[(N)] [charset_info]用于生成具有 CHAR 数据类型的字符串。如果给出了可选的长度 N，则 CHAR(N)会使强制转换使用不超过参数的 N 字符。如果参数长度小于 N 字符，则不会进行填充。如果没有 charset_info 子句，CHAR 将生成一个具有默认字符集的字符串。如果要明确指定字符集（如 ASCII、UNICODE），可以使用 charset_info 子句。

DECIMAL[(M[, D])]用于生成 DECIMAL 值，其中可选的 M 和 D 值分别用于指定该值的最大位数和小数点后面的位数

【例 5.64】使用 CAST()进行数据类型转换。

使用 mysql 客户端工具，连接到 MySQL 服务器上，然后输入以下语句。

```
mysql> SELECT CAST(1-2 AS UNSIGNED) AS col1,
    CAST(CAST(1-2 AS UNSIGNED) AS SIGNED) AS col2,
    CAST(1 AS UNSIGNED) - 2.0 AS col3,
    CAST(CURDATE() AS UNSIGNED) AS col4,
    BINARY 'MySQL'='mysql' AS col5;
```

执行结果如图 5.64 所示。

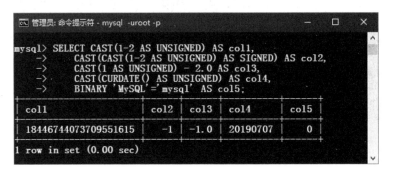

图 5.64 转换表达式的数据类型

也可以使用 CAST()函数将一个字符串转换到一个不同的字符集，语法格式如下。

```
CAST(character_string AS character_data_type CHARACTER SET charset_name)
```

其中，参数 character_string 是要转换的字符串，character_data_type 是该字符串的数据类型，CHARACTER SET charset_name 子句指定要转换的目标字符集。

【例 5.65】使用 CAST()进行字符串的字符集转换。

使用 mysql 客户端工具，连接到 MySQL 服务器上，然后输入以下语句。

```
mysql> SET @str1='MySQL 数据库';
mysql> SET @str2=CAST(_utf8mb4'MySQL 数据库' AS CHAR CHARACTER SET gbk);
mysql> SELECT CHARSET(@str1), CHARSET(@str2);
```

执行结果如图 5.65 所示。

图 5.65　转换字符串的字符集

2. CONVERT()函数

CONVERT()函数用于转换表达式的数据类型或字符串的字符集，有以下两种语法格式。

```
CONVERT(expr, type)
CONVERT(expr USING transcoding_name)
```

其中，参数 expr 给出要转换的表达式，type 指定要转换的目标数据类型，可用的数据类型请与 CAST()函数中一样，这里不再重复说明。在第二种语法格式中，USING transcoding_name 子句用于指定要转换的目标字符集名称。

与 CAST()函数功能一样，CONVERT()函数既可以用于转换表达式的数据类型，又可以用于转换字符串的字符集。所不同的是，使用 CAST()函数转换字符串的字符集时，是使用 AS 子句，使用 CONVERT()函数转换字符串的字符集时，则是使用 USING 子句。

【例 5.66】使用 CONVERT()转换数据类型和字符集。

使用 mysql 客户端工具，连接到 MySQL 服务器上，然后输入以下语句。

```
mysql> SET @str1='MySQL 数据库';
mysql> SET @str2=CONVERT(@str1 USING gbk);
mysql> SELECT CHARSET(@str1), CHARSET(@str2), CONVERT('2019-10-01', DATE);
```

执行结果如图 5.66 所示。

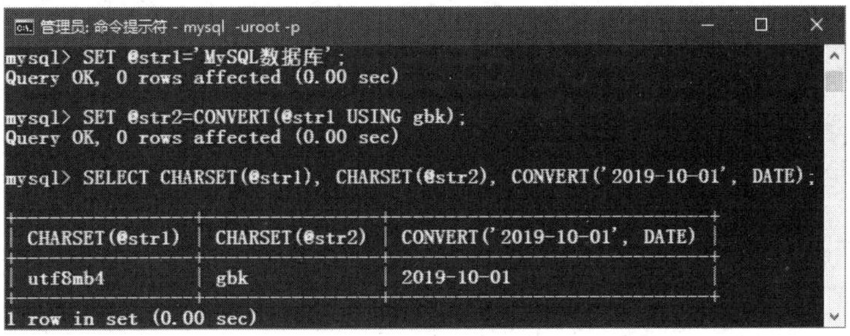

图 5.66　使用 CONVERT()转换数据类型和字符集

5.3.8 杂项函数

除了前面介绍的内置函数之外，MySQL 还提供了一些杂项函数，可以用于完成各种各样的任务，例如，处理 IP 地址、生成通用唯一识别码以及暂停一段时间间隔等。下面就来介绍这些函数的使用方法。

1. 处理 IPv4 网址

IP 是为计算机网络相互连接进行通信而设计的协议，可以为互联网上的每一个网络和每一台主机分配一个逻辑地址。目前，使用最广泛的 IP 协议版本是 IPv4，可以提供 4294967296 个 IPv4 网络地址，每个 IPv4 地址是一个 32 位的二进制数，通常被分隔为 4 个 8 位二进制数，表示为 "a.b.c.d" 点分十进制格式，其中 a、b、c、d 都是 0~255 之间的十进制整数。

在 MySQL 中，可以使用以下几个函数对 IPv4 网址进行处理。

（1）INET_ATON()函数用于返回 IPv4 网址的数值，语法格式如下。

```
INET_ATON(expr)
```

其中，参数 expr 以字符串形式给出 IPv4 网址。INET_ATON()返回表示该网址的整数值。如果 INET_ATON()不理解其参数，则返回 NULL。

（2）INET_NTOA()函数用于从数值返回 IPv4 地址，语法格式如下。

```
INET_NTOA(expr)
```

其中，参数 expr 给出表示 IPv4 网址的数字。INET_NTOA()返回用点地址形式的 IPv4 网址。如果 INET_NTOA()不理解其参数，则返回 NULL。

（3）IS_IPv4()函数用于判断传入的参数是否为有效的 IPv4 网址，语法格式如下。

```
IS_IPV4(expr)
```

其中，参数 expr 是一个字符串，给出要测试的 IPv4 网址。如果该参数表示一个有效 IPv4 网址，则返回 1；否则返回 0。

【例 5.67】在 IPv4 网址与数字之间相互转换并测试网址是否有效。

使用 mysql 客户端工具，连接到 MySQL 服务器上，然后输入以下语句。

```
mysql> SELECT INET_ATON('182.119.227.244') AS 数字网址,
    INET_NTOA(167773449) AS IPv4 网址,
    IS_IPV4('192.168.3.100') AS 测试网址1,
    IS_IPV4('127.0.1.256') AS 测试网址2;
```

执行结果如图 5.67 所示。

图 5.67 处理 IPv4 网址

2. 处理 IPv6 网址

IPv6 是互联网工程任务组（IETF）设计的用于替代 IPv4 的下一代 IP 协议，其网址数量号称可以为全世界的每一粒沙子编上一个地址。IPv6 的使用不仅能解决网络地址资源数量的问题，还能解决多种接入设备联入互联网的障碍。IPv6 网址长度为 128 位，是 IPv4 地址长度的 4 倍，IPv4 点分十进制格式不再适用。IPv6 网址通常采用冒分十六进制表示法，其格式为"x:x:x:x:x:x:x:x"，其中，每个 x 表示地址中的 4 位十六进制数字，例如，"abcd:ef01:2345:6789:abcd:ef01:2345:6789"，在这种表示法中每个 x 的前导 0 是可以省略的，例如，"2001:0db8:0000:0023:0008:0800:200c:417a"可以写成"2001:db8:0:23:8:800:200c: 417a"。

在 MySQL 中，可以使用以下几个函数对 IPv6 网址进行处理。

（1）INET6_ATON()用于返回 IPv6 网址的数值，语法格式如下。

```
INET6_ATON(expr)
```

其中，参数 expr 是一个字符串，给出要转换的 IPv6 或 IPv4 网址。INET6_ATON()返回一个二进制字符串，表示该网址数值。由于数字格式的 IPv6 地址需要的字节数多于最大的整数类型，因此，此函数返回的表示形式具有 VARBINARY 数据类型，IPv6 网址为 VARBINARY(16)，IPv4 网址则为 VARBINARY(4)。通常使用 HEX()以可打印的形式显示 INET6_ATON()结果。如果参数不是有效网址，则 INET6_ATON()返回 NULL。

（2）INET6_NTOA()函数用于从数值返回 IPv6 地址，语法格式如下。

```
INET6_NTOA(expr)
```

其中，参数 expr 给出二进制字符串形式的 IPv6 或者 IPv4 网址。INET6_NTOA()返回该网址的字符串表示形式，此字符串为连接字符集中的字符串。如果传入的参数不是一个有效网址，则 INET6_NTOA()返回 NULL。

（3）IS_IPv6()用于判断传入的参数是否为有效的 IPv6 网址，语法格式如下。

```
IS_IPV6(expr)
```

其中，参数 expr 是一个字符串，给出要测试的 IPv6 网址。如果该参数是一个有效 IPv6 地址，则返回 1；否则返回 0。此函数不会将 IPv4 网址视为有效的 IPv6 网址。

【例 5.68】在 IPv6 网址与数字之间相互转换并测试网址是否有效。

使用 mysql 客户端工具，连接到 MySQL 服务器上，然后输入以下语句。

```
mysql> SELECT HEX(INET6_ATON('fe80::dd93:6d51:1cc:a686')) AS 数字网址,
    INET6_NTOA(UNHEX('FDFE0000000000005A55CAFFFEFA9089')) AS IPv6 网址,
    IS_IPV6('fdfe::5a55:caff:fefa:9089') AS 测试网址,
    IS_IPV6('10.0.5.9') AS 测试网址;
```

执行结果如图 5.68 所示。

图 5.68　处理 IPv6 网址

3. 处理 UUID

UUID 是 Universally Unique Identifier 的缩写，即通用唯一识别码。UUID 是一种软件建构的标准，其目的在于让分布式系统中的所有元素都能有唯一的辨识信息，而不需要通过中央控制端来做辨识信息的指定。UUID 是由一组 32 位数的十六进制数字所构成，UUID 理论上的总数为 16^32=2^128，约等于 3.4*10^38。如果每纳秒产生 1 兆个 UUID，则要花 100 亿年才会将所有 UUID 用完。UUID 的标准型式包含 32 个十六进制数字，以连字号分为 5 段，表现形式为 8-4-4-4-12 的 32 个字符，如 550e8400-e29b-41d4-a716-446655440000。

在 MySQL 中，可以使用以下函数对 UUID 进行处理。

（1）UUID()函数用于生成一个通用唯一标识码（UUID），语法格式如下。

```
UUID()
```

UUID 被设计为在空间和时间上全球唯一的数字。对 UUID()的两次调用预计会生成两个不同的值，即使这些调用在没有相互联系的两个独立设备上执行。

【例 5.69】生成两个 UUID。

使用 mysql 客户端工具，连接到 MySQL 服务器上，然后输入以下语句。

```
mysql> SELECT UUID(), UUID();
```

执行结果如图 5.69 所示。

图 5.69　生成 UUID

（2）UUID_TO_BIN()函数将字符串形式的 UUID 转换为二进制 UUID 并返回结果，语法格式如下。

```
UUID_TO_BIN(string_uuid[, swap_flag])
```

其中，参数 string_uuid 是字符串，表示一个通用唯一标识码。

可选参数 swap_flag 是一个整数，用于设置返回值的格式。如果该参数值为 0（默认值），则二进制结果与字符串参数的顺序相同；如果该参数值为 1，则返回值的格式有所不同，将交换第一组和第三组十六进制数字。

UUID_TO_BIN()将该参数转换为二进制 UUID 并返回结果，该结果是 VARBINARY(16)值。如果 string_uuid 参数为 NULL，则返回值为 NULL。如果任何参数无效，则会发生错误。

【例 5.70】生成一个 UUID 并将其转换为二进制 UUID。

使用 mysql 客户端工具，连接到 MySQL 服务器上，然后输入以下语句。

```
mysql> SELECT HEX(UUID_TO_BIN(@uuid, 0)), HEX(UUID_TO_BIN(@uuid, 1));
```

执行结果如图 5.70 所示。

图 5.70　字符串 UUID 转换为二进制 UUID

（3）BIN_TO_UUID()函数将二进制 UUID 转换为字符串并返回结果，语法格式如下。

```
BIN_TO_UUID(binary_uuid[, swap_flag])
```

其中，参数 binary_uuid 给出要转换的二进制 UUID，它是一个 VARBINARY(16)值。

可选参数 swap_flag 是一个整数，用于设置返回值的格式。该参数的作用设置方法请参阅 UUID_TO_BIN()中的说明。

BIN_TO_UUID()函数返回值是由破折号分隔的 5 个十六进制数字的 utf8 字符串。如果 binary_uuid 参数为 NULL，则返回值为 NULL。如果任何参数无效，则会发生错误。

【例 5.71】二进制 UUID 转换为字符串 UUID。

使用 mysql 客户端工具，连接到 MySQL 服务器上，然后输入以下语句。

```
mysql> SELECT BIN_TO_UUID(UNHEX('39F448CEA13511E98E9F002511D785FC')) AS
    UUID1,
        BIN_TO_UUID(UNHEX('11E9A13539F448DF8E9F002511D785FC')) AS UUID2;
```

执行结果如图 5.71 所示。

图 5.71　二进制 UUID 转换为字符串 UUID

（4）IS_UUID()函数用于测试传入的参数是否为有效的 UUID，语法格式如下。

```
IS_UUID(string_uuid)
```

其中，参数 string_uuid 是一个字符串，用于表示 UUID。如果该参数是有效的字符串格式的 UUID，则返回 1；否则返回 0。如果参数为 NULL，则返回 NULL。

此处所说的"有效"是指该值采用了一种可以解析的格式。也就是说，它具有正确的长度并且仅包含所允许的字符，包括十六进制数字和可选的破折号和花括号。

下面列出 UUID 的几种常见格式。

```
aaaaaaaa-bbbb-cccc-dddd-eeeeeeeeeeee
aaaaaaaabbbbccccddddeeeeeeeeeeee
{aaaaaaaa-bbbb-cccc-dddd-eeeeeeeeeeee}
```

【例 5.72】测试给定字符串是否为有效的 UUID。

使用 mysql 客户端工具，连接到 MySQL 服务器上，然后输入以下语句。

```
mysql> SELECT IS_UUID('{6ccd780c-baba-1026-9564-5b8c656024db}') AS 测试
    UUID1,
        IS_UUID('6ccd780c-baba-1026-9564-5b8c6560') AS 测试UUID2;
```

执行结果如图 5.72 所示。

图 5.72　测试给定字符串是否为有效的 UUID

4. 暂停函数

SLEEP()函数用于休眠几秒钟，语法格式如下。

```
SLEEP(duration)
```

其中，参数 duration 指定休眠（暂停）的持续时间（以秒为单位）。持续时间可以包含小数部分。如果参数为 NULL 或负数，则 SLEEP()会在严格的 SQL 模式下生成警告或错误。当休眠正常返回（没有中断）时，SLEEP()返回 0。当 SLEEP()是被中断的查询调用的唯一事件时，它将返回 1，并且查询本身不返回任何错误。无论查询是终止还是超时，都是如此。

　　如果不需要使用 SLEEP()函数的返回值，则可以在 DO 语句中调用该函数。例如：

```
DO SLEEP(3);
```

　　DO 语句只执行表达式，但不返回任何结果。在大多数情况下，DO 是 SELECT expr 的简写，但是当不关心结果时，DO 语句的优点是速度稍快些。

　　【例 5.73】使用 SLEEP()函数暂停 10 秒钟。

　　使用 mysql 客户端工具，连接到 MySQL 服务器上，然后输入以下语句。

```
mysql> SELECT SYSDATE();
mysql> DO SLEEP(3), SLEEP(5);
mysql> SELECT SYSDATE(), SLEEP(10), SYSDATE();
```

　　执行结果如图 5.73 所示。

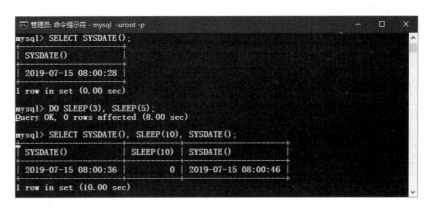

图 5.73　暂停 10 秒钟

习　题　5

一、选择题

1．在下列字符串转义序列中，由（　　）表示制表符。

    A．\b　　　　　　　　B．\n　　　　　　　　C．\r　　　　　　　　D．\t

2．在下列各项中，（　　）不是合法的十六进制常量。

    A．X'01AG'　　　　　B．X'01af'　　　　　C．X'01AF'　　　　　D．0x01AF

3．在下列各项中，（　　）不是合法的位值常量。

    A．b'01'　　　　　　B．B'01'　　　　　　C．0b01　　　　　　D．0B01

4．在下列各表达式中，（　　）的值为 0。

    A．NOT (9<3)　　　　B NOT (12>9),　　　C．!('A'='B'),　　　D．!('This'='That')

5. 假设用户变量@a=1，@b=0，则下列各表达式中（   ）的值为 0。

    A. @a AND @b   B. @a OR @b   C. @a XOR @b   D. NOT@b

6. 要计算参数 X 的自然对数，应使用数学函数（   ）。

    A. LOG2(X)   B. EXP(X)   C. LOG10(X)   D. LN(X)

7. 要获取数字 N 的十六进制字符串表示形式，可以使用（   ）函数。

    A. BIN(N)   B. OCT(N)   C. HEX(N)   D. UNHEX(N)

8. 在日期格式化字符串说明符中，（   ）表示工作日英文名称的缩写。

    A. %a   B. @b   C. %c   D. %d

二、判断题

1. 布尔常量有两个值 TRUE 和 FALSE，TRUE 的数字值等于 1，FALSE 的数字值等于 0。（   ）

2. NULL 值与数字 0 是相同的。（   ）

3. 在 MySQL 中，用户变量的名称必须以符号@开头。（   ）

4. 用户变量可以在不同的客户端共享。（   ）

5. 使用 SELECT 语句为用户变量分配值时，赋值运算符必须使用"：="，而不能使用"="。（   ）

6. 设置全局变量的值时应使用 GLOBAL 关键字或@@global.前缀，也可以什么都不添加。（   ）

7. 设置会话变量的值时应使用 SESSION 关键字或@@session.前缀。（   ）

8. 如果用 SET 语句设置系统变量时不指定 GLOBAL 或 SESSION，则默认使用 GLOBAL。（   ）

9. 比较字符串时是不区分大小的，如果要区分大小写，则需要使用 BINARY 关键字。（   ）

10. CURRENT_ROLE()函数返回包含当前会话的当前活动角色，若无活动角色，则返回 NONE。

（   ）

三、操作题

1. 编写 SQL 语句，声明 3 个用语变量并对它们进行赋值，然后显示它们的值。

2. 编写 SQL 语句，显示所有全局变量的值。

3. 编写 SQL 语句，显示所有会话变量的值。

4. 编写 SQL 语句，利用三角函数计算 sin 30°、cos 45°、tan 60°的值。

5. 编写 SQL 语句，生成一个位于 0～100 之间的随机整数。

6. 编写 SQL 语句，计算字符串"MySQL 数据库"包含的字节数和字符数。

7. 编写 SQL 语句，将 3 个字符串连接成一个新的字符串。

8. 编写 SQL 语句，从字符串"MySQL 数据库管理与应用"中取出子串"数据库"。

9. 编写 SQL 语句，获取当前的日期和时间并用中文表示出来。

10. 编写 SQL 语句，查询软件专业学生的数学成绩，并将百分制成绩转换为等级制成绩，分级标准是：90～100 分为优秀，80～89 分为良好，70～79 分为中等，60～69 分为及格，60 分以下为不及格。

11. 编写 SQL 语句，使用 CAST()函数实现交叉表查询，用于检索数媒专业学生的数学、英语和平面设计三门课程的成绩。

12. 编写 SQL 语句，查询当前 MySQL 版本号、当前数据库、当前用户账户及当前会话的活动角色。

第6章　存储例程的创建

在 MySQL 中，存储例程是指那些存储在数据库中的过程式对象，包括存储过程、存储函数、触发器及事件。在存储例程的可执行部分既可以声明局部变量，也可以使用复合语句、循环语句、条件语句、错误处理程序及游标。通过在 MySQL 服务器端创建存储例程，可以减少网络传输，提高系统性能，确保数据库的安全性。本章讨论如何在 MySQL 中创建和使用各种类型的存储例程。

6.1　存储过程

存储过程是为了完成特定功能而编写的一组 SQL 语句的集合，作为对象保存在数据库中，通过指定名称并传入参数来调用存储过程，从而实现 SQL 代码的封装与重用。MySQL 从 5.0 版本开始支持存储过程。

6.1.1　创建存储过程

在 MySQL 中，使用 CREATE PROCEDURE 语句在数据库中创建一个存储过程，语法格式如下。

```
CREATE
[DEFINER = {用户 | CURRENT_USER }]
PROCEDURE 存储过程名称([参数[, ...]])
[特征 ...] 过程体

参数:
[ IN | OUT | INOUT ] 参数名称 数据类型

特征:
COMMENT '字符串'
| LANGUAGE SQL
| [NOT] DETERMINISTIC
```

```
    | { CONTAINS SQL | NO SQL | READS SQL DATA | MODIFIES SQL DATA }
    | SQL SECURITY { DEFINER | INVOKER }
```

DEFINER 子句指定在执行调用存储过程的语句检查访问权限时，要使用的 MySQL 用户账户。如果要为 DEFINER 子句指定用户值，则应该指定为一个 MySQL 账户，此时，可以使用以下 3 种形式：'用户名'@'主机名'、CURRENT_USER 和 CURRENT_USER()。DEFINER 的默认值是执行 CREATE PROCEDURE 语句的用户，这与显式指定 DEFINER= CURRENT_USER 效果相同。

在默认情况下，存储过程将存储在当前数据库中。如果要将存储过程与给定数据库关联起来，则应使用"数据库名称.存储过程名称"格式。如果所指定的存储过程名称与内置 SQL 函数名称一样，则会发生语法错误。

参数必须放在圆括号内，不同参数之间用逗号分隔。关键字 IN、OUT 和 INOUT 分别表示输入参数、输出参数和输入输出参数。输入参数将值传递给过程，该过程可能会修改该值，但过程返回时调用者看不到修改；输出参数将过程中的值传递回调用者，其初始值在过程中为 NULL，当过程返回时其值对调用者可见；输入输出参数由调用者进行初始化通过过程进行修改，在过程返回时调用者可以看到过程所做的任何更改。参数名称不区分大小写。参数的数据类型可以是任何有效的 MySQL 数据类型。

过程体可以包含任何有效的 SQL 例程语句，既可以使用简单的 SQL 语句（如 SELECT 或 INSERT），也可以使用 BEGIN ... END 复合语句并在其中包含局部变量声明、循环和其他流程控制语句。关于这些语句的使用方法，请参阅 6.2 节。

COMMENT 子句给出描述存储过程的信息，此信息可以由 SHOW CREATE PROCEDURE 语句显示。LANGUAGE 子句指定编写存储代码时所使用的语言，目前，仅支持 SQL 语言。

[NOT] DETERMINISTIC 指定存储过程执行的结果是否确定。DETERMINISTIC 表示结果是确定的，即存储过程对相同的输入参数总是产生相同的结果；NOT DETERMINISTIC 表示结果是不确定的，即对相同的输入参数有可能得到不同的结果。如果没有指定，则默认设置为 NOT DETERMINISTIC。

CONTAINS SQL 表示存储过程包含 SQL 语句，但不包含读写数据的语句。NO SQL 表示存储过程不包含 SQL 语句。READS SQL DATA 表示存储过程包含读数据的语句，但不包含写数据的语句。MODIFIES SQL DATA 表示存储过程包含写数据的语句。如果没有明确指定以上这些特征，则默认设置是 CONTAINS SQL。

SQL SECURITY 子句指定谁有权限来执行这个存储过程。DEFINER 表示只有存储过程创建者才能执行，这是默认设置；INVOKER 表示拥有权限的调用者可以执行。

【例 6.1】在学生成绩管理数据库中创建一个存储过程，用于获取所有学生的信息。

使用 mysql 客户端工具，连接到 MySQL 服务器上，然后输入以下语句。

```
mysql> USE sams;
```

```
mysql> DELIMITER //
mysql> CREATE PROCEDURE sp_student()
    BEGIN
        SELECT * FROM student_view;
    END//
mysql> DELIMITER ;
```

在本例中，创建的存储过程名称为 sp_student，它没有参数，但仍然要在存储过程名称后面写上圆括号，否则会出现错误。BEGIN ... END 是一个复合语句，在此处用来限定存储过程的过程体。MySQL 客户端命令"DELIMITER //"的作用是将语句结束符设置为双斜线"//"，因为在 MySQL 中默认的语句结束符是分号";"，为了避免与存储过程包含的语句结束符发生冲突，需要使用 DELIMITER 命令来更改语句结束符，并使用"END//"来结束存储过程。存储过程定义完成之后再使用"DELIMITER ;"恢复默认的语句结束符。

执行结果如图 6.1 所示。

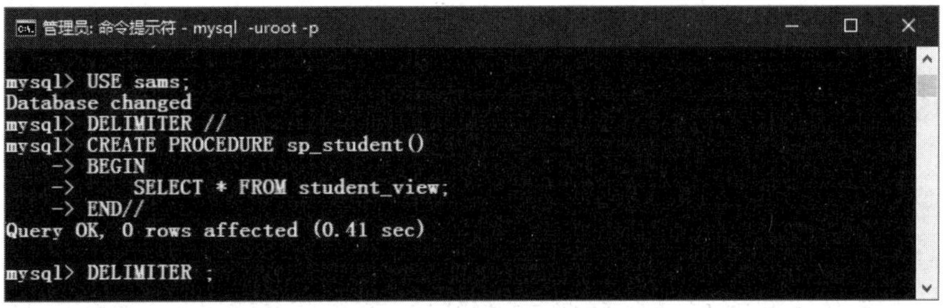

图 6.1　创建存储过程

6.1.2　调用存储过程

对于已创建的存储过程，可以使用 CALL 语句来调用，语法格式如下。

```
CALL 存储过程名称[()]
CALL 存储过程名称([参数[, ...]])
```

CALL 语句调用先前使用 CREATE PROCEDURE 定义的存储过程。在默认情况下，CALL 语句将调用包含在当前数据库中的存储过程。如果要调用包含在指定数据库中的存储过程，则应以"数据库名称.存储过程名称"格式来指定存储过程。

1. 调用无参存储过程

如果要调用的存储不带任何参数，则存储过程名称后面的圆括号可以省略。

【例 6.2】调用例 6.1 中创建的存储过程 sp_student。

使用 mysql 客户端工具，连接到 MySQL 服务器上，然后输入以下语句。

```
mysql> USE sams;
mysql> CALL sp_student;
```

在本例中，由于要调用的存储过程 sp1 不带参数，因此，使用 CALL 语句调用该存储过程时，过程名称后面的圆括号也可以省略，CALL sp_student 与 CALL sp_student()是等价的。

执行结果如图 6.2 所示。

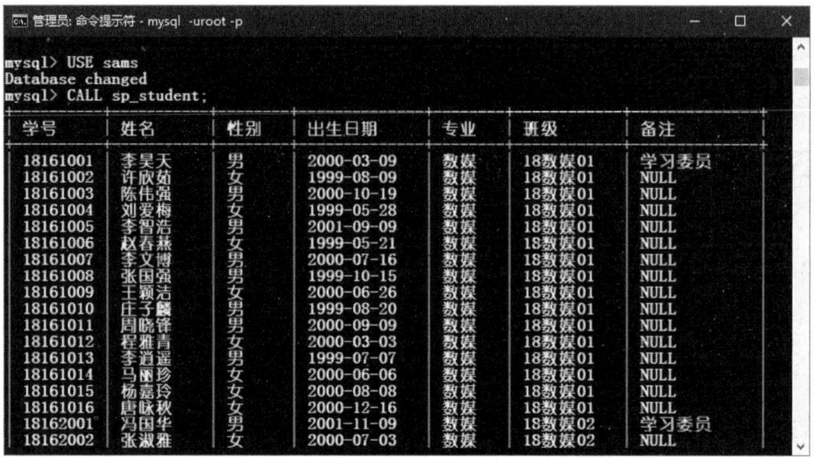

管理员: 命令提示符 - mysql -uroot -p

```
mysql> USE sams
Database changed
mysql> CALL sp_student;
```

学号	姓名	性别	出生日期	专业	班级	备注
18161001	李昊天	男	2000-03-09	数媒	18数媒01	学习委员
18161002	许欣茹	女	1999-08-09	数媒	18数媒01	NULL
18161003	陈伟强	男	2000-10-19	数媒	18数媒01	NULL
18161004	刘爱梅	女	1999-05-28	数媒	18数媒01	NULL
18161005	李智浩	男	2001-09-09	数媒	18数媒01	NULL
18161006	赵春燕	女	1999-05-21	数媒	18数媒01	NULL
18161007	李文博	男	2000-07-16	数媒	18数媒01	NULL
18161008	张国强	男	1999-10-15	数媒	18数媒01	NULL
18161009	王颖洁	女	2000-06-26	数媒	18数媒01	NULL
18161010	庄子麟	男	1999-08-20	数媒	18数媒01	NULL
18161011	周晓锋	男	2000-09-09	数媒	18数媒01	NULL
18161012	程雅青	女	2000-03-03	数媒	18数媒01	NULL
18161013	李逍遥	男	1999-07-07	数媒	18数媒01	NULL
18161014	马丽珍	女	2000-06-06	数媒	18数媒01	NULL
18161015	杨嘉玲	女	2000-08-08	数媒	18数媒01	NULL
18161016	唐咏秋	女	2000-12-16	数媒	18数媒01	NULL
18162001	冯国华	男	2001-11-09	数媒	18数媒02	学习委员
18162002	张淑雅	女	2000-07-03	数媒	18数媒02	NULL

图 6.2　调用无参存储过程

2. 调用带 IN 参数的存储过程

如果创建存储过程时定义了 IN 参数，则执行 CALL 语句时可以将常量、用户变量或其他表达式作为输入参数传入存储过程，然后，在存储过程中使用所传入的参数值。在 CALL 语句中，使用的输入参数应与创建存储过程时定义的 IN 参数数量相同，数据类型一致。

【例 6.3】 在学生成绩管理数据库中创建一个名为 sp_score_by_class_course 的存储过程，用于查询指定班级的指定课程成绩。

使用 mysql 客户端工具，连接到 MySQL 服务器上，然后输入以下语句。

```
mysql> USE sams;
mysql> DELIMITER //
mysql> CREATE PROCEDURE sp_score_by_class_course(IN class CHAR(6), IN course
VARCHAR(30))
      BEGIN
          SELECT * FROM st_sc_view
          WHERE 班级=class AND 课程=course;
      END//
mysql> DELIMITER ;
mysql> SET @class='18 软件 02', @course='MySQL 数据库';
mysql> CALL sp_score_by_class_course (@class, @course);
```

在本例中，创建存储过程 sp_score_by_class_course 时，为其定义了两个 IN 参数，它们的数据类型分别为 CHAR(6)和 VARCHAR(30)。当使用 CALL 语句调用该存储过程时，传入两个用户变量@class 和@course 作为参数，用于指定要查询的班级和课程。

执行结果如图 6.3 所示。

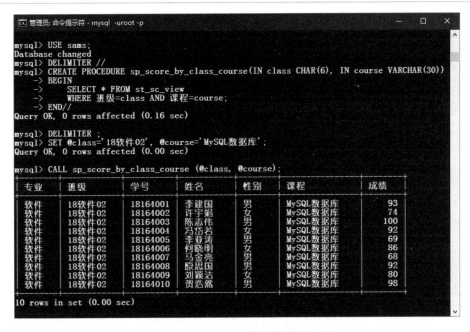

图 6.3　调用带 IN 参数的存储过程

3. 调用带 OUT 参数和 INOUT 参数的存储过程

当执行 CALL 语句时，可以将 OUT 参数或 INOUT 参数的值传回给调用者。要使用 OUT 或 INOUT 参数从存储过程中获取值，通过用户变量向存储过程传递参数，并在存储过程返回后检查和使用用户变量的值。

【例 6.4】在 test 数据库中创建一个名为 sp2 的存储过程，用于获取当前 MySQL 服务器版本并实现一个用户变量值的递增。

使用 mysql 客户端工具，连接到 MySQL 服务器上，然后输入以下语句。

```
mysql> USE test;
mysql> DELIMITER //
mysql> CREATE PROCEDURE sp2(OUT ver VARCHAR(25), INOUT inc INT)
    BEGIN
        # 设置 OUT 参数的值
        SELECT VERSION() INTO ver;
        # 增加 INOUT 参数的值
        SET inc=inc+1;
    END//
mysql> DELIMITER;
mysql> SET @increment=10;
mysql> CALL sp2(@version, @increment);
mysql> SELECT @version, @increment;
```

在本例中，创建存储过程 sp2 时为其定义了两个参数，其中，OUT 参数 ver 用于返回 MySQL 服务器版本，INOUT 参数 inc 用于实现值的递增。在调用该存储过程之前，对作为 INOUT 参数传递的用户变量@increment 进行初始化。在调用该存储过程时，传入两个用户变量@version 和@increment，分别对应于 OUT 参数 ver 和 INOUT 参数 inc，存储过程将对这两个用户变量的值进行设置或修改。在该存储过程返回后，使用 SELECT 语句查询这两个用户变量的值。

执行结果如图 6.4 所示。

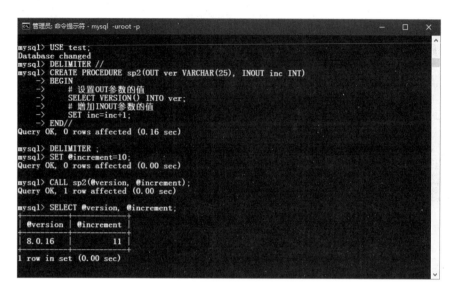

图 6.4　调用带 OUT 参数和 INOUT 参数的存储过程

【例 6.5】 在学生成绩管理数据库中创建一个名为 sp_class_score 的存储过程，用于查询指定班级在指定课程中的最高分、最低分和平均分。

使用 mysql 客户端工具，连接到 MySQL 服务器上，然后输入以下语句。

```
mysql> USE sams;
mysql> DELIMITER //
mysql> CREATE PROCEDURE sp_class_score(IN class CHAR(6), IN course
VARCHAR(30),
        OUT max_grade TINYINT, OUT min_grade TINYINT, OUT avg_grade
    TINYINT)
    BEGIN
        SELECT MAX(成绩), MIN(成绩), AVG(成绩)
            INTO max_grade, min_grade, avg_grade
        FROM st_sc_view
        WHERE 班级=class AND 课程=course
        GROUP BY 班级, 课程;
    END //
mysql> DELIMITER;
mysql> SET @class='18 网络 01';
mysql> SET @course='网页设计';
mysql> CALL sp_class_score(@class, @course, @max, @min, @avg);
mysql> SELECT @class AS 班级, @course AS 课程, @max AS 最高分,
    @min AS 最低分, @avg AS 平均分;
```

在本例中，创建存储过程 sp_class_score 时为它定义了 5 个参数，其中，两个 IN 参数用于接收班级和课程名称，3 个 OUT 参数分别用于返回最高分、最低分和平均分。在该存储过程中，通过执行 SELECT … INTO 语句将计算结果存储到 3 个 OUT 参数中。在调用该存储过程之前，用 SET 语句对用户变量@class 和@course 进行初始化，然后，将它们作为 IN 参数传入存储过程。

执行结果如图 6.5 所示。

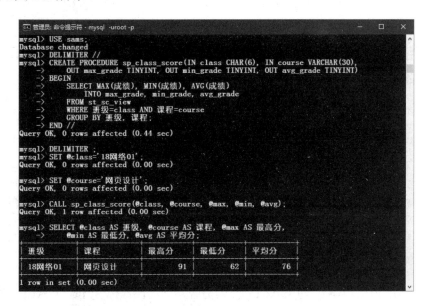

图 6.5　调用带有 IN 参数和 OUT 参数的存储过程

4. 在预处理语句中调用存储过程

MySQL 从版本 5.1 开始，提供对服务器端的预处理语句的支持。要使用预处理语句，可以通过以下 3 个 SQL 语句来实现。

（1）使用 PREPARE 语句准备一个 SQL 语句并为其分配一个名称 stmt_name，以便稍后引用该语句，语法格式如下。

```
PREPARE stmt_name FROM preparable_stmt;
```

其中，stmt_name 表示为 SQL 语句指定的名称；preparable_stmt 给出要命名的 SQL 语句，要用引号引起来。如果语句中包含参数，可以使用问号"？"作为占位符，不要对问号加引号。

（2）使用 EXECUTE 语句执行先前通过 PREPARE 命名的语句，语法格式如下。

```
EXECUTE stmt_name [USING @var_name [, @var_name] ...];
```

其中，stmt_name 表示先前使用 PREPARE 为 SQL 语句分配的名称。USING 子句指定一个与参数结合的用户变量列表。如果预处理语句包含任何参数占位符，则必须提供 USING 子句，用于列出一组用户变量，以便提供参数值。用户变量的数目必须与预处理语句中参数占位符的数目相等。

（3）使用 DEALLOCATE PREPARE 语句解除先前用 PREPARE 生成的预处理语句，语法格式如下。

```
{DEALLOCATE | DROP} PREPARE stmt_name
```

其中，stmt_name 表示先前用 PREPARE 为分配的预处理语句名称。通过执行 DEALLOCATE PREPARE 语句可以对一个预处理句解除分配，如果在解除分配后尝试执行一个预处理语句，则会导致错误。

在与 PREPARE 和 EXECUTE 一起使用的预处理的 CALL 语句中，占位符可以用于 IN 参数、OUT 参数和 INOUT 参数。

【例 6.6】使用预处理语句调用例 6.5 中创建的存储过程 sp_class_score，用于获取 18 数媒 02 班数字视频编辑课程的最高分、最低分和平均分。

使用 mysql 客户端工具，连接到 MySQL 服务器上，然后输入以下语句。

```
mysql> USE sams;
mysql> SET @class='18 数媒 02';
mysql> SET @course='数字视频编辑';
mysql> PREPARE stmt FROM 'CALL sp_class_score(?, ?, ?, ?, ?)';
mysql> EXECUTE stmt USING @class, @course, @max, @min, @avg;
mysql> SELECT @class AS 班级, @course AS 课程,
          @max AS 最高分, @min AS 最低分, @avg AS 平均分;
```

在本例中，使用 PREPARE 为 CALL 语句分配了一个名称 stmt，CALL 语句用于调用存储过程 sp_class_score，该过程带有两个 IN 参数和 3 个 OUT 参数，这些参数在预处理语句中均用问号占位符来表示。调用该存储过程之前，需要使用 SET 语句对作为 IN 参数传递的变量@class 和@course 进行初始化。当使用 EXECUTE 语句执行该预处理语句时，使用 USING 子句提供了包含 5 个用户变量的列表，其中，前面两个用户变量@class 和@course 用于@version 传入班级和课程名称，后面 3 个用户变量@max、@min 和@avg 分别用于接受通过查询得到的最高分、最低分和平均分。

执行结果如图 6.6 所示。

图 6.6   在预处理语句中调用存储过程

6.1.3　修改存储过程

对于已存在的存储过程，可以使用 ALTER PROCEDURE 语句对其特征进行修改，语法格式如下。

```
ALTER PROCEDURE 存储过程名称 [特征 ...]
特征:
COMMENT '字符串'
| LANGUAGE SQL
| { CONTAINS SQL | NO SQL | READS SQL DATA | MODIFIES SQL DATA }
| SQL SECURITY { DEFINER | INVOKER }
```

其中，各个特征的作用与 CREATE PROCEDURE 语句相同，请参阅 6.1.1 节中的说明，这里不再重复叙述。

ALTER PROCEDURE 语句可以用于更改存储过程的特征。使用时，可以在这个语句中同时指定多个更改，但是，无法使用此语句更改存储过程的参数或其过程体。如果要进行这样的修改，必须使用 DROP PROCEDURE 语句删除该过程，然后，使用 CREATE PROCEDURE 语句重新创建该过程。

修改存储过程必须具有该过程的 ALTER ROUTINE 权限。在默认情况下，该权限自动授予过程创建者。也可以通过禁用 automatic_sp_privileges 系统变量来更改此行为。

【例 6.7】在 test 数据库中，修改 sp1 存储过程的特征，为其添加注释并指定该过程不包含读写数据的 SQL 语句。

使用 mysql 客户端工具，连接到 MySQL 服务器上，然后输入以下语句。

```
mysql> USE test;
mysql> ALTER PROCEDURE sp1
    COMMENT '此存储过程用于返回服务器版本并实现值递增'
    CONTAINS SQL;
```

执行结果如图 6.7 所示。

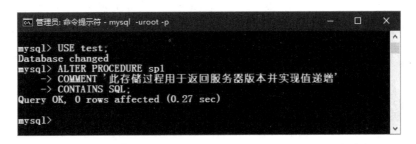

图 6.7　修改存储过程的特征

6.1.4 删除存储过程

对于不需要的存储过程，可以使用 DROP PROCEDURE 语句将其从数据库中删除，语法格式如下。

```
DROP PROCEDURE [IF EXISTS] 存储过程名称
```

这个语句可用于删除存储过程，即从服务器中删除指定的例程。要使用这个语句，必须拥有该过程的 ALTER ROUTINE 权限。如果启用了 automatic_sp_privileges 系统变量，则在创建过程时，会自动将该特权和 EXECUTE 权限授予过程的创建者，并在过程被删除时从创建者中删除。

IF EXISTS 子句是 MySQL 扩展。如果存储过程不存在，使用该子句可以防止发生错误。

【例 6.8】在 test 数据库中删除 sp1 存储过程。

使用 mysql 客户端工具，连接到 MySQL 服务器上，然后输入以下语句。

```
mysql> USE test;
mysql> DROP PROCEDURE sp1;
```

执行结果如图 6.8 所示。

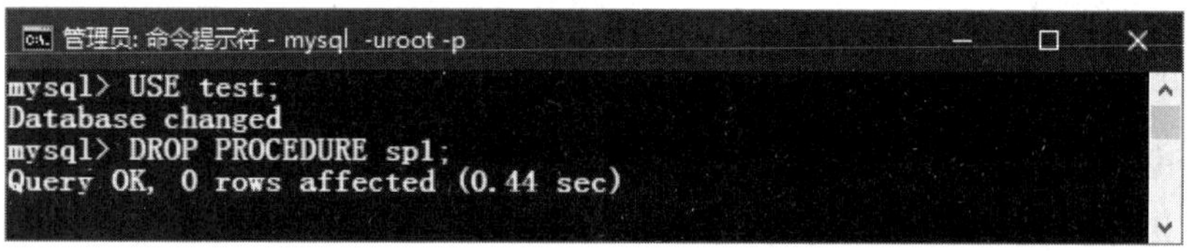

```
管理员: 命令提示符 - mysql -uroot -p
mysql> USE test;
Database changed
mysql> DROP PROCEDURE sp1;
Query OK, 0 rows affected (0.44 sec)
```

图 6.8　删除 sp1 存储过程

6.2　编写例程语句

MySQL 存储例程的可执行部分都可以用 BEGIN ... END 复合语句来限定，在这个复合语句中，可以编写各种各样的 SQL 语句，以实现所需要的功能。相关 SQL 语句的使用方法，主要包括复合语句、声明局部变量、条件语句、循环语句、错误处理程序和游标等。

6.2.1 复合语句

在编写存储例程时，可以使用 BEGIN ... END 复合语句来包含多个语句，语法格式如下。

```
[开始标签:] BEGIN
[语句列表]
```

```
END [结束标签]
```

其中，语句列表可以包含一个或多个语句，每个语句都必须用分号";"来结束。复合语句可以使用标签来标记。例如：

```
lable1: BEGIN
    USE test;
    SHOW TABLES;
    ...
END label1
```

使用多重语句需要客户端能发送包含语句定界符";"的查询字符串。这个符号在命令行客户端被用 DELIMITER 命令来处理，即对语句结束符";"进行修改，如可以更改为"//"，这样就使得默认的语句结束符";"还可以用在子程序体中使用。

除了 BEGIN ... END 之外，标签也可以于 LOOP、REPEAT 和 WHILE 语句。

在语句中使用标签时，应遵循以下规则：开始标签后面必须跟冒号；开始标签可以在没有结束标签的情况下给出，但如果存在结束标签 1，则它必须与开始标签相同；如果没有开始标签，则无法给出结束标签；同一嵌套级别的标签必须是不同的；标签的最大长度可以达到 16 个字符。

6.2.2　声明局部变量

在存储例程中，可以声明并使用变量，这样的变量称为局部变量。在 MySQL 中，既可以使用 DECLARE 语句来声明局部变量，也可以使用 SET 语句来设置局部变量的值，此外，还可以使用 SELECT ... INTO 语句将列值存储到局部变量中。

1. 使用 DECLARE 语句声明局部变量

在存储例程中，可以使用 DECLARE 语句来声明局部变量，语法格式如下。

```
DECLARE 变量名[, ...] 类型 [DEFAULT 值]
```

使用 DECLARE 语句声明局部变量时，需要指定变量的名称和数据类型，还可以给变量提供一个默认值。与用户变量不同，在命名局部变量时，不要以@符号开头。

DEFAULT 子句用于给局部变量提供一个默认值，该默认值可以指定为一个表达式。如果没有 DEFAULT 子句，则变量的初始值为 NULL。

局部变量的作用范围是在它被声明的 BEGIN ... END 语句块内。局部变量可以被用在嵌套的语句块中，除了那些声明同名变量的语句块。

【例 6.9】在 test 数据库中创建名为 sp3 的存储过程，使用 DECLARE 语句声明局部变量。

使用 mysql 客户端工具，连接到 MySQL 服务器上，然后输入以下语句。

```
mysql> USE test;
```

```
mysql> DELIMITER //
mysql> CREATE PROCEDURE sp3()
        BEGIN
            DECLARE a INT DEFAULT 200*3;
            DECLARE b FLOAT DEFAULT SQRT(2);
            DECLARE c TINYINT;
            DECLARE d CHAR(5) DEFAULT 'MySQL';
            DECLARE e VARCHAR(10) DEFAULT CONCAT('MySQL', '数据库');
            SELECT a, b, c, d, e;
        END//
mysql> DELIMITER ;
mysql> CALL sp3;
```

在本例中，创建存储过程 sp3 时声明了 5 个局部变量，即 a、b、c、d 和 e。除了局部变量 c 外，其他 4 个局部变量都指定了默认值。使用 SELECT 语句查询变量值，只有局部变量 c 的值为 NULL，其他局部变量的值均为默认值。

执行结果如图 6.9 所示。

图 6.9 声明和使用局部变量

2. 使用 SET 语句设置局部变量

在存储例程中，可以使用 SET 语句来设置一个或多个变量的值，语法格式如下。

```
SET 变量=表达式[, 变量=表达式] ...
```

其中，变量既可以是子程序内声明的局部变量，也可以是用户变量或系统变量。在存储例程中，使用的 SET 语句是一般 SET 语句的扩展版本，它允许使用 SET a=x, b=y, ...这样的扩展语法。

【例 6.10】在 test 数据库中创建名为 sp4 的存储过程，使用 SET 语句设置变量的值。

使用 mysql 客户端工具，连接到 MySQL 服务器上，然后输入以下语句。

```
mysql> USE test;
```

```
mysql> DELIMITER //
mysql> CREATE PROCEDURE sp4()
          BEGIN
              DECLARE x, y, z INT;
              SET x=2, y=8;
              SET z=POWER(x, y);
              SELECT x, y, z;
          END//
mysql> DELIMITER ;
mysql> CALL sp4;
```

在本例中，首先，使用 DECLARE 语句声明了 3 个局部变量，然后，使用 SET 语句对这些变量的值进行设置，最后，使用 SELECT 语句查询这些变量的值。

执行结果如图 6.10 所示。

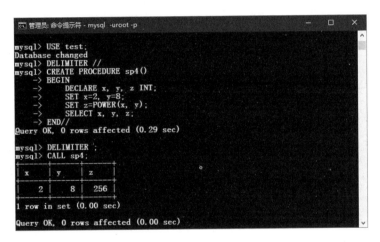

图 6.10 使用 SET 语句设置变量的值

3. 使用 SELECT ... INTO 语句将列值存储到局部变量中

在存储例程中，可以使用 SELECT ... INTO 语句从表中查询并将列值存储到一组变量中，语法格式如下。

```
SELECT 列名[, ...] INTO 变量名[, ...] FROM 表名
```

使用这种形式的 SELECT 语句，可以将选定的列直接存储到局部变量或用户变量中。因此，只能取回单一的行。例如：

```
SELECT id, data INTO x,y FROM test.t1 LIMIT 1;
```

局部变量名不能与列名一样。如果 SELECT ... INTO 语句包含一个对列的引用，同时，包含一个与列同名的局部变量，则 MySQL 将列引用解释为一个变量名。

【例 6.11】在学生成绩管理数据库中，创建一个名为 sp_find_highest_score 的存储过程，用于查询给定课程成绩最高的学生并列出其专业、班级、学号、姓名和给定课程成绩。

使用 mysql 客户端工具，连接到 MySQL 服务器上，然后输入以下语句。

```
mysql> USE sams;
mysql> DELIMITER //
mysql> CREATE PROCEDURE sp_find_highest_score
    (IN course VARCHAR(30), OUT major CHAR(2), OUT class CHAR(6),
    OUT stuid CHAR(8), OUT stuname VARCHAR(10), OUT score TINYINT)
    BEGIN
        SELECT 专业, 班级, 学号, 姓名, 课程, 成绩 INTO major,
        class, stuid, stuname, course, score
        FROM st_sc_view
        WHERE 课程=course AND 成绩=(SELECT MAX(成绩) FROM st_sc_view WHERE
        课程=course)
        LIMIT 1;
    END//
mysql> DELIMITER ;
mysql> SET @course='英语';
mysql> PREPARE stmt FROM 'CALL sp_find_highest_score(?, ?, ?, ?, ?, ?)';
mysql> EXECUTE stmt USING @course, @major, @class, @stuid, @stuname, @score;
mysql> SELECT @major AS 专业, @class AS 班级, @stuid AS 学号,
        @stuname AS 姓名, @course AS 课程, @score AS 成绩;
```

在本例中，创建存储过程 sp_find_highest_score 时定义了 6 个参数，其中，一个 IN 参数用于传入要查询的课程名称，其他参数均为 OUT 参数，分别用于返回所查询到的学生信息，包括专业、班级、学号、姓名和成绩。在该存储过程的过程体中，使用 SELECT ... INTO 语句将查询到的列值分别存储到相应的 OUT 参数中。通过预处理语句调用该存储过程时使用 6 个问号占位符来表示各个参数，在 EXECUTE 语句的 USING 子句中列出了相应的用户变量，在执行存储过程之前，用 SET 语句对作为 IN 参数传入的用户变量@course 设置了初始值。

执行结果如图 6.11 所示。

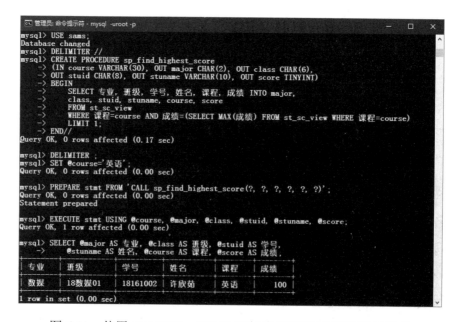

图 6.11　使用 SELECT ... INTO 语句将列值存储到局部变量中

6.2.3　条件语句

条件语句可以用来判断给定条件是否满足条件要求，并根据判断结果来执行不同的语句，从而实现程序中的选择结构。MySQL 提供了两种条件语句，即 IF 语句和 CASE 语句。这两种条件语句的使用方法如下。

1. IF 语句

在存储例程中，可以使用 IF 语句来实现一个基本的选择结构，语法格式如下。

```
IF 条件 THEN
    语句序列
[ELSEIF 条件 THEN
    语句序列]
 ...
[ELSE
    语句序列]
END IF
```

IF 语句的执行流程是：首先对 IF 后面的条件表达式进行计算，如果计算结果为真，则执行 THEN 后面的语句序列；否则计算 ELSEIF 后面的条件，如果计算结果为真，则执行相应的 THEN 后面的语句序列，以此类推。如果所有条件都不为真，则执行 ELSE 子句中的语句序列。语句序列可以包含一个或多个语句，不允许使用空的语句序列。

> 注意：MySQL 也提供了一个 IF()函数，不同于这里描述的 IF 语句。IF()函数是一个流程控制函数，其功能是根据条件是否为真而返回不同的值；IF 语句则是一个流程控制语句，其功能是根据条件是否为真而执行不同的语句序列。

【例 6.12】在 test 数据库中创建一个名为 solving_quadratic_equation 的存储过程，其功能是根据二次项系数 a、一次项系数 b 和常数项 c 的值，在实数范围内求解一元二次方程 $ax^2+bx+c=0$。

使用 mysql 客户端工具，连接到 MySQL 服务器上，然后输入以下语句。

```
mysql> EXECUTE stmt USING @a, @b, @c, @result;
mysql> SELECT @result;
mysql> SET @a=10, @b=3, @c=6;
mysql> EXECUTE stmt USING @a, @b, @c, @result;
mysql> SELECT @result;
```

执行结果如图 6.12 所示。

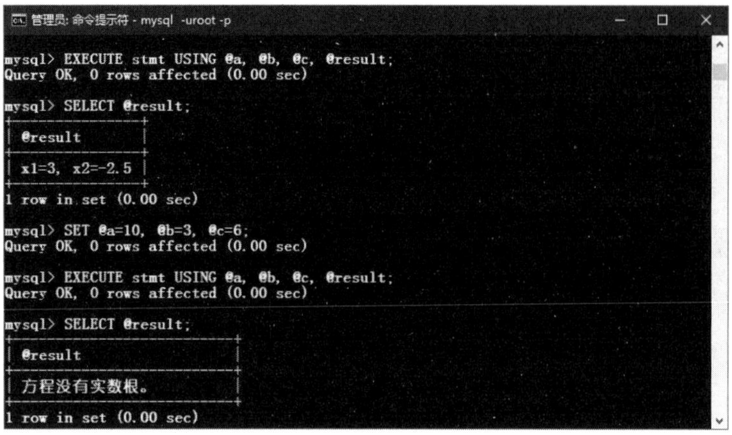

图 6.12 求解一元二次方程

2. CASE 语句

CASE 语句有以下两种语法格式。

（1）将一个输入表达式的值与一组匹配表达式的值进行比较以确定要执行的语句序列，语法格式如下。

```
CASE 输入表达式
    WHEN 匹配表达式 THEN
        语句序列
    [WHEN 匹配表达式 THEN
        语句序列]
    ...
    [ELSE
        语句序列]
END CASE
```

执行这种格式的 CASE 语句时，首先，计算 CASE 后面的输入表达式的值，然后，将该值与第一个 WHEN 关键字后面的匹配表达式进行比较，如果两者相等，则执行第一个 THEN 后面的语句序列；否则与第二个 WHEN 匹配表达式进行比较，如果两者相等，则执行相应的 THEN 后面的语句序列，以此类推。如果 WHEN 输入表达式的值与任何 WHEN 匹配表达式的值都不相等，则执行 ELSE 关键字后面的语句序列。

【例 6.13】在 test 数据库中创建一个名为 get_week_name 的存储过程，用于获取中英文形式的工作日名称。

使用 mysql 客户端工具，连接到 MySQL 服务器上，然后输入以下语句。

```
mysql> USE test;
mysql> DELIMITER //
mysql> CREATE PROCEDURE get_week_name(IN date DATE, OUT wname VARCHAR(18))
        BEGIN
            DECLARE en_week VARCHAR(10) DEFAULT DAYNAME(date);
            DECLARE chn_week CHAR(3);
            CASE WEEKDAY(date)
```

```
                WHEN 0 THEN
                    SET chn_week='星期一';
                WHEN 1 THEN
                    SET chn_week='星期二';
                WHEN 2 THEN
                    SET chn_week='星期三';
                WHEN 3 THEN
                    SET chn_week='星期四';
                WHEN 4 THEN
                    SET chn_week='星期五';
                WHEN 5 THEN
                    SET chn_week='星期六';
                WHEN 6 THEN
                    SET chn_week='星期日';
            END CASE;
            SET wname=CONCAT_WS('......', chn_week, en_week);
        END//
mysql> DELIMITER ;
mysql> SET @today='2019-10-01';
mysql> PREPARE stmt FROM 'CALL get_week_name(?, ?)';
mysql> EXECUTE stmt USING @today, @wname;
mysql> SELECT CONCAT(@today, ' ', @wname);
```

在本例中，创建存储过程 get_week_name 时定义了两个参数，第一个参数是 IN 参数，用于传入一个日期；第二个参数是 OUT 参数，用于返回所生成的中英文工作日名称。

执行结果如图 6.13 所示。

图 6.13　获取中英文形式的工作日名称

（2）计算一组表达式的值以确定要执行的语句序列，语法格式如下。

```
CASE
    WHEN 条件 THEN
        语句序列
    [WHEN 条件 THEN
        语句序列]
    ...
[ELSE
    语句序列]
END CASE
```

执行这种格式的 CASE 语句时，首先计算第一个 WHEN 关键字后面条件的值，如果该值为 TRUE，则执行第一个 THEN 后面的语句序列；否则计算第二个 WHEN 条件的值。如果该值为 TRUE，则执行相应的 THEN 后面的语句序列，以此类推。如果所有条件均为 FALSE，则执行 ELSE 后面的语句序列。

> **注意**：MySQL 提供了一个 CASE()函数，但不同于这里描述的 CASE 语句。CASE()函数是一个流程控制函数，其功能是不同的条件返回不同的值；CASE 语句则是一个流程控制语句，其功能是根据不同条件执行不同语句序列。

【例 6.14】在学生成绩管理数据库中创建一个名为 sp_get_score_grade 的存储过程，其功能是根据学号和课程查询学生成绩，并将百分制成绩转换为不同的等级。

使用 mysql 客户端工具，连接到 MySQL 服务器上，然后输入以下语句。

```
mysql> USE sams;
mysql> DELIMITER //
mysql> CREATE PROCEDURE sp_get_score_grade
    (IN stuid CHAR(8), IN course VARCHAR(30), OUT stuname VARCHAR(10),
        OUT score TINYINT, OUT grade VARCHAR(3))
    BEGIN
        SELECT 姓名, 成绩 INTO stuname, score
        FROM st_sc_view
        WHERE 学号=stuid AND 课程=course
        LIMIT 1;
        CASE
            WHEN score<60 THEN SET grade='不及格';
            WHEN score BETWEEN 60 AND 69 THEN SET grade='及格';
            WHEN score BETWEEN 70 AND 79 THEN SET grade='中等';
            WHEN score BETWEEN 80 AND 89 THEN SET grade='良好';
            WHEN score>=90 THEN SET grade='优秀';
        END CASE;
    END//
```

```
mysql> DELIMITER ;
mysql> SET @stuid='18161006', @course='平面设计';
mysql> PREPARE stmt FROM 'CALL sp_get_score_grade(?, ?, ?, ?, ?)';
mysql> EXECUTE stmt USING @stuid, @course, @stuname, @scoret, @grade;
mysql> SELECT @stuid AS 学号, @stuname AS 姓名,
       @course AS 课程, @score AS 成绩, @grade AS 等级;
```

在本例中，创建存储过程 sp_get_score_grade 时定义了 5 个参数，其中，前面两个参数为 IN 参数，分别用于传入学号和课程，后面 3 个参数为 OUT 参数，分别用于返回姓名、成绩和成绩等级。在创建存储过程中，用 CASE 语句将百分制成绩转换为不同的等级。

执行结果如图 6.14 所示。

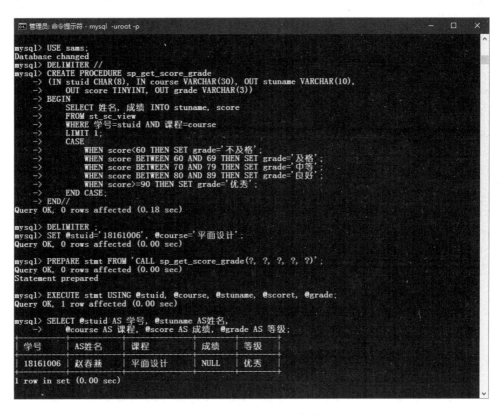

图 6.14　查询学生成绩等级

6.2.4　循环语句

循环语句的功能是在给定条件下重复执行一组语句，其中，给定的条件称为循环条件，重复执行的这组语句称为循环体。MySQL 提供了 3 种循环语句，即 WHILE 语句、REPEAT 语句和 LOOP 语句。这些循环语句的使用方法如下。

1. WHILE 语句

WHILE 语句的功能在循环条件为真时重复执行一组语句，语法格式如下。

```
[开始标签:]  WHILE  条件  DO
    语句序列
END WHILE  [结束标签]
```

WHILE 语句的执行流程如下：首先，计算 WHILE 关键字后面的循环条件的值，如果该值为真，则执行一次 DO 关键字后面的语句序列（循环体）；然后，再次计算循环条件的值；如果该值仍为真，则继续执行循环体，以此类推；直至循环条件变为假，结束循环。

WHILE 语句可以使用标签进行标注。只有存在开始标签，才能使用结束标签。如果两者都存在，则它们必须相同。

【例 6.15】在 test 数据库中创建一个名为 do_while 的存储过程，用于计算 1000 以内的自然数相加的和。

使用 mysql 客户端工具，连接到 MySQL 服务器上，然后输入以下语句。

```
mysql> SET @count=1000;
mysql> PREPARE stmt FROM 'CALL do_while(?, ?)';
mysql> EXECUTE stmt USING @count, @sum;
mysql> SELECT @sum;
```

执行结果如图 6.15 所示。

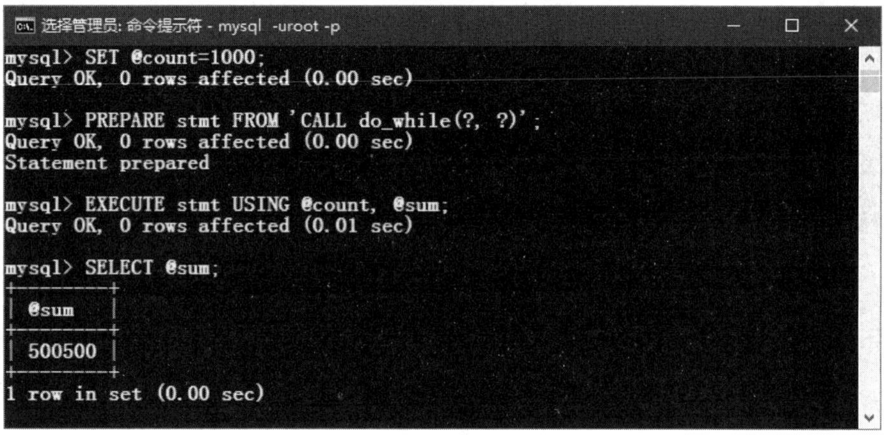

图 6.15　计算 1000 以内的自然数相加的和

2. REPEAT 语句

REPEAT 语句的功能是当给定条件为假时重复执行一组语句，语法格式如下。

```
[开始标签:]  REPEAT
    语句序列
UNTIL  条件
END REPEAT  [结束标签]
```

REPEAT 语句的执行流程如下：首先，执行一次循环体内的语句序列（循环体），然后，计算 UNTIL 关键字后面的条件表达式的值，如果该值为假，则继续执行循环体，以此类推；

直至条件表达式变为真，结束循环。REPEAT 语句可以使用标签进行标注。除非存在开始标签，结束标签才能使用。如果两者都存在，则它们必须是一样的。

> 注意：REPEAT 语句与 WHILE 语句虽然都可以实现重复执行一组语句的功能，但两者的用法有明显区别。在 WHILE 语句中，条件是执行循环的条件，它位于循环开头，其特点是先判断后执行，条件为真则执行一次循环体，条件为假则结束循环，循环体有可能连一次也不执行。在 REPEAT 语句中，条件是结束循环的条件，它位于循环结尾，其特点是先执行后判断，条件为假则执行一次循环体，条件为真则结束循环，循环体至少会执行一次。

【例 6.16】在 test 数据库中创建一个名为 repeat_until 的存储过程，用于计算 1000 以内的奇数相加的和。

使用 mysql 客户端工具，连接到 MySQL 服务器上，然后输入以下语句。

```
mysql> SET @count=1000;
mysql> PREPARE stmt FROM 'CALL repeat_until(?, ?)';
mysql> EXECUTE stmt USING @count, @sum;
mysql> SELECT @sum;
```

执行结果如图 6.16 所示。

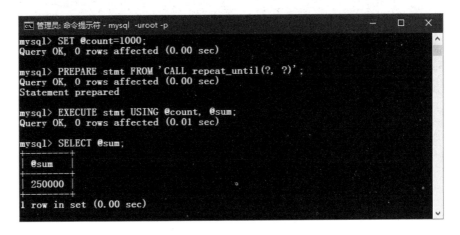

图 6.16　计算 1000 以内的奇数相加的和

3. LOOP 语句

LOOP 语句用于无条件重复执行一组语句，语法格式如下。

```
[开始标签:] LOOP
    语句序列
END LOOP [结束标签]
```

LOOP 语句用于实现一个简单的循环结构，可以一直重复执行循环体内的语句，直至退出循环。LOOP 语句可以使用标签进行标注。

LOOP 语句本身并不能进行条件判断。要退出循环，通常需要在循环体内使用一个 IF 语

句，当给出条件为真时执行一个 LEAVE 语句，从而结束循环体的执行。LEAVE 语句用于退出任何被标注的流程控制结构，它与 BEGIN ... END 或循环一起被使用，语法格式如下。

```
LEAVE 标签
```

在循环语句中，还可以与 IF 语句一起使用 ITERATE 语句，当给出条件为真时，提前结束本轮循环，继续执行下一轮循环，语法格式如下。

```
ITERATE 标签
```

【例 6.17】在 test 数据库中，创建一个名为 loop_leave_iterete 的存储过程，用于计算 1000 以内的偶数相加的和。

使用 mysql 客户端工具，连接到 MySQL 服务器上，然后输入以下语句。

```
mysql> SET @count=1000;
mysql> PREPARE stmt FROM 'CALL loop_leave_iterete(?, ?)';
mysql> EXECUTE stmt USING @count, @sum;
mysql> SELECT @sum;
```

执行结果如图 6.17 所示。

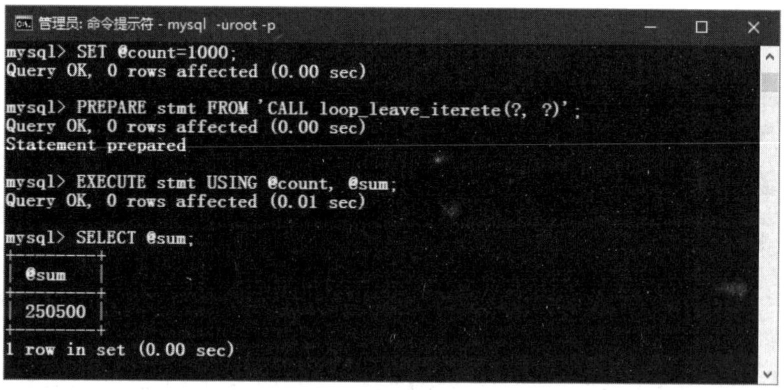

```
管理员: 命令提示符 - mysql  -uroot -p                                      —    □    ×
mysql> SET @count=1000;
Query OK, 0 rows affected (0.00 sec)

mysql> PREPARE stmt FROM 'CALL loop_leave_iterete(?, ?)';
Query OK, 0 rows affected (0.00 sec)
Statement prepared

mysql> EXECUTE stmt USING @count, @sum;
Query OK, 0 rows affected (0.01 sec)

mysql> SELECT @sum;
+--------+
| @sum   |
+--------+
| 250500 |
+--------+
1 row in set (0.00 sec)
```

图 6.17　计算 1000 以内的偶数相加的和

6.2.5　错误处理程序

在存储例程中，执行 SQL 语句可能会出现某种错误，例如，查询数据时指定的列或表不存在、插入数据时出现主键值重复等。在这种情况下，MySQL 将停止执行程序并给出一个错误代码和 SQLSTATE 代码。为了保证程序正常运行，可以命名错误条件并指定相应的处理程序。

1. 命名条件

当访问服务器出现错误时，通过 MySQL 程序可以访问几种类型的错误信息。例如，mysql 客户端工具使用以下格式显示错误信息。

```
mysql> SELECT * FROM no_such_table;
ERROR 1146 (42S02): Table 'test.no_such_table' doesn't exist
```

这里显示的消息包含以下 3 种类型。

- 数字错误代码（1146）：这个数字特定于 MySQL，不可移植到其他数据库系统。
- 5 个字符的 SQLSTATE 值（'42S02'）：这些字符串值取自 ANSI SQL 和 ODBC，而且更加标准化。不过，并非所有 MySQL 错误号都具有相应的 SQLSTATE 值，在这种情况下，使用'HY000'（一般性错误）来表示。
- 消息字符串：提供错误的文本描述。要对发生的错误进行检查，应当使用错误代码，而不是错误消息。

MySQL 提供了大量的错误代码，在新版本中还会增加新的错误代码。为了使错误处理程序更容易理解，可以使用 DECLARE ... CONDITION 语句来命名错误条件，语法格式如下。

```
DECLARE 条件名称 CONDITION FOR 条件值
条件值：
MySQL 错误代码 | SQLSTATE [VALUE] SQLSTATE 值
```

使用 DECLARE ... CONDITION 语句可以声明一个命名错误条件，从而将指定的名称与需要特定处理的条件关联起来。在随后的 DECLARE ... HANDLER 语句中，可以引用该名称。条件声明必须出现在游标或处理程序声明之前。

其中，条件值用于指定与条件名称相关联的特定条件或条件类别，它可以采取以下形式。

- MySQL 错误代码：表示 MySQL 错误代码的整数常量。例如，MySQL 错误代码 1146 表示"Table doesn't exist"（表不存在）。不要使用 MySQL 错误代码 0，因为它表示成功而不是错误条件。
- SQLSTATE [VALUE] 状态值：由 5 个字符组成的字符串常量，表示 SQLSTATE 值。例如 SQLSTATE 值 '42S02' 表示"Table doesn't exist"。不要使用以'00'开头的 SQLSTATE 值，因为它们表示成功而不是错误条件。

2. 声明处理程序

使用 DECLARE ... HANDLER 语句为处理一个或多个条件指定处理程序，语法格式如下。

```
DECLARE 处理程序操作 HANDLER FOR 条件值[, 条件值] ...
处理语句
处理程序操作：
CONTINUE | EXIT | UNDO
条件值：
MySQL 错误代码 | SQLSTATE [VALUE] SQL 状态值
|条件名称 | SQLWARNING | NOT FOUND | SQLEXCEPTION
```

如果出现上述错误条件之一，则执行指定的处理语句。处理语句既可以是一个简单的语句，如 SET var_name = value，也可以是使用 BEGIN 和 END 编写的复合语句。处理程序声明

必须出现在变量或条件声明之后。

其中，处理程序操作用于指定执行处理语句后执行的操作。可以是下列两种形式之一：CONTINUE 表示继续执行当前程序直到结束；EXIT 表示执行终止于声明处理程序的 BEGIN ... END 复合语句，即使条件发生在内部块中也是如此，EXIT 是默认设置；UNDO 目前不支持。

条件值表示激活处理程序的特定条件或条件类型，它可以采取下列形式之一。

- MySQL 错误代码：如 1054 表示未知列。
- SQLSTATE [VALUE] 状态值：如 SQLSTATE '42S02' 表示表不存在。
- 条件名称：先前使用 DECLARE ... CONDITION 语句指定的条件名称。
- SQLWARNING：所有以 "01" 开头的 SQLSTATE 值的简写。
- NOT FOUND：所有以 "02" 开头的 SQLSTATE 值的简写，与游标上下文相关。
- SQLEXCEPTION：所有不以 "00" "01" 或 "02" 开头的 SQLSTATE 值的简写。

下面给出声明处理程序的几种常见格式。

（1）基于 MySQL 错误代码命名一个条件，并在声明处理程序时引用该名称。

```
DECLARE no_such_table CONDITION FOR 1146;
DECLARE CONTINUE HANDLER FOR no_such_table
BEGIN
    -- 处理程序代码
END;
```

（2）基于 SQLSTATE 值命名一个错误条件，并在声明处理程序时引用该名称。

```
DECLARE no_such_table CONDITION FOR SQLSTATE '42S02';
DECLARE CONTINUE HANDLER FOR no_such_table
BEGIN
    -- 处理程序代码
END;
```

（3）基于 SQLWARNING 条件声明处理程序。

```
DECLARE CONTINUE HANDLER FOR SQLWARNING
BEGIN
    -- 处理程序代码
END;
```

（4）基于 NOT FOUND 条件声明处理程序。

```
DECLARE CONTINUE HANDLER FOR NOT FOUND
BEGIN
    -- 处理程序代码
END;
```

（5）基于 SQLEXCEPTION 条件声明处理程序。

```
DECLARE CONTINUE HANDLER FOR SQLEXCEPTION
```

```
BEGIN
    -- 处理程序代码
END;
```

如果发生没有声明处理程序的条件，则采取的操作取决于条件类别。

- 对于 SQLEXCEPTION 条件，存储例程终止于引发条件的语句，就像有一个 EXIT 处理程序一样。如果该程序被另一个存储例程调用，则调用程序使用应用于其自身的处理程序来选择处理该条件的规则。
- 对于 SQLWARNING 条件，程序继续执行，就像有一个 CONTINUE 处理程序一样。
- 对于 NOT FOUND 条件，如果条件正常发生，则操作为 CONTINUE。如果它是由 SIGNAL 或 RESIGNAL 引发的，则操作是 EXIT。

【例 6.18】在 test 数据库中创建一个名为 demo 的表，然后，创建一个名为 handlerdemo 的存储过程，使用 SQLSTATE '23000' 的处理程序来处理重复主键错误。

使用 mysql 客户端工具，连接到 MySQL 服务器上，然后输入以下语句。

```
mysql> USE test;
mysql> CREATE TABLE demo (col1 INT PRIMARY KEY);
mysql> DELIMITER //
mysql> CREATE PROCEDURE handlerdemo()
       BEGIN
           DECLARE CONTINUE HANDLER FOR SQLSTATE '23000' SET @x2=1;
           SET @x=1;
           INSERT INTO demo VALUES (111);
           SET @x=2;
           INSERT INTO demo VALUES (111);
           SET @x=3;
       END//
mysql> DELIMITER ;
mysql> CALL handlerdemo();
mysql> SELECT @x;
```

在本例中，在数据库中创建 demo 表时设置了 PRIMARY KEY 约束。在这种情况下，如果没有使用 DECLARE ... HANDLER 语句指定处理程序，则由于 PRIMARY KEY 约束，MySQL 将在第二次 INSERT 失败后采取默认操作（EXIT），此时 SELECT @x 将返回 2。但本例中，使用 DECLARE ... HANDLER 语句指定了处理程序，在执行存储过程后用户变量@x 为 3，表示在错误发生后仍继续执行到过程结束。

执行结果如图 6.18 所示。

要忽略一个条件，可以为其声明一个 CONTINUE 处理程序并将其与空块关联。例如：

```
DECLARE CONTINUE HANDLER FOR SQLWARNING BEGIN END;
```

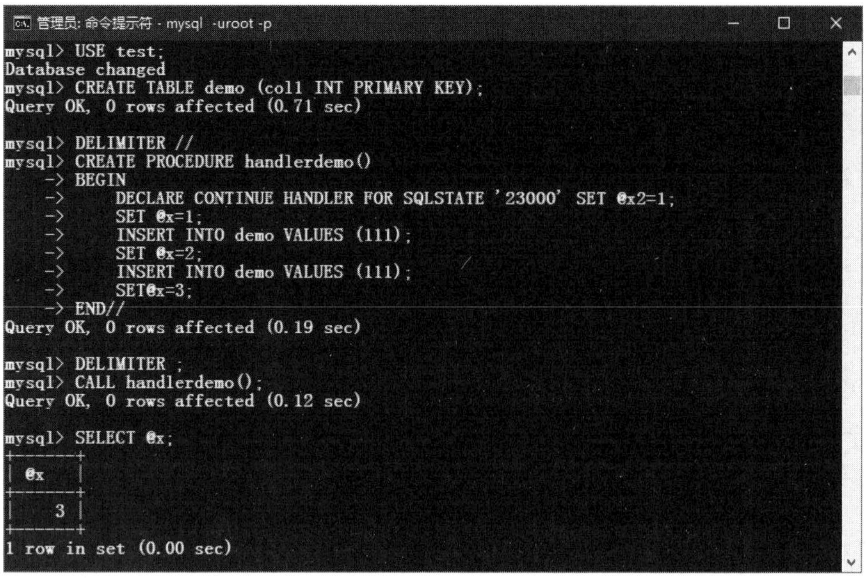

图 6.18　在存储过程中设置错误处理程序

一个语句块标签的范围，不包括该语句块内声明的处理程序的代码。因此，与处理程序关联的语句不能使用 ITERATE 或 LEAVE 来引用包含处理程序声明的语句块的标签。

下列示例的 REPEAT 语句块具有 retry 标签。

```
CREATE PROCEDURE sp()
BEGIN
    DECLARE i INT DEFAULT 3;
    retry:REPEAT
    BEGIN
        DECLARE CONTINUE HANDLER FOR SQLWARNING
        BEGIN
            ITERATE retry;  # 非法
        END;
        IF i < 0 THEN
            LEAVE retry;    # 非法
        END IF;
        SET i = i - 1;
    END;
    UNTIL FALSE END REPEAT;
END;
```

retry 标签位于语句块的 IF 语句的范围内，不在 CONTINUE 处理程序的范围内，因此，对该标签的引用是无效的，这将导致以下错误。

```
ERROR 1308 (42000): LEAVE with no matching label: retry
```

要避免在处理程序中引用外部标签，请使用以下策略之一。

- 如果要离开语句块，可以使用 EXIT 处理程序。如果不需要块清理，则 BEGIN ... END 处理程序的主体可以为空。例如：

```
DECLARE EXIT HANDLER FOR SQLWARNING BEGIN END;
DECLARE EXIT HANDLER FOR SQLWARNING
BEGIN
    -- 块清理语句
END;
```

- 如果要继续执行，可以在 CONTINUE 处理程序中设置状态变量，并在封闭块中进行检查，以确定是否已调用处理程序。例如：

```
CREATE PROCEDURE sp()
BEGIN
    DECLARE i INT DEFAULT 3;
    DECLARE done INT DEFAULT FALSE;
retry:
    REPEAT
    BEGIN
        DECLARE CONTINUE HANDLER FOR SQLWARNING
        BEGIN
            SET done = TRUE;
        END;
        IF done OR i < 0 THEN
            LEAVE retry;
        END IF;
        SET i = i - 1;
    END;
    UNTIL FALSE END REPEAT;
END;
```

6.2.6　游标

MySQL 支持在存储例程中使用游标。游标是一种从结果集中每次提取一行的机制。游标充当指针的作用，通过游标可以对数据查询返回的结果集进行遍历，以便进行相应的操作。

1. 声明游标

使用 DECLARE 语句可以声明一个游标，语法格式如下。

```
DECLARE 游标名称 CURSOR FOR SELECT 语句
```

这个 DECLARE 语句声明一个游标并将其与 SELECT 语句相关联，该 SELECT 语句用于检索游标要遍历的行。要在以后获取行，请使用 FETCH 语句。SELECT 语句检索的列数必须与 FETCH 语句中指定的输出变量数相匹配。

SELECT 语句不能包含 INTO 子句。

游标声明必须出现在处理程序声明前及变量和条件声明后。

一个存储例程可能包含多个游标声明，但在给定语句块中声明的每个游标必须具有唯一的名称。

游标具有以下属性。

- 敏感性：服务器可能会也可能不会复制其结果表。
- 只读性：不可更新。
- 不可滚动：只能在一个方向上遍历，不能跳过行。

例如，下面的语句声明了一个名为 cur_stu 的游标，与其相关联的 SELECT 语句从学生表中检索网络专业的所有学生记录。

```
DECLARE cur_stu CORSOR FOR
    SELECT stuid, stuname, gender, birthdate
    FROM sams.student
    WHERE major='网络';
```

2. 打开游标

对于已声明的游标，可以使用 OPEN 语句将其打开，语法格式如下。

```
OPEN 游标名称
```

其中，游标名称用于指定先前使用 DECLARE 语句声明的游标。

3. 使用游标

打开游标后，可以使用 FETCH 语句获取与该游标关联的 SELECT 语句返回的下一行并使游标指针前进，语法格式如下。

```
FETCH [[NEXT] FROM] 游标名称 INTO 变量名[, 变量名] ...
```

其中，游标名称用于指定先前使用 OPEN 语句打开的游标。

如果存在行，则获取的列将存储在命名变量中。SELECT 语句检索的列数必须与 FETCH 语句中指定的输出变量个数相等。

如果没有更多行可用，则 SQLSTATE 值为 "02000" 时会出现 "无数据" 条件。要检测这种情况，可以对此 SQLSTATE 值或 NOT FOUND 条件设置处理程序。

> **注意：** 其他操作（如 SELECT 或其他 FETCH）也可能导致通过引发相同的条件来执行处理程序。如果有必要区分是哪个操作引发了条件，则应将操作置于其自身的 BEGIN ... END 块中，以便它可以与其自身的处理程序相关联。

4. 关闭游标

使用游标提取数据并进行处理后，可以使用 CLOSE 语句将游标关闭，语法格式如下。

```
CLOSE 游标名称
```

其中，游标名称用于指定先前使用 OPEN 语句打开的游标。

如果光标未打开，则执行 CLOSE 语句时会发生错误。如果游标未明确关闭，则会在声明它的 BEGIN ... END 语句块的末尾自动关闭。

【例 6.19】在学生成绩管理数据库中创建一个名为 get_stu_num 的存储过程，用于统计数学成绩高于（含）85 分的人数。

使用 mysql 客户端工具，连接到 MySQL 服务器上，然后输入以下语句。

```
mysql> PREPARE stmt FROM 'CALL get_stu_num(?)';
mysql> EXECUTE stmt USING @num;
mysql> SELECT @num;
```

执行结果如图 6.19 所示。

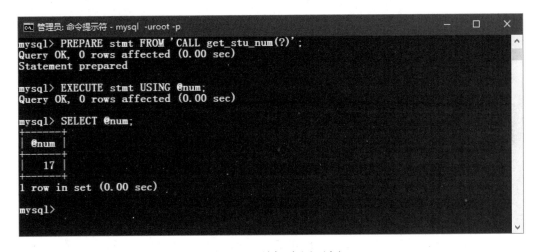

图 6.19　游标应用示例

6.3　存储函数

与存储过程类似，存储函数也是一种 MySQL 存储例程，但它既不能有输出参数，也不能使用 CALL 语句来调用，必须通过 RETURN 语句返回一个值。如何在 MySQL 中创建、调用、修改和删除存储函数，具体如下。

6.3.1　创建存储函数

在 MySQL 中，可以使用 CREATE FUNCTION 语句在数据库中创建一个存储函数，语法格式如下。

```
CREATE
[DEFINER = {用户 | CURRENT_USER }]
```

```
FUNCTION 存储函数名称([参数[, ...]])
RETURNS 类型
[特征 ...] 函数体
参数:
参数名 类型
类型:
任何有效的 MySQL 数据类型
特征:
COMMENT '字符串'
| LANGUAGE SQL
| [NOT] DETERMINISTIC
| { CONTAINS SQL | NO SQL | READS SQL DATA | MODIFIES SQL DATA }
| SQL SECURITY { DEFINER | INVOKER }
函数体:
有效的 SQL 例程语句
```

在默认情况下，存储函数将存储在当前数据库中。为了将存储函数与一个给定数据库关联起来，应以"数据库名称.存储函数名称"格式来指定存储函数的名称。

创建存储函数时，所有参数均为 IN 参数。

RETURNS 子句指示存储函数的返回类型，在函数体中必须包含 RETURN 语句，用于设置函数的返回值。如果 RETURN 语句返回不同类型的值，则该值将强制转换为正确的类型。例如，如果函数在 RETURNS 子句中指定 SET 或 ENUM 值，但 RETURN 语句返回一个整数，则从函数的返回值是对应于 SET 成员集或 ENUM 成员的字符串。

参数类型和函数返回类型时，可以使用任何有效的数据类型。如果前面有 CHARACTER SET 属性，则可以使用 COLLATE 属性。

返回结果集的语句可以在存储过程中使用，但不能在存储的函数中使用。

COMMENT 子句是一个 MySQL 的扩展，用于给出描述该函数的信息，此信息可以使用 SHOW CREATE FUNCTION 语句来查看。

其他选项与 CREATE PROCEDURE 语句相同，这里不再重复说明。

【例 6.20】在 test 数据库中创建一个名为 hello 的存储函数。

使用 mysql 客户端工具，连接到 MySQL 服务器上，然后输入以下语句。

```
mysql> USE test;
mysql> DELIMITER //
mysql> CREATE FUNCTION hello(str CHAR(20))
       RETURNS CHAR(50) DETERMINISTIC
       BEGIN
           DECLARE result CHAR(50);
           SET result=CONCAT('Hello, ', str, '!');
           RETURN result;
       END//
mysql> DELIMITER ;
```

```
mysql> SELECT hello('world');
```

在本例中，首先创建存储函数 hello，然后在 SELECT 语句中以表达式形式调用该函数。执行结果如图 6.20 所示。

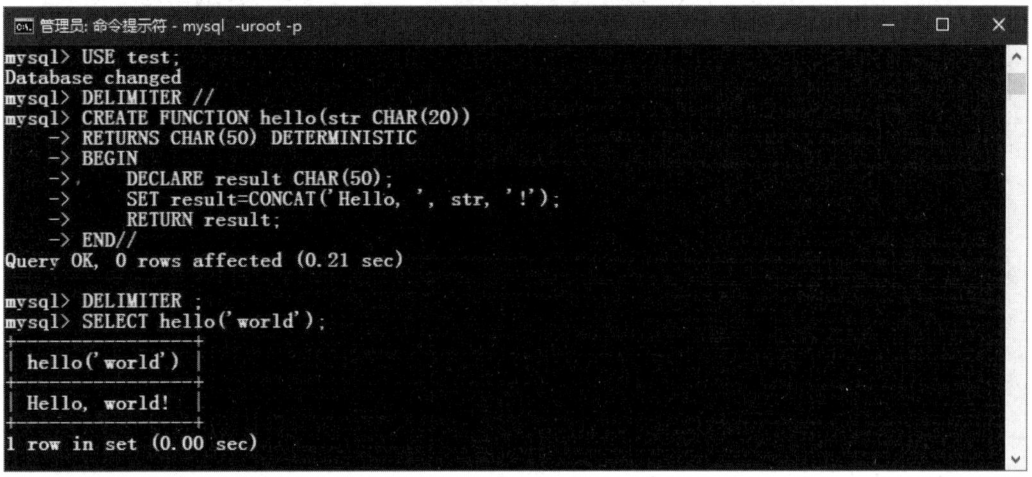

```
管理员：命令提示符 - mysql -uroot -p                          —    □    ×
mysql> USE test;
Database changed
mysql> DELIMITER //
mysql> CREATE FUNCTION hello(str CHAR(20))
    -> RETURNS CHAR(50) DETERMINISTIC
    -> BEGIN
    ->     DECLARE result CHAR(50);
    ->     SET result=CONCAT('Hello, ', str, '!');
    ->     RETURN result;
    -> END//
Query OK, 0 rows affected (0.21 sec)

mysql> DELIMITER ;
mysql> SELECT hello('world');
+----------------+
| hello('world') |
+----------------+
| Hello, world!  |
+----------------+
1 row in set (0.00 sec)
```

图 6.20 存储函数应用示例

6.3.2 调用存储函数

在数据库中创建存储函数后，可以像调用 MySQL 系统内置函数一样在表达式中引用该函数，语法格式如下。

存储函数名称([参数[, ...]])

在表达式求值过程中，存储函数会返回一个值。不能使用 CALL 语句来调用存储函数。

【例 6.21】在学生成绩管理数据库中创建一个名为 sf_age 的存储函数，其功能是根据出生日期计算年龄。

使用 mysql 客户端工具，连接到 MySQL 服务器上，然后输入以下语句。

```
mysql> USE sams;
mysql> DELIMITER //
mysql> CREATE FUNCTION sf_age(date DATE)
        RETURNS TINYINT DETERMINISTIC
        RETURN YEAR(NOW())-YEAR(date);
        //
mysql> DELIMITER ;
mysql> SELECT 学号, 姓名, 性别, 出生日期, sf_age(出生日期) AS 年龄
        FROM student_view;
```

执行结果如图 6.21 所示。

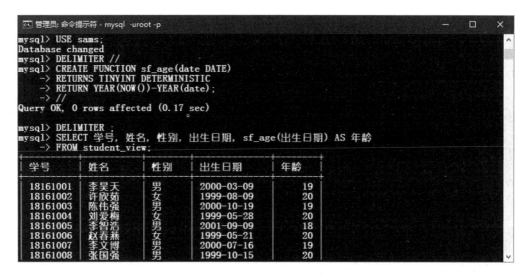

图 6.21　用存储函数计算学生年龄

6.3.3　修改存储函数

对于现有存储函数，可以使用 ALTER FUNCTION 语句来修改其特征，语法格式如下。

```
ALTER FUNCTION 存储函数名称 [特征 ...]
特征：
COMMENT '字符串'
| LANGUAGE SQL
| { CONTAINS SQL | NO SQL | READS SQL DATA | MODIFIES SQL DATA }
| SQL SECURITY { DEFINER | INVOKER }
```

使用 ALTER FUNCTION 语句可以修改存储函数的特征，在该语句中，可以指定多个更改。但是，无法使用该语句来修改存储函数的参数或函数体。如果要进行这样的修改，则必须使用 DROP FUNCTION 语句将其删除，然后重新创建存储函数。

修改存储函数时，必须具有该函数的 ALTER ROUTINE 权限，该权限会自动授予函数创建者。如果启用了二进制日志记录，则使用 ALTER FUNCTION 语句可能还需要 SUPER 权限。

【例 6.22】修改例 6.21 中创建的 sf_age 的存储函数，为其添加注释文字。

使用 mysql 客户端工具，连接到 MySQL 服务器上，然后输入以下语句。

```
mysql> USE sams;
mysql> ALTER FUNCTION sf_age
        COMMENT '根据出生日期计算年龄';
mysql> SHOW CREATE FUNCTION sf_age\G
```

执行结果如图 6.22 所示。

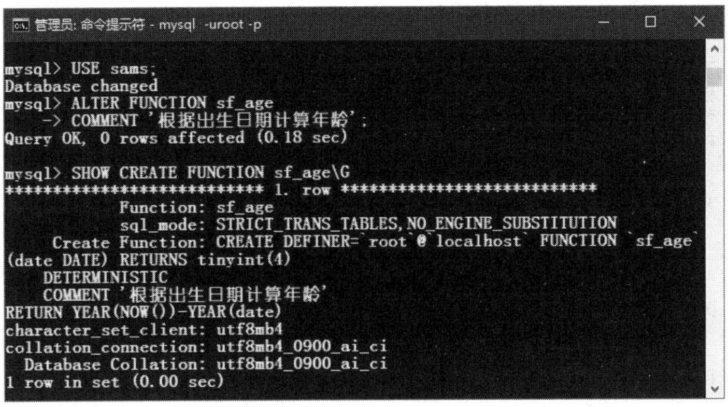

图 6.22　修改存储过程

6.3.4　删除存储函数

对于不需要的存储函数，可以使用 DROP FUNCTION 语句将其删除，语法格式如下。

```
DROP FUNCTION [IF EXISTS] 存储函数名称
```

其中，存储函数名称指定要删除的存储函数。IF EXISTS 子句是 MySQL 的扩展。如果存储函数不存在，使用该子句可以防止发生错误。

要使用 DROP FUNCTION 语句，必须拥有该函数的 ALTER ROUTINE 权限。

例如，下面的语句从 test 数据库中删除名为 sf 的存储函数。

```
USE test;
DROP FUNCTION sf;
```

6.4　触发器

触发器是与表相关联的命名数据库对象，并在表发生特定事件时自动激活。触发器执行的操作也是由 SQL 例程语句来实现的，在存储过程或存储函数中所用的语句也可以用在触发器的定义中。触发器可以用于对要插入表中的值进行检查，或者对更新操作涉及的值进行计算。通过触发器可以方便地实现数据的完整性。

6.4.1　创建触发器

在 MySQL 中，可以使用 CREATE TRIGGER 创建一个新的触发器，语法格式如下。

```
CREATE
[DEFINER = {用户 | CURRENT_USER}]
TRIGGER 触发器名称 触发时间 触发事件
```

```
ON 表名称 FOR EACH ROW
[触发顺序] 触发器主体
触发时间: { BEFORE | AFTER }
触发事件: { INSERT | UPDATE | DELETE }
触发顺序: { FOLLOWS | PRECEDES } 其他触发器名称
```

执行 CREATE TRIGGER 语句，需要拥有与触发器关联的表的 TRIGGER 权限，可能还需要 SET_USER_ID 或 SUPER 权限，具体取决于 DEFINER 值。

DEFINER 子句指定在触发器激活并检查访问权限时要使用的 MySQL 账户。如果给出了用户值，则它应该是指定为'user_name'@'host_name'、CURRENT_USER 或 CURRENT_USER() 的 MySQL 账户。DEFINER 的默认值是执行 CREATE TRIGGER 语句的用户，这与显式指定 DEFINER=CURRENT_USER 效果相同。

触发器名称在当前数据库名称空间中必须是唯一的，不能与其他数据库对象名称相同。在不同的数据库中，触发器可以具有相同的名称。

表名称指定与新建触发器关联的表，该表称为主题表。主题表必须是永久表，无法将触发器与临时表或视图相关联。在默认情况下，表与当前数据库相关联。如果要使用与指定数据库相关联的表，则应使用"数据库名称.表名称"格式。

FOR EACH ROW 指定对于受触发事件影响的每一行都要激活触发器操作。例如，使用一个 INSERT 语句向表中添加多行数据，触发器会针对每一行执行触发器操作。

触发时间指定发生触发器操作的时间，可以使用 BEFORE 或 AFTER 指示触发器在每行要修改之前或之后激活。基本的列值检查发生在触发器激活之前，因此，不能使用 BEFORE 触发器将不适合列类型的值转换为有效值。

触发事件指定激活触发器的操作类型可以取下列值之一。

- INSERT：通过在表中插入新行激活触发器。例如，通过 INSERT、LOAD DATA 和 REPLACE 语句。
- UPDATE：通过修改行激活触发器。例如，通过 UPDATE 语句。
- DELETE：通过从表中删除行激活触发器。例如，通过 DELETE 和 REPLACE 语句。
  对表执行 DROP TABLE 和 TRUNCATE TABLE 语句不会激活此触发器，因为它们不使用 DELETE。

对于给定表可以定义具有相同触发事件和触发时间的多个触发器。例如，可以为表创建两个 BEFORE UPDATE 触发器。在默认情况下，具有相同触发事件和触发时间的触发器按创建顺序激活。如果影响触发器顺序，可以指定一个指示 FOLLOWS 或 PRECEDES 的触发顺序子句以及具有相同触发事件和操作时间的现有触发器的名称。如果使用 FOLLOWS，则新触发器在现有触发器后激活。如果使用 PRECEDES，则新触发器在现有触发器前激活。

触发器主体给出触发器激活时要执行的语句。如果要执行多个语句，则应使用 BEGIN ... END 复合语句，在此，可以使用存储过程中允许的相同语句。不过，也有一些语句在触发器中是不允许使用的。在触发器主体中，可以使用别名 OLD 和 NEW 引用主题表中的列，用法如下。

- 对于 INSERT 事件，可以使用 NEW.列名来引用即将要插入的新行的列。
- 对于 DELETE 事件，可以使用 OLD.列名在删除操作之前引用现有行的列。
- 对于 UPDATE 事件，既可以使用 NEW.列名来引用更新之前现有行的列，也可以使用
  OLD.列名来引用更新之后现有行的列。

> 注意：触发器不能向客户端返回任何结果。为了避免从触发器返回结果，在触发器主体中，不要使用 SELECT 语句，也不能调用向客户端返回结果的存储过程。

【例 6.23】在学生成绩管理数据库中，针对 student 表创建一个名为 tr_ins_stu 的触发器，每当向该表中添加一条学生记录时向 score 表中插入相关的成绩记录，并对触发器进行测试。

使用 mysql 客户端工具，连接到 MySQL 服务器上，然后输入以下语句。

```
mysql> INSERT INTO student VALUES
       ('18162011', '方红建', '男', '1999-02-22', '数媒', '18 数媒 02', NULL),
       ('18164011', '唐晓芙', '女', '2001-06-18', '软件', '18 软件 02', NULL),
       ('18165011', '孙柔嘉', '女', '2000-05-26', '网络', '18 网络 01', NULL);
mysql> SELECT * FROM st_sc_view
       WHERE 学号 IN ('18162011', '18164011', '18165011');
```

本例中，创建触发器时指定的触发时间是 AFTER，触发事件是 INSERT，触发器关联的主题表是 student 表，每当在该表中插入一行新记录时都会激活该触发器。在该触发器主体中，首先，针对新录入的学生添加两门课程成绩记录，课程编号分别为 1 和 2，成绩均为 NULL；然后，根据专业不同，分别添加不同课程的成绩记录：对于数媒专业课程编号为 3 和 4，对于网络专业课程编号为 5 和 6，对于软件专业课程编号为 7 和 8，成绩均为 NULL。创建触发器之后，使用 INSERT 语句录入 3 条学生记录，对触发器进行测试。

执行结果如图 6.23 所示。

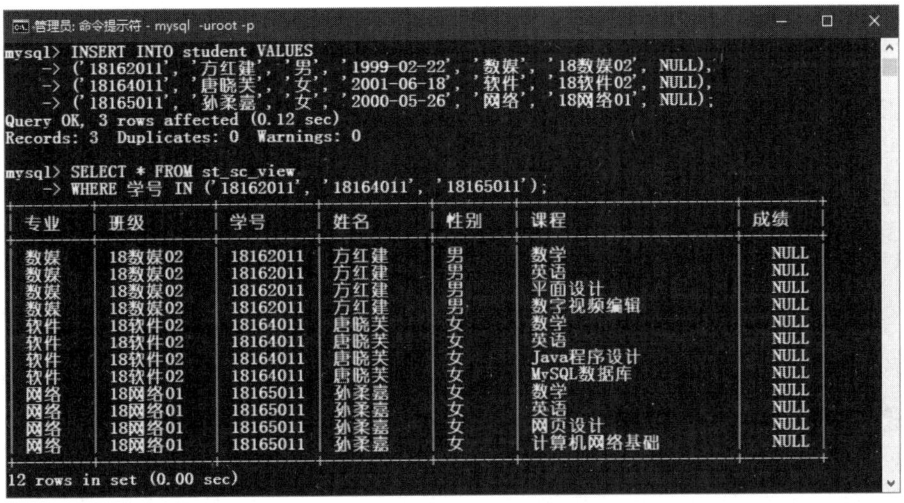

图 6.23　创建和测试触发器

【例 6.24】在学生成绩管理数据库中，针对 student 表创建一个名为 tr_del_stu 的触发器，每当从该表中删除一条学生记录时，从 score 表中删除相应的成绩数据，并对触发器进行测试。

使用 mysql 客户端工具，连接到 MySQL 服务器上，然后输入以下语句。

```
mysql> USE sams;
mysql> DELIMITER //
mysql> CREATE TRIGGER tr_del_stu AFTER DELETE
        ON student FOR EACH ROW
        BEGIN
            DELETE FROM score WHERE stuid=OLD.stuid;
        END//
mysql> DELIMITER ;
mysql> SET @stuid='18165011';
mysql> DELETE FROM student WHERE stuid=@stuid;
mysql> SELECT * FROM st_sc_view WHERE 学号=@stuid;
```

执行结果如图 6.24 所示。

图 6.24　创建和测试 AFTER DELETE 触发器

6.4.2　删除触发器

对于不需要的触发器，可以使用 DROP TRIGGER 语句将其删除，语法格式如下。

```
DROP TRIGGER [IF EXISTS] [数据库名称.]触发器名称
```

执行 DROP TRIGGER 语句需要拥有与触发器关联的表的 TRIGGER 权限。在默认情况下，该语句用于从当前数据库中删除给定的触发器。如果要从指定的数据库中删除触发器，则应使用可选的数据库名称。如果省略数据库名称，则会从当前数据库中删除触发器。

使用 IF EXISTS 子句，可以防止删除不存在的触发器发生错误。

例如，下面的语句用于删除名为 tr1 的触发器。

```
mysql> USE test;
mysql> DROP TRIGGER IF EXISTS tr1;
```

6.5　事件

MySQL 事件是根据时间表执行的任务，也称为预定事件。创建事件时，将创建一个命名的数据库对象，该对象包含以一个或多个间隔定期执行的一组 SQL 语句，从特定的日期和时间开始，到特定的日期和时间结束。

6.5.1　创建事件

在 MySQL 中，可以使用 CREATE EVENT 语句创建并计划一个新事件，语法格式如下。

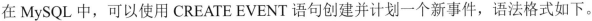

```
CREATE
[DEFINER={用户 | CURRENT_USER}]
EVENT
[IF NOT EXISTS]
事件名称
ON SCHEDULE 事件调度
[ON COMPLETION [NOT] PRESERVE]
[ENABLE | DISABLE | DISABLE ON SLAVE]
[COMMENT '字符串']
DO 事件主体；
事件调度：
AT 时间戳 [+ INTERVAL 间隔] ...
|EVERY 间隔
[STARTS 时间戳 [+ INTERVAL 间隔] ...]
[ENDS 时间戳 [+ INTERVAL 间隔] ...]
间隔：
数量 {YEAR | QUARTER | MONTH | DAY | HOUR | MINUTE |
WEEK | SECOND | YEAR_MONTH | DAY_HOUR | DAY_MINUTE |
DAY_SECOND | HOUR_MINUTE | HOUR_SECOND | MINUTE_SECOND}
```

执行 CREATE EVENT 语句需要对数据库拥有 EVENT 权限，可能还需要 SET_USER_ID 或 SUPER 权限，具体取决于 DEFINER 值。

DEFINER 子句指定在事件执行并检查访问权限时要使用的 MySQL 账户。如果给出了用户值，则它应该是指定为 '用户名'@'主机名'、CURRENT_USER 或 CURRENT_USER()的 MySQL 账户。默认的 DEFINER 值是执行 CREATE EVENT 语句的用户。这与显式指定 DEFINER = CURRENT_USER 效果相同。

事件名称必须是有效的 MySQL 标识符，其最大长度为 64 字符。事件名称不区分大小写，因此，不能在同一数据库中有两个名为 myevent 和 MyEvent 的事件。在一般情况下，管理事件名称的规则与存储例程的名称相同。

事件与数据库关联。如果没有将数据库指定为事件名称的一部分，则假定为当前默认模数据库。要在特定数据库中创建事件，请使用数据库名称.事件名称语法格式，使用数据库来限定事件名称。创建事件之后，可以使用 SHOW EVENTS 来查看数据库包含的事件列表。

当使用 IF NOT EXISTS 子句时，如果在同一数据库中已存在给定名称的事件，则不执行任何操作，也不会产生错误。但是，在这种情况下会产生警告。

ON SCHEDULE 子句确定事件发生的时间、频率和持续的时间间隔，这个子句采用 AT 时间戳或 EVERY 间隔两种形式之一。

AT 时间戳子句用于创建一次性事件，即指定事件仅在时间戳给出的日期和时间执行一次，其中，时间戳必须包括日期和时间，或者必须是解析为日期时间值的表达式。如果要创建的事件的发生时间是相对于当前日期和时间的将来某个时间点，则可以使用 AT 时间戳+INTERVAL 间隔子句，其中，间隔由数量和时间单位两部分组成，而且不能使用任何涉及微秒的单位。对于某些间隔类型可以使用复杂的时间单位。

使用 EVERY 子句可以创建定期重复发生的事件。EVERY 关键字后面跟一个间隔，但是+INTERVAL 不能与 EVERY 一起使用。在使用 EVERY 子句中，可以使用可选的 STARTS 或 ENS 子句。STARTS 时间戳子句指示操作何时开始重复，也可以使用+INTERVAL 间隔来指定"从现在起"的时间量。不指定 STARTS 与使用 STARTS CURRENT_TIMESTAMP 相同，为事件指定的操作在创建事件后立即开始重复。ENDS 时间戳子句指示该事件应该何时停止重复。如果不使用 ENDS，则意味着事件将无限期地继续执行。在 EVERY 子句中，可以使用 STARTS、ENDS 或两者同时使用。

如果重复事件未在其调度间隔内终止，则结果可能是同时执行事件的多个实例。如果这是不合需要的，则应该建立一个机制来防止同时发生事件的多个实例。

ON SCHEDULE 子句可以使用包含 MySQL 内置函数和用户变量的表达式来获取任何时间戳或间隔值，但不能在此类表达式中使用存储函数或用户定义函数，也不能引用任何表。

ON SCHEDULE 子句中的时间使用当前会话的 time_zone 值解释，称为事件时区，即用于事件调度的时区，它在执行事件时生效。

在通常情况下，事件一旦过期，就会立即被删除。通过指定 ON COMPLETION PRESERVE 可以覆盖此行为。使用 ON COMPLETION NOT PRESERVE 则仅显示默认的非持久行为。

在创建事件时，使用 DISABLE 关键字阻止其处于活动状态，也可以使用 ENABLE 使事件默认处于活动状态。使用 DISABLE ON SLAVE 可以指示事件是在主服务器上创建并复制到从服务器，但不在从服务器上执行。如果不指定任何选项，则一个事件在创建之后会立即进入活动状态。

使用 COMMENT 子句可以为事件提供注释，用于描述事件。注释文本是一个字符串常量，最多可以包含 64 字符。

DO 子句指定事件启动时执行的 SQL 语句。如果包含多条语句，则需要使用 BEGIN …

END 复合语句。几乎任何可以在存储例程中使用的有效 MySQL 语句都可以用作事件的操作语句。SELECT 或 SHOW 等返回结果集的语句在事件中使用时是无效的,这些输出不会发送到 MySQL 监视器,也不会存储在任何地方。但是,可以使用 SELECT ... INTO 和 INSERT INTO ... SELECT 等语句来存储结果。

根据事件调度的安排,已经创建的事件可以执行一次或多次。事件的执行也称为事件的调用,MySQL 每次调用一个事件,执行事件主体中包含的 SQL 语句。

事件的调用由 MySQL 事件调度器负责。事件调度器是 MySQL 数据库服务器的一个组成部分,它不断监视每个事件是否需要调用。因此,要调用事件,就必须打开 MySQL 事件调度器,为此将系统变量 event_scheduler 设置为 ON 即可。

```
mysql> SET GLOBAL event_scheduler=ON;
```

使用 SHOW 语句可以查看系统变量 event_scheduler 的值。

```
msql> SHOW GLOBAL VARIABLES like 'event_scheduler';
```

【例 6.25】在学生成绩管理数据库中创建一个立即启动的事件。

使用 mysql 客户端工具,连接到 MySQL 服务器上,然后输入以下语句。

```
mysql> USE sams;
mysql> DELIMITER //
mysql> CREATE EVENT now_once
       ON SCHEDULE AT CURRENT_TIMESTAMP
       DO
       INSERT INTO student VALUES
       ('18162012', '何晓明', '女', '2000-05-19', '数媒', '18 数媒 02', NULL);
       //
mysql> DELIMITER ;
mysql> SELECT * FROM student WHERE stuid='18162012';
```

执行结果如图 6.25 所示。

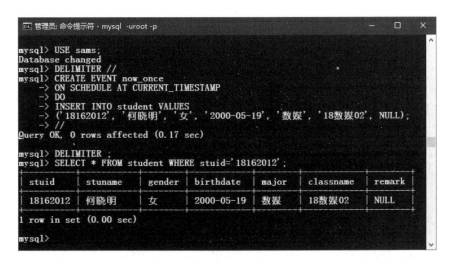

图 6.25　创建立即启动的事件

【例6.26】在学生成绩管理数据库中创建一个 30 秒种后启动的事件。

使用 mysql 客户端工具，连接到 MySQL 服务器上，然后输入以下语句。

```
mysql> USE sams;
mysql> DELIMITER //
mysql> CREATE EVENT after_30_seconds
        ON SCHEDULE AT CURRENT_TIMESTAMP +INTERVAL 30 SECOND
        DO
        INSERT INTO student VALUES
        ('18163011', '刘亚涛', '男', '1999-06-21', '软件', '18 软件 01', NULL);
        //
mysql> DELIMITER ;
mysql> DO SLEEP(32);
mysql> SELECT * FROM student WHERE stuid='18163011';
```

执行结果如图 6.26 所示。

【例6.27】在学生成绩管理数据库中创建一个事件，该事件从下个月开始，每月调用一次，直到 6 个月后结束。

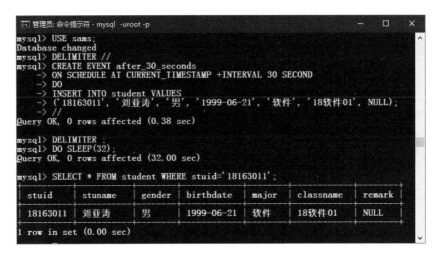

图 6.26　创建 30 秒种后启动的事件

使用 mysql 客户端工具，连接到 MySQL 服务器上，然后输入以下语句。

```
mysql> USE sams;
mysql> DELIMITER //
mysql> CREATE EVENT every_one_month
        ON SCHEDULE EVERY 1 MONTH
        STARTS CURRENT_TIMESTAMP +INTERVAL 1 MONTH
        ENDS CURRENT_TIMESTAMP +INTERVAL 6 MONTH
        DO
        DELETE FROM score WHERE score IS NULL;
        //
mysql> DELIMITER ;
mysql> SHOW EVENTS\G
```

执行结果如图 6.27 所示。

```
管理员: 命令提示符 - mysql -uroot -p123456                              —    □    ×

mysql> USE sams;
Database changed
mysql> DELIMITER //
mysql> CREATE EVENT every_one_month
    -> ON SCHEDULE EVERY 1 MONTH
    -> STARTS CURRENT_TIMESTAMP +INTERVAL 1 MONTH
    -> ENDS CURRENT_TIMESTAMP +INTERVAL 6 MONTH
    -> DO
    -> DELETE FROM score WHERE score IS NULL;
    -> //
Query OK, 0 rows affected (0.29 sec)

mysql> DELIMITER ;
mysql> SHOW EVENTS\G
*************************** 1. row ***************************
                  Db: sams
                Name: every_one_month
             Definer: root@localhost
           Time zone: SYSTEM
                Type: RECURRING
          Execute at: NULL
      Interval value: 1
      Interval field: MONTH
              Starts: 2019-08-14 10:43:04
                Ends: 2020-01-14 10:43:04
              Status: ENABLED
          Originator: 1
character_set_client: utf8mb4
collation_connection: utf8mb4_0900_ai_ci
  Database Collation: utf8mb4_0900_ai_ci
1 row in set (0.00 sec)
```

图 6.27　创建定期执行的事件

6.5.2　修改事件

使用 ALTER EVENT 语句可以对现有事件进行修改，语法格式如下。

```
ALTER
[DEFINER={用户 | CURRENT_USER}]
EVENT 事件名称
[ON SCHEDULE 事件调度]
[ON COMPLETION [NOT] PRESERVE]
[RENAME TO 新事件名称]
[ENABLE | DISABLE | DISABLE ON SLAVE]
[COMMENT '字符串']
[DO 事件主体]
```

使用 ALTER EVENT 语句可以更改现有事件的一个或多个特征，无须删除并重新创建事件。其中，RENAME TO 新事件名称子句用于更改事件的名称。DEFINER、ON SCHEDULE、ON COMPLETION、COMMENT、ENABLE / DISABLE 和 DO 子句的语法格式与 CREATE EVENT 使用时的语法格式完全相同。这里不再重复说明。

任何用户都可以更改在该用户拥有 EVENT 权限的数据库上所定义的事件。当用户执行成功的 ALTER EVENT 语句时，该用户将成为受影响事件的定义者。

在 ALTER EVENT 语句中，可以仅对要更改的特征指定选项，省略的其他选项将保留其现有值。这包括 CREATE EVENT 的任何默认值，如 ENABLE。

【例 6.28】对例 6.24 中创建的事件进行修改，将该事件调度计算改为立即开始，每两个月调用一次，直到 8 个月后结束，对将该事件进行重命名并对其添加注释文字。

使用 mysql 客户端工具，连接到 MySQL 服务器上，然后输入以下语句。

```
mysql> USE sams;
mysql> DELIMITER //
mysql> ALTER EVENT every_tow_month
       ON SCHEDULE EVERY 1 MONTH
       STARTS CURRENT_TIMESTAMP
       ENDS CURRENT_TIMESTAMP +INTERVAL 8 MONTH
       RENAME TO every_two_month
       COMMENT '从成绩表中删除成绩列为空的记录';
       //
mysql> DELIMITER ;
mysql> SHOW EVENTS\G
```

执行结果如图 6.28 所示。

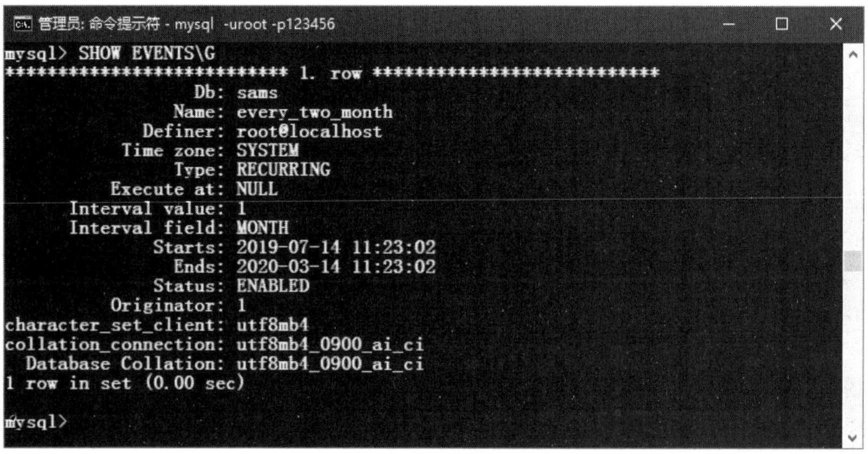

图 6.28　更改事件的特征

6.5.3　删除事件

对于不需要的事件，可以使用 DROP EVENT 语句将其删除，语法格式如下。

```
DROP EVENT [IF EXISTS] 事件名称
```

执行 DROP EVENT 语句需要拥有待删除事件所属数据库的 EVENT 权限。此语句用于删除具有给定名称的事件。该事件立即停止活动，并从服务器中完全删除。

如果指定的事件不存在，则会出现错误。使用 IF EXISTS 会覆盖错误并为不存在的事件生成警告。

【例 6.29】对例 6.28 中创建的事件进行修改，将该事件调度计算改为立即开始，下面的语句用于删除 every_two_month 事件。

使用 mysql 客户端工具，连接到 MySQL 服务器上，然后输入以下语句。

```
mysql> USE sams;
mysql> DROP EVENT every_two_month;
mysql> SHOW EVENTS;
```

执行结果如图 6.29 所示。

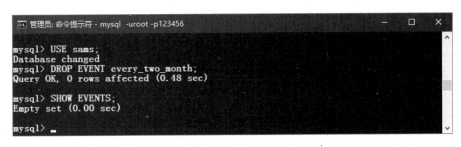

图 6.29　删除事件

习　题　6

一、选择题

1．在下列各项中，（　　）不属于 MySQL 存储例程。

　　A．存储过程　　　　　B．存储函数　　　　C．触发器　　　　D．临时表

2．在下列各项中，（　　）不是存储过程的特点。

　　A．使用名称直接调用　　　　　　　　B．可以带有零个或多个参数

　　C．用于实现 SQL 代码封装与重用　　　D．作为对象保存在数据库中

3．在下列各项中，（　　）不是存储过程参数类型。

　　A．IN　　　　　　　B．OUT　　　　　　C．INOUT　　　　D．INPUT

4．在创建存储过程时，指定（　　）表示存储过程包含读数据的语句，但不包含写数据的语句。

　　A．CONTAINS SQL　　　　　　　　　B．NO SQL

　　C．READS SQL DATA　　　　　　　　D．MODIFIES SQL DATA

5．在下列语句中，（　　）用于获取与游标关联的 SELECT 语句返回的下一行并使游标指针前进。

　　A．DECLARE　　　　B．OPEN　　　　　C．FETCH　　　　D．CLOSE

6．在下列各项中，（　　）不是存储函数的特点。

　　A．不能有输出参数　　　　　　　　　B．必须返回一个值

　　C．也是存储例程　　　　　　　　　　D．使用 CALL 来调用

7．关于别名 OLD 和 NEW 的使用，不正确的是（　　）。

A. 对于 INSERT 事件，可以使用 NEW.列名来引用即将要插入的新行的列

B. 对于 DELETE 事件，可以使用 OLD.列名在删除操作之前引用现有行的列

C. 对于 UPDATE 事件，可以使用 NEW.列名来引用更新之前现有行的列

D. 对于 UPDATE 事件，可以使用 NEW.列名来引用更新之后现有行的列

二、判断题

1. 存储例程是指那些存储在数据库中的过程式对象。（　　）

2. 即使存储过程不带任何参数，使用 CALL 调用时存储过程名称后面的圆括号也不能省略。（　　）

3. 定义预处理语句时，如果语句中包含参数，则可以使用"?"作为占位符，此时，必须用单引号将问号引起来。（　　）

4. 使用 EXECUTE 语句可以执行先前通过 PREPARE 命名的语句。（　　）

5. 使用 DEALLOCATE PREPARE 语句可以解除先前用 PREPARE 生成的预处理语句。（　　）

6. ALTER PROCEDURE 语句既可以用于更改存储过程的特征，也可以用于更改存储过程的参数或其过程体。（　　）

7. 在存储例程中声明局部变量时，这些局部变量必须以@符号开头。（　　）

8. 在存储例程中声明局部变量时，如果未指定默认值，则变量的初始值为 NULL。（　　）

9. 使用 SET 语句只能设置一个变量的值。（　　）

10. WHILE 语句在循环条件为真时重复执行一组语句。（　　）

11. REPEAT 语句在给定条件为真时重复执行一组语句。（　　）

12. LOOP 语句用于无条件重复执行一组语句。（　　）

13. DECLARE ... CONDITION 语句可以声明一个命名错误条件。（　　）

14. 使用 ALTER FUNCTION 语句可以修改存储函数的特征，但是无法使用该语句来修改存储函数的参数或函数体。（　　）

15. 事件一旦过期，它就会立即被删除。（　　）

三、操作题

1. 在学生成绩管理数据库中创建一个存储过程，按班级和课程查询成绩。

2. 在学生成绩管理数据库中创建一个存储过程，按班级和课程查询最高分、最低分和平均分。

3. 在学生成绩管理数据库中创建一个存储过程，按课程查询成绩最高的学生并列出其专业、班级、学号、姓名和给定课程成绩。

4. 在学生成绩管理数据库中创建一个存储过程，按学号和课程查询学生成绩。

5. 在学生成绩管理数据库中创建一个存储函数，其功能是根据出生日期计算年龄。

6. 在学生成绩管理数据库中，针对 student 表创建一个触发器，每当向该表中添加一条学生记录时向 score 表中插入相关的成绩记录，并对触发器进行测试。

7. 在学生成绩管理数据库中，针对 student 表创建一个触发器，每当从该表中删除一条学生记录时从 score 表中删除相应的成绩数据，并对触发器进行测试。

8. 在学生成绩管理数据库中创建一个 10 天后启动的事件，从学生表中删除一条记录。

第三篇

数据库管理篇

第 7 章　事务控制与锁定管理

在数据库中，事务是由一组 SQL 语句组成的逻辑处理单元，锁定则是用于协调多个进程或线程并发访问某一数据资源的软件机制。在 MySQL 中，只有 InnoDB 表类型支持事务，其他表类型（如 MyISAM 表）不支持事务。对于不支持事务的表类型，可以通过锁定机制来防止某个用户已经占用了某种数据资源时其他用户影响其数据操作，从而避免发生数据非完整性和非一致性问题。本章讨论如何在 MySQL 中使用事务和锁定。

7.1　事务

在任意数据库中，事务管理不善常常会导致用户在很多的系统中出现争用和性能问题。随着访问数据用户数量的增加，拥有能够高效地使用事务的应用程序也变得更为重要。如果要在 MySQL 中进行事务管理，首先，必须保证使用 InnoDB 存储引擎来创建表，因为其他表类型都不支持事务。

7.1.1　事务概述

事务是指作为单个逻辑工作单元执行的一个或多个 SQL 语句。如果某一事务成功，则在该事务中进行的所有数据更改都会提交并成为数据库中的永久组成部分；如果事务遇到错误而且撤销或回滚，则所有数据更改都会被清除。

在实际应用中，事务无处不在。银行交易、股票交易、网上购物及库存控制都是通过事务来实现的。一个事务是否成功，取决于构成事务的每个操作是否能够成功执行，只要其中有一项操作失败，都会取消整个事务，系统将返回到事务处理之前的状态。

MySQL 事务主要用于处理操作量大、复杂度高的数据。例如，在员工管理系统中，如果删除一个员工，就需要删除该员工的基本资料，也要删除与该员工相关的信息，例如，银行账户、公积金账户、医疗保险账户等。这样，这些数据库操作语句就构成了一个事务。

一个逻辑工作单元必须有 4 个属性，包括原子性（A）、一致性（C）、隔离性（I）和持久性（D）属性，只有这样才能成为一个事务。

1. 原子性（A）

事务必须是原子工作单元，整个事务中的所有操作，要么全部执行，要么全部不执行，不可能停滞在某个中间环节。如果事务在执行过程中发生错误，会被返回到事务开始前的状态，就像这个事务从来没有执行过一样。

原子性在一些关键系统中尤其重要。实际中的数据库应用程序（如银行系统）在执行数据输入或更新操作时，必须保证数据的安全性，防止数据丢失或出现错误。

2. 一致性（C）

当事务完成时，必须使所有的数据都保持一致状态。在相关数据库中，所有规则都必须应用于事务的修改，以便保持所有数据的完整性。当事务结束时，所有的内部数据结构都必须是正确的。

如果事务是并发的，则必须如同串行事务一样操作，其主要特征是保护性和不变性。以银行转账为例，假设有 5 个银行账户，每个账户余额都是 100 元，则 5 个账户总额是 500 元。如果在这 5 个账户之间同时发生多次转账，无论并发多少个，例如，在 A 与 B 账户之间转账 5 元，在 C 与 D 账户之间转账 10 元，在 B 与 E 之间转账 15 元，最终 5 个账户的总额应该还是 500 元，这就是保护性和不变性。

在 MySQL 中，一致性主要是通过日志机制来处理。日志记录了数据库的所有变化，为事务恢复提供了跟踪记录。如果在事务处理过程中发生错误，MySQL 恢复过程将根据这些日志来判断事务中的操作是否已经全部成功执行、是否需要返回。一致性保证数据库从来不返回一个未处理完的事务。

3. 隔离性（I）

由并发事务所做的修改必须与任何其他并发事务所做的修改隔离。事务识别数据时数据所处的状态，要么是另一并发事务修改它之前的状态，要么是第二个事务修改它之后的状态，事务不会识别中间状态的数据，这称为可串行性，因为它能够重新装载起始数据，并且重播一系列事务，以使数据结束时的状态与原始事务执行的状态相同。

如果有两个事务在相同的时间执行相同的操作，事务的隔离性将确保每个事务都认为只有它自己在使用系统。为了防止事务操作之间发生混淆，必须串行化或序列化请求，使得在同一时间仅有一个请求用于同一数据。大多数事务系统使用页级锁定或行级锁定来隔离不同事务之间的变化，这是以降低性能为代价的。

4. 持久性（D）

完成完全持久的事务之后，它的影响将永久存在于系统中。所做的修改即使出现系统故障，也将一直保持。如果系统崩溃或数据存储介质被破坏，则可以通过日志使系统恢复到重启前进行的最后一次更新，反映系统崩溃时处于过程中的事务变化。

MySQL 通过保存记录事务过程中系统变化的二进制事务日志文件来实现持久性。如果遇到硬件破坏或系统突然关机，在系统重启时，通过使用最后的备份和日志就可以恢复丢失的数据。在默认情况下，InnDB 表是完全持久的，MyISAM 表只提供部分持久性。

7.1.2 设置自动提交模式

在默认情况下，MySQL 是在启用自动提交模式的情况下运行的。这意味着只要执行更新表的语句，MySQL 就会将更新存储在磁盘上以使其永久化，无法回滚更改。根据需要，也可以使用 SET autocommit 语句来禁用或启用当前会话的默认自动提交模式，语法格式如下。

```
SET autocommit={0 | 1}
```

如果将系统变量 autocommit 设置为 1，则对表的所有更改都会立即生效。如果将该变量设置为 0，则禁用自动提交模式，此时，对事务安全表（如 InnoDB 表）的更改不会立即成为永久更改，必须使用 COMMIT 将更改存储到磁盘上，或者使用 ROLLBACK 撤销更改。如果系统变量 autocommit 为 0 并将其更改为 1，则 MySQL 会对任何打开的事务执行自动COMMIT。

变量 autocommit 是一个会话变量，必须对每个会话进行设置。在默认情况下，客户端连接将以 autocommit 设置为 1 开始。如果要对每个新连接禁用自动提交模式，则需要对全局自动提交值进行设置，可以通过以下两种方式来实现。

（1）通过使用--autocommit=0 选项启动 MySQL 服务器，命令格式如下。

```
mysqld --autocommit=0
```

（2）使用 MySQL 配置文件设置全局变量，在配置文件中包含以下内容。

```
[mysqld]
autocommit=0
```

【例 7.1】查看全局变量和会话变量 autocommit 的值。

使用 mysql 客户端工具，连接到 MySQL 服务器上，然后输入以下语句。

```
mysql> SHOW GLOBAL VARIABLES LIKE 'autocommit';
mysql> SHOW SESSION VARIABLES LIKE 'autocommit';
```

执行结果如图 7.1 所示。

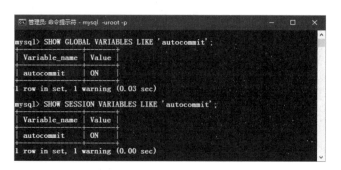

图 7.1　查看自动提交模式

7.1.3　开始事务

使用 START TRANSACTION 语句，将使自动提交模式保持禁用状态，一直到使用 COMMIT 或 ROLLBACK 语句结束事务，自动提交模式恢复为先前的状态，语法格式如下。

```
START TRANSACTION
[事务特征[，事务特征] ...]
事务特征：
{WITH CONSISTENT SNAPSHOT
| READ WRITE | READ ONLY}
```

在 START TRANSACTION 语句中，可以使用多个修饰符来控制事务的特征。要指定多个修饰符，请用逗号分隔它们。

WITH CONSISTENT SNAPSHOT 修饰符为具有该功能的存储引擎启动一致读取，仅适用于 InnoDB。效果与从任何 InnoDB 表发出 START TRANSACTION 后跟 SELECT 一样。该修饰符不会更改当前事务隔离级别，仅在当前隔离级别允许一致读取时才提供一致性快照。允许一致读取的唯一隔离级别是 REPEATABLE READ。对于所有其他隔离级别，将忽略 WITH CONSISTENT SNAPSHOT 子句，此时会生成警告。关于隔离级别请参阅 7.1.7 节。

READ WRITE 和 READ ONLY 修饰符用于设置事务访问模式，允许或禁止更改事务中使用的表。READ WRITE 表示允许更改事务中使用的表；READ ONLY 表示禁止事务修改或锁定对其他事务可见的事务表和非事务表，但事务仍然可以修改或锁定临时表。

当事务已知为只读时，MySQL 可以对 InnoDB 表上的查询进行额外的优化。指定 READ ONLY 可以确保在无法自动确定只读状态的情况下应用这些优化。

如果未指定访问模式，则应用默认模式。除非更改了默认值，否则为读/写访问模式。不允许在同一语句中同时指定 READ WRITE 和 READ ONLY。

在只读模式下，仍然可以使用 DML 语句更改使用 TEMPORARY 关键字创建的表。与永久表一样，不允许使用 DDL 语句进行更改。

如果启用了 read_only 系统变量，则使用 START TRANSACTION READ WRITE 显式启动事务需要 CONNECTION_ADMIN 或 SUPER 权限。

在 MySQL 中，支持 BEGIN 和 BEGIN WORK 作为 START TRANSACTION 的别名来启动事务，语法格式如下。

```
BEGIN [WORK]
```

BEGIN 语句不同于使用 BEGIN 关键字启动 BEGIN ... END 复合语句，后者不会开始事务。在存储例程存储过程、存储函数、触发器和事件中，解析器将 BEGIN [WORK]视为 BEGIN ... END 块的开头。在此上下文中，应使用 START TRANSACTION 开始事务。

START TRANSACTION 是标准的 SQL 语法，是启动事务的推荐方法，并允许 BEGIN 不使用的修饰符。

开始事务将会导致提交任何挂起的事务。开始事务还会导致使用 LOCK TABLES 获取的表锁被释放，就像已经执行了 UNLOCK TABLES 一样。开始事务不会释放使用 FLUSH TABLES WITH READ LOCK 获取的全局读锁定。

如果要为一系列语句隐式禁用自动提交模式，可以使用 START TRANSACTION 语句作为开始，后面跟要执行更新的语句，最后，使用 COMMIT 语句提交。例如：

```
START TRANSACTION;
SELECT @A:=SUM(salary) FROM table1 WHERE type=1;
UPDATE table2 SET summary=@A WHERE type=1;
COMMIT;
```

在 MySQL 中，有一些语句（及其同义词）隐式会结束当前会话中任何的活动事务，这些语句在执行后会导致隐式提交。例如，数据定义语句 ALTER EVENT、ALTER FUNCTION、ALTER PROCEDURE、ALTER TABLE、ALTER VIEW、CREATE DATABASE、CREATE EVENT、CREATE FUNCTION、CREATE INDEX、CREATE PROCEDURE、CREATE TABLE、CREATE TRIGGER、CREATE VIEW、DROP DATABASE、DROP EVENT、DROP FUNCTION、DROP INDEX、DROP PROCEDURE、DROP TABLE、DROP TRIGGER、DROP VIEW、RENAME TABLE、TRUNCATE TABLE 等。

7.1.4　提交事务

使用 COMMIT 语句可以提交当前事务，使其更改成为永久更改，语法格式如下。

```
COMMIT [WORK] [AND [NO] CHAIN] [[NO] RELEASE]
```

COMMIT 语句支持可选的 WORK 关键字，也支持 CHAIN 和 RELEASE 子句。CHAIN 和 RELEASE 子句可以用于对事务完成的附加控制。

AND CHAIN 子句导致新事务在当前事务结束后立即开始，并且新事务与刚刚终止的事务具有相同的隔离级别。新事务还使用与刚刚终止的事务相同的访问模式（READ WRITE 或 READ ONLY）。

RELEASE 子句使服务器在终止当前事务后断开当前客户端会话。使用 NO 关键字可以禁止 CHAIN 或 RELEASE 完成。如果系统变量 completion_type 默认设置为 CHAIN 或 RELEASE 完成，则 NO 选项是很有用的。

系统变量 completion_type 用于确定默认的事务完成行为，该变量的值可以使用以下名称或相应的整数来设置。

● NO_CHAIN（0）：COMMIT 不受影响。这是默认值。

- CHAIN（1）：COMMIT 相当于 COMMIT AND CHAIN，即新事务立即启动，其隔离级别与刚刚终止的事务相同。
- RELEASE（2）：COMMIT 等同于 COMMIT RELEASE，即服务器在终止事务之后断开连接。

系统变量 completion_type 影响以 START TRANSACTION 或 BEGIN 开头并以 COMMIT 或 ROLLBACK 结束的事务，但它不适用于执行隐式提交。

在执行 COMMIT 语句时，每个事务都存储在二进制日志中。

【例 7.2】查看全局变量和会话变量 completion_type 的值。

使用 mysql 客户端工具，连接到 MySQL 服务器上，然后输入以下语句。

```
mysql> SHOW GLOBAL VARIABLES LIKE 'completion_type';
mysql> SHOW SESSION VARIABLES LIKE 'completion_type';
```

执行结果如图 7.2 所示。

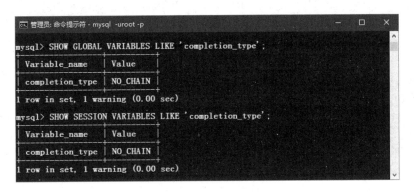

图 7.2　查看事务完成类型

【例 7.3】在学生成绩管理数据库中创建一个存储过程，用于执行一个只读事务。

使用 mysql 客户端工具，连接到 MySQL 服务器上，然后输入以下语句。

```
mysql> USE sams;
mysql> DELIMITER //
mysql> CREATE PROCEDURE read_only()
    BEGIN
        DECLARE CONTINUE HANDLER FOR SQLSTATE '25006'
        SELECT * FROM score WHERE stuid='18161001' AND couid=1;
        START TRANSACTION READ ONLY;
        SELECT * FROM score WHERE stuid='18161001' AND couid=1;
        UPDATE score SET score=score+1 WHERE stuid='18161001' AND
        couid=1;
        COMMIT;
    END//
mysql> DELIMITER ;
mysql> CALL read_only;
```

在本例中，START TRANSACTION 语句使用了 READ ONLY 子句，因此，禁止对事务中使用的表进行修改，执行 UPDATE 语句时将发生错误，相应的 SQLSTATE 值为 '25006'。由于在存储过程开头使用 DECLARE ... HANDLER 为处理该错误指定了处理程序，因此，当执行 UPDATE 语句会执行此处理程序，使用 SELECT 语句返回要处理的记录。

执行结果如图 7.3 所示。

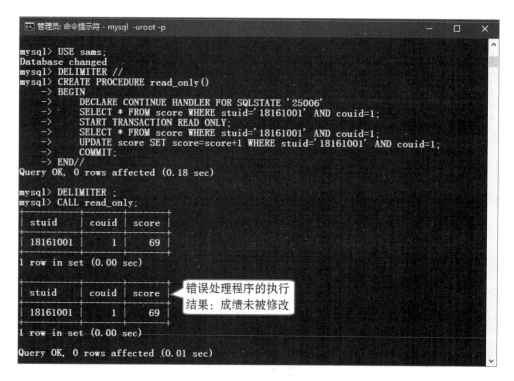

图 7.3　只读事务

7.1.5　回滚事务

使用 ROLLBACK 语句，可以回滚当前事务，撤销其更改，语法格式如下。

```
ROLLBACK [WORK] [AND [NO] CHAIN] [[NO] RELEASE]
```

ROLLBACK 语句支持可选的 WORK 关键字，也支持 CHAIN 和 RELEASE 子句。CHAIN和 RELEASE 子句可以用于对事务完成的附加控制，请参阅 COMMIT 语句中的说明。

某些语句是无法回滚的。这些语句包括数据定义语言（DDL）语句，例如，创建或删除数据库的语句，创建、删除或更改表或存储例程的语句。应该将事务设计为不包括这一类语句。如果在无法回滚的事务的早期发出语句，而以后出现另一个语句失败，在这种情况下，则无法通过发出 ROLLBACK 语句来回滚事务的完整效果。

回滚的事务不会被记录。对非事务性表的修改是无法回滚的。如果回滚的事务包括对非事务性表的修改，则在末尾使用 ROLLBACK 语句记录整个事务，以确保复制对非事务性表的修改。

【例 7.4】在学生成绩管理数据库中开始一个事务，并在修改学生成绩后回滚事务。

使用 mysql 客户端工具，连接到 MySQL 服务器上，然后输入以下语句。

```
mysql> USE sams;
mysql> START TRANSACTION READ WRITE;
mysql> SELECT * FROM score WHERE stuid='18161001' AND couid=1;
mysql> UPDATE score SET score=score+1 WHERE stuid='18161001' AND couid=1;
mysql> SELECT * FROM score WHERE stuid='18161001' AND couid=1;
mysql> ROLLBACK;
mysql> SELECT * FROM score WHERE stuid='18161001' AND couid=1;
```

执行结果如图 7.4 所示。

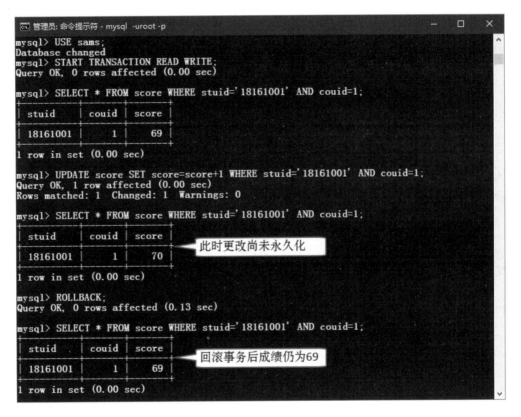

图 7.4　回滚事务

7.1.6　事务保存点

在 MySQL 中，对 InnoDB 表启动一个事务后，可以在这种事务内设置一个保存点，并在需要时回滚到这个保存点而不是终止整个事务。

1. 设置事务保存点

使用 SAVEPOINT 语句，设置一个事务保存点，语法格式如下。

SAVEPOINT 保存点名称

如果当前事务具有相同名称的保存点，则删除旧保存点并设置新保存点。

2. 回滚到事务保存点

使用 ROLLBACK TO SAVEPOINT 语句，可以将当前事务回滚到指定的保存点而不终止事务，语法格式如下。

```
ROLLBACK [WORK] TO [SAVEPOINT] 保存点名称
```

设置保存点后，当前事务对行进行的修改在回滚中撤销。如果不存在具有指定名称的保存点，则 ROLLBACK TO SAVEPOINT 语句返回以下错误。

```
ERROR 1305 (42000): SAVEPOINT identifier does not exist
```

3. 删除事务保存点

使用 RELEASE SAVEPOINT 语句，可以从当前事务的保存点集中删除指定的保存点，语法格式如下。

```
RELEASE SAVEPOINT 保存点名称
```

删除指定的保存点不会发生提交或回滚事务。如果保存点不存在，则会出现错误。

如果执行 COMMIT 或未命名保存点的 ROLLBACK，则会删除当前事务中的所有保存点。调用存储函数或激活触发器时，将创建新的保存点级别。先前级别上的保存点变得不可用，因此，不会与新级别上的保存点冲突。当存储函数或触发器终止时，将释放它创建的任何保存点，并恢复先前的保存点级别。

【例 7.5】在学生成绩管理数据库中开始一个事务，修改学生成绩后回滚到保存点。

使用 mysql 客户端工具，连接到 MySQL 服务器上，然后输入以下语句。

```
mysql> USE sams;
mysql> START TRANSACTION;
mysql> UPDATE score SET score=70 WHERE stuid='18161001' AND couid=1;
mysql> SAVEPOINT svp1;
mysql> UPDATE score SET score=75 WHERE stuid='18161001' AND couid=1;
mysql> ROLLBACK TO SAVEPOINT svp1;
mysql> RELEASE SAVEPOINT svp1;
mysql> COMMIT;
mysql> SELECT * FROM score WHERE stuid='18161001' AND couid=1;
```

在本例中，两次执行 UPDATE 语句，第一次执行更新后设置了一个事务保存点 svp1，第二次执行更新后回滚到该保存点并删除该保存点，接着提交事务并使用 SELECT 查询结果，可以看到第二次执行的更新被撤销，但第一次更新的结果被保留下来。

执行结果如图 7.5 所示。

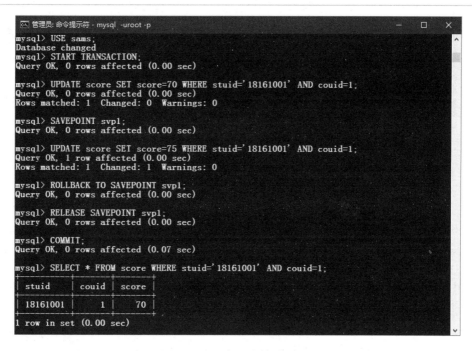

图 7.5　回滚到事务保存点

7.1.7　设置事务特征

使用 SET TRANSACTION 语句，可以设置事务的隔离级别和访问模式，语法格式如下。

```
SET [GLOBAL | SESSION] TRANSACTION
事务特征[, 事务特征] ...
事务特征
{ISOLATION LEVEL 隔离级别|READ WRITE|READ ONLY}
隔离级别:
{REPEATABLE READ | READ COMMITTED
|READ UNCOMMITTED | SERIALIZABLE}
```

对事务特征的全局更改需要 CONNECTION_ADMIN 或 SUPER 权限。

SET TRANSACTION 语句用于指定事务的特征，它采用逗号分隔的一个或多个特征值的列表，这些特征设置事务隔离级别或访问模式。隔离级别用于指定事务之间隔离和交互的程度；访问模式则用于确定事务是以读/写还是以只读模式进行操作。

可选 GLOBAL 或 SESSION 关键字来指示语句的范围，可以在全局范围、当前会话和下一个事务中设置事务特征。

- 使用 GLOBAL 关键字，该语句将全局应用于所有后续会话，但现有会话不受影响。
- 使用 SESSION 关键字，该语句适用于当前会话中执行的所有后续事务。
- 如果没有任何 SESSION 或 GLOBAL 关键字，则该语句将应用于当前会话中执行的下一个未启动的事务。后续事务将恢复为使用 SESSION 隔离级别。

任何会话既可以自由更改其会话特征（即使在事务中间），也可以更改其下一个事务的特征。如果当前存在活动事务,则不允许使用没有 GLOBAL 或 SESSION 的 SET TRANSACTION 语句。例如:

```
mysql> START TRANSACTION;
Query OK, 0 rows affected (0.02 sec)
mysql> SET TRANSACTION ISOLATION LEVEL SERIALIZABLE;
ERROR 1568 (25001): Transaction characteristics can't be changed
while a transaction is in progress
```

如果要在服务器启动时设置全局默认隔离级别,可以在命令行或配置文件中使用 mysqld 的--transactionisolation = level 选项。这个选项的级别值使用破折号而不是空格,因此,允许的值为 READ-UNCOMMITTED、READCOMMITTED、REPEATABLE-READ 或 SERIALIZABLE。例如,要将默认隔离级别设置为 REPEATABLE READ,可以在选项文件的 [mysqld]部分中使用以下行。

```
[mysqld]
transaction-isolation = REPEATABLE-READ
```

如果要在服务器启动时或运行时设置事务访问模式,请使用--transactionread-only 选项或 transaction-read-only 系统变量。在默认情况下,这些选项或变量是 OFF(模式是读/写),但对于默认的只读模式,可以设置为 ON。

设置系统变量 transaction-isolation 或 transaction-read-only 的全局值或会话值,相当于使用 SET GLOBAL TRANSACTION 或 SET SESSION TRANSACTION 设置隔离级别或访问模式。

使用 SET TRANSACTION 语句可以指定事务访问模式。READ WRITE 表示事务以读/写模式进行,允许读取和写入在事务中使用的表,这是默认访问模式。READ ONLY 表示禁止更改事务中使用的表,可以使存储引擎能够在不允许写入时实现性能改进。在只读模式下,仍然可以使用 DML 语句更改使用 TEMPORARY 关键字创建的表。与永久表一样,不允许使用 DDL 语句进行更改、不允许在同一语句中同时指定 READ WRITE 和 READ ONLY。

使用 START TRANSACTION 语句可以为单个事务指定 READ WRITE 和 READ ONLY 访问模式。

事务隔离是数据库处理的基础之一。首字母缩写 ACID 中的 I 指的就是隔离。隔离级别是在多个事务进行更改并同时执行查询时,对结果的性能与可靠性、一致性和可重现性之间的平衡进行微调的设置。

使用 SET TRANSACTION 设置事务隔离级别时,可以使用 SQL:1992 标准描述的 4 个事务隔离级别,按从低到高的顺序排列如下。

- READ UNCOMMITTED(未提交读):指定语句可以读取已由其他事务修改但尚未提交的行。在该级别运行的事务不会阻止其他事务修改当前事务读取的数据,也不会禁止当前事务读取其他事务已修改但尚未提交的行,从而可能会产生脏读、不可重复读和幻读。这是最低的隔离级别,限制最少。

- READ COMMITTED（已提交读）：指定语句不能读取已由其他事务修改但尚未提交的数据，这样可以避免脏读。其他事务可以在当前事务的各个语句之间更改数据，从而产生不可重复读和幻读。

- REPEATABLE READ（可重复读）：指定语句不能读取已由其他事务修改但尚未提交的行，并且指定其他任何事务都不能在当前事务完成之前修改由当前事务读取的数据，不会产生脏读和不可重复读，但有可能产生幻读。这是 InnoDB 的默认隔离级别，适用于大多数应用程序。

- SERIALIZABLE（可序列化）：语句不能读取已由其他事务修改但尚未提交的数据，任何其他事务都不能在当前事务完成之前修改由当前事务读取的数据，在当前事务完成之前其他事务不能使用当前事务中任何语句读取的键值插入新行，不会产生脏读、不可重复读和幻读。这是最高的隔离级别，其限制最多，但在实际生产环境中很少使用这种隔离级别，因为它在应对高并发访问时性能不足。

当通过不同事务访问相同数据时，可能发生以下问题。

- 脏读：事务 A 读到了事务 B 未提交的数据，如果事务 B 回滚操作，则事务 A 所读取的数据就是不正确的。

- 不可重复读：事务 A 第一次查询得到一行记录 R，事务 B 提交修改后，事务 A 第二次查询又得到记录 R，但其列内容发生了变化。

- 幻读：事务 A 第一次查询得到一行记录 R1，事务 B 提交修改后，事务 A 第二次查询却得到两行记录 R1 和 R2。

4 种不同隔离级别可能产生的问题在表 7.1 中列出。

表 7.1　不同隔离级别可能产生的问题

隔 离 级 别	脏　　读	不可重复读	幻　　读
READ UNCOMMITTED（未提交读）	Yes	Yes	Yes
READ COMMITTED（已提交读）	No	Yes	Yes
REPEATABLE READ（可重复读）	No	No	Yes
SERIALIZABLE（可序列化）	No	No	No

在实际应用中，要在权衡结果的可靠性、一致性和可重现性与结果的性能的基础上选择一种适当的隔离级别。如果没有特殊要求，使用默认的 REPEATABLE READ 隔离级别即可。

【例 7.6】设置和查看全局与会话事务隔离级别。

使用 mysql 客户端工具，连接到 MySQL 服务器上，然后输入以下语句。

```
mysql> SET GLOBAL TRANSACTION ISOLATION LEVEL REPEATABLE READ;
mysql> SET SESSION TRANSACTION ISOLATION LEVEL SERIALIZABLE;
mysql> SELECT @@GLOBAL.transaction_isolation, @@transaction_isolation;
```

执行结果如图 7.6 所示。

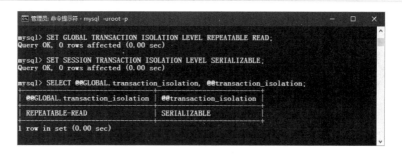

图 7.6　设置和查看全局与会话事务隔离级别

【例 7.7】打开两个 mysql 命令行客户端工具，分别用 A 和 B 表示，不断改变 A 端的事务隔离级别并在 B 端修改数据，测试在 A 读取数据和在 B 更新数据时可能出现的问题。

1. 测试未提交读隔离模式下的赃读问题

（1）使用 mysql 客户端 A 连接到 MySQL 服务器上，在 test 数据库中，创建名为 tx 的表并插入 3 行数据，将会话事务隔离级别设置为未提交读，然后读取数据，SQL 语句如下。

```
mysql> USE test;
mysql> CREATE TABLE IF NOT EXISTS tx (
          id INT NOT NULL AUTO_INCREMENT PRIMARY KEY,
          num INT NULL DEFAULT NULL
       ) ENGINE=InnoDB;
mysql> INSERT INTO tx (num) VALUES (10), (20), (30);
mysql> SET SESSION TRANSACTION ISOLATION LEVEL READ UNCOMMITTED;
mysql> SELECT @@transaction_isolation;
mysql> START TRANSACTION;
mysql> SELECT * FROM tx;
```

执行结果如图 7.7 所示。

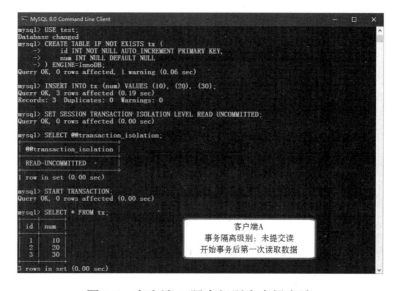

图 7.7　客户端 A 隔离级别为未提交读

（2）使用 mysql 客户端 B 连接到 MySQL 服务器上，以默认事务隔离级别开始事务并对 tx 表中第一行数据进行更新，然后回滚当前事务，SQL 语句如下。

```
mysql> USE test;
mysql> START TRANSACTION;
mysql> UPDATE tx SET num=999 WHERE id=1;
mysql> SELECT * FROM tx;
```

执行结果如图 7.8 所示。

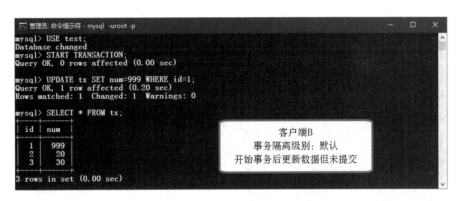

图 7.8　客户端 B 更新数据然后回滚当前事务

（3）切换到客户端 A 读取数据，SQL 语句如下。

```
mysql> START TRANSACTION;
Query OK,0 rows affected (0.00 sec)
mysql> SELECT * FROM tx;
```

此时，读取到未提交的数据，产生赃读问题。

执行结果如图 7.9 所示。

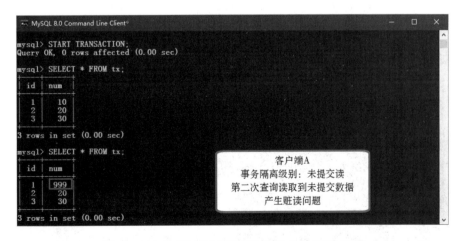

图 7.9　在未提交读隔离模式下产生赃读问题

（4）切换到客户端 B，使用 ROLLBACK 回滚事务，撤销更新，SQL 语句如下。

```
mysql> ROLLBACK;
```

2. 测试已提交读隔离模式下的不可重复读问题

（1）在客户端工具窗口 A 中，将当前事务的隔离模式设置为已提交读并开始事务，然后读取数据，SQL 语句如下。

```
mysql> SELECT @@transaction_isolation;
mysql> START TRANSACTION;
mysql> SELECT * FROM tx;
```

执行结果如图 7.10 所示。

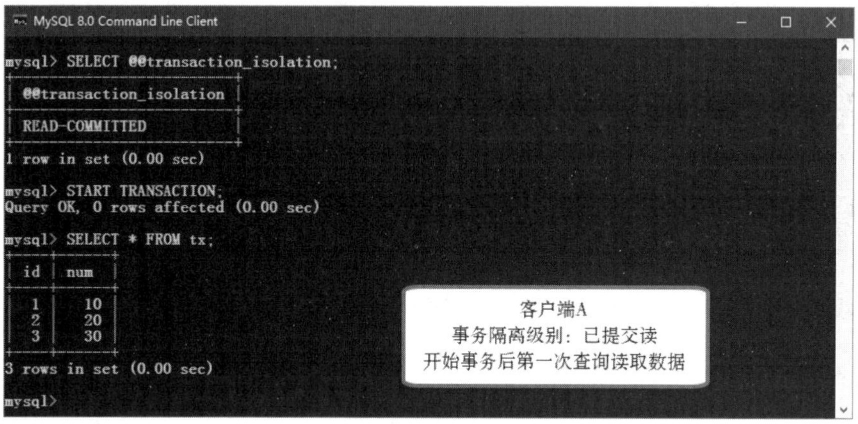

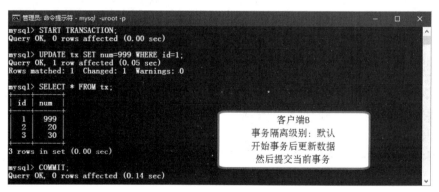

图 7.10　客户端 A 隔离级别为已提交读

（2）切换到客户端 B，开始事务并更新第一行数据，查询数据，然后提交当前事务，SQL 语句如下。

```
mysql> START TRANSACTION;
mysql> UPDATE tx SET num=999 WHERE id=1;
mysql> SELECT * FROM tx;
mysql> COMMIT;
```

执行结果如图 7.11 所示。

图 7.11　客户端 B 更新数据并提交当前事务

（3）切换到客户端 A，查询数据，SQL 语句如下。

```
mysql> SELECT * FROM tx;
```

执行结果如图 7.12 所示。

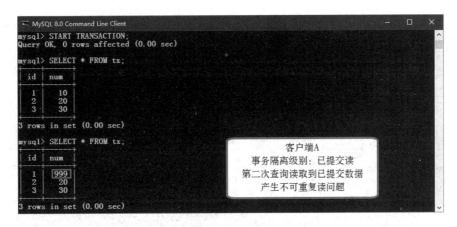

图 7.12　在未提交读隔离模式下产生不可重复问题

3. 测试可重复读隔离模式下的幻读问题

（1）在客户端 A 中，将当前事务的隔离模式设置为可重复读并开始事务，然后读取数据，SQL 语句如下。

```
mysql> SET SESSION TRANSACTION ISOLATION LEVEL REPEATABLE READ;
mysql> SELECT @@transaction_isolation;
mysql> START TRANSACTION;
mysql> SELECT * FROM tx;
```

执行结果如图 7.13 所示。

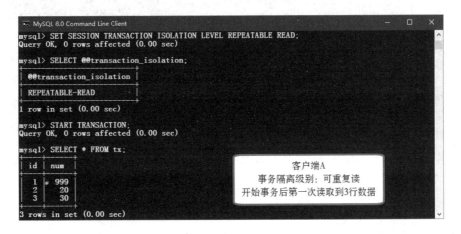

图 7.13　客户端 A 事务隔离级别为可重复读

（2）切换到客户端 B，开始事务并插入一行数据，查询数据，然后，提交当前事务，SQL 语句如下。

```
mysql> START TRANSACTION;
mysql> INSERT INTO tx (num) VALUES (40);
mysql> SELECT * FROM tx;
mysql> COMMIT;
```

执行结果如图 7.14 所示。

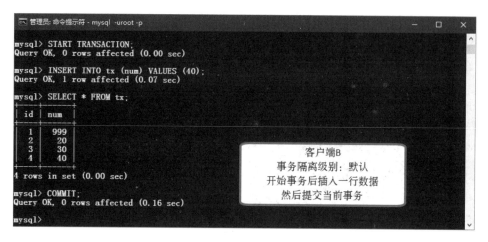

图 7.14　客户端 B 插入新行并提交当前事务

（3）切换到客户端 A，查询数据，SQL 语句如下。

```
mysql> SELECT * FROM tx;
```

当前事务第一次查询到 3 行数据，第二次则查询到 4 行数据，产生幻读问题。
执行结果如图 7.15 所示。

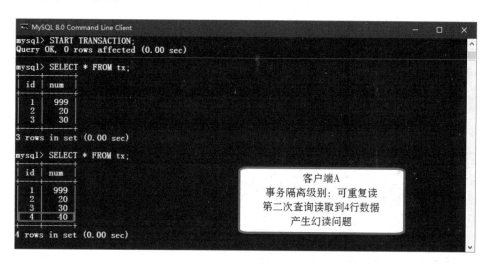

图 7.15　在可重复读隔离模式下产生幻读问题

4. 测试可序列化隔离模式

（1）在客户端 A 中，将当前事务的隔离模式设置为可序列化并开始事务，然后，读取数据，SQL 语句如下。

```
mysql> SET SESSION TRANSACTION ISOLATION LEVEL SERIALIZABLE;
mysql> SELECT @@transaction_isolation;
mysql> START TRANSACTION;
mysql> SELECT * FROM tx;
```

执行结果如图 7.16 所示。

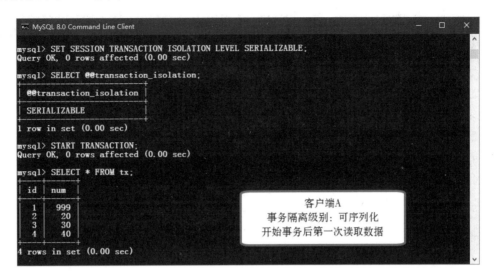

图 7.16　客户端 A 事务隔离级别为可序列化

（2）切换到客户端 B，开始事务并插入一行数据，查询数据，然后提交当前事务，SQL
语句如下。

```
mysql> SELECT @@transaction_isolation;
mysql> START TRANSACTION;
mysql> INSERT INTO tx (num) VALUES (50);
mysql> COMMIT;
mysql> SELECT * FROM tx;
```

由于事务 A 的隔离级别设置为可序列化，开始事务后并没有提交，此时，事务 B 只能等
待，锁定超时后出现了错误，错误代码为 1250。

执行结果如图 7.17 所示。

图 7.17　在可序列化隔离模式下产生锁定超时

7.2 锁定

前面介绍的事务仅适用于 InnoDB 表，这是 MySQL 支持的 ACID 规则事务表类型。其他表类型不支持事务，而这些表类型至今仍然可以在 MySQL 服务器环境中使用，对于这些表类型，可以通过锁定机制来防止某个用户已经占用了某种数据资源时其他用户影响其数据操作，从而避免发生数据非完整性和非一致性问题。

7.2.1 锁定级别

MySQL 使客户端会话能够显式获取表级锁定，以便通过与其他会话协作来实现表的访问，或者防止其他会话在需要对表进行独占访问期间修改表。一个会话只能为自己获取或释放锁定，而无法获取另一个会话的锁定或释放另一个会话持有的锁定。锁定可以用于模拟事务或在更新表时获得更快的速度。在 MySQL 中，锁定分为以下几种情况。

1. 表级锁定

表级锁定是一种特殊的锁定，整个表都被用户锁定，其他用户不能向表中插入行，甚至从表中获取数据也会受到限制。MyISAM 表仅支持表级锁定，当涉及大量读操作而不是写操作时，表级锁定提供了优于页行锁定和行级锁定的性能。

2. 页级锁定

MySQL 锁定表中的某些行。被锁定的行只对锁定最初的线程是可行的，如果另外一个线程要向这些行中写数据，就必须等到锁被释放。不过其他页中的行仍可以使用。

3. 行级锁定

与表级锁定或页级锁定相比，行级锁定提供了更精细的控制。在这种情况下，只有线程使用的行是被锁定的，表中的其他行对于其他线程都是可用的。在多用户环境中，行级锁定降低了线程之间的冲突，可以使多个用户同时从同一个表中读取数据甚至写数据。InnoDB 表类型在事务中自动执行行级锁定。

4. 死锁

当多个用户同时访问一个数据库时，死锁是一种经常遇到的现象。如果两个用户都在等待对方的数据，就会产生一个死锁。假如用户 user1 在 R1 行上定义了一个锁，并且希望在 R2 行上也放置一个锁，与此同时用户 user2 是 R2 行上的一个锁的拥有者，并且希望在 R1 行上也放置一个锁，则这两个用户相互等待，从而产生死锁。在数据库应用开发中，要尽量降低发生死锁的概率。

7.2.2　获取表级锁定

在 MySQL 中，可以使用 LOCK TABLES 语句显式获取当前客户端会话的表级锁定，语法格式如下。

```
LOCK TABLES
表名 [[AS] 别名] 锁定类型
[, 表名 [[AS] 别名] 锁定类型] ...
锁定类型:
{READ [LOCAL] | [LOW_PRIORITY] WRITE}
```

使用 LOCK TABLES 语句，可以为基表或视图获取表级锁定。执行该语句时，必须拥有对每个要锁定对象的 LOCK TABLES 权限和 SELECT 权限。

对于视图锁而言，LOCK TABLES 语句将视图中使用的所有基表添加到要锁定的表集中并自动锁定。如果使用 LOCK TABLES 显式锁定表，则触发器中使用的任何表也将被隐式锁定。

如果使用 LOCK TABLES 语句显式锁定表，则会打开并隐式锁定由外键约束关联的所有表。对于外键检查，在相关表上执行共享只读锁定（LOCK TABLES READ）。对于级联更新，对操作中涉及的相关表采用无共享写锁定（LOCK TABLES WRITE）。

在获取新的锁定之前，LOCK TABLES 会隐式释放当前会话持有的任何表级锁定。

表级锁定仅保护其他会话不适当的读取或写入。持有 WRITE 锁定的会话可以执行表级操作，如 DROP TABLE 和 TRUNCATE TABLE。对于持有 READ 锁定的会话，不允许执行 DROP TABLE 和 TRUNCATE TABLE 操作。

对于 TEMPORARY 表，允许但忽略 LOCK TABLES 语句。该表可以通过创建它的会话自由访问，而不管其他锁定可能有效。该表不需要锁定，因为没有其他会话可以看到它。

使用 LOCK TABLES 语句在当前会话中获取表级锁定时，可以使用以下锁定类型。

（1）READ [LOCAL]：持有锁定的会话可以读取但不能写入表；多个会话可以同时为表获取 READ 锁定；其他会话可以在不明确获取 READ 锁定的情况下读取表；LOCAL 修饰符允许其他会话的非冲突 INSERT 语句（并发插入）在保持锁定时执行。但是，如果要在保持锁定时使用服务器外部的进程来操作数据库，则无法使用 READ LOCAL。对于 InnoDB 表，READ LOCAL 与 READ 是相同的。

（2）[LOW_PRIORITY] WRITE：持有锁定的会话可以读写表；只有持锁定的会话才能访问该表，在释放锁定之前，没有其他会话可以访问它；保持 WRITE 锁定时，其他会话阻止对表的请求；LOW_PRIORITY 修饰符是无效的。在以前的 MySQL 版本中，它会影响锁定行

为，但现在已被弃用，如果再使用，会产生警告。使用 WRITE 而不使用 LOW_PRIORITY。

如果 LOCK TABLES 语句由于任何表上的其他会话所持有的锁定而等待，则它将一直阻塞，直到可以获取所有锁定。需要锁定的会话必须在单个 LOCK TABLES 语句中获取所需的所有锁定。在保持如此获得锁定的同时，会话只能访问锁定的表。

例如，在以下语句中尝试访问 t2 时发生错误，因为它未锁定在 LOCK TABLES 语句中。

```
mysql> LOCK TABLES t1 READ;
mysql> SELECT COUNT(*) FROM t1;
+------------+
| COUNT(*) |
+------------+
| 3        |
+------------+
mysql> SELECT COUNT(*) FROM t2;
ERROR 1100 (HY000): Table 't2' was not locked with LOCK TABLES
```

INFORMATION_SCHEMA 数据库中的表是一个例外。即使会话保持使用 LOCK TABLES 获得的表级锁定，也可以在不显式锁定的情况下访问。

不能使用相同的名称在单个查询中多次引用锁定的表。此时可以改用别名，并为表和每个别名获取单独的锁定。例如：

```
mysql> LOCK TABLES t WRITE, t AS t1 READ;
mysql> INSERT INTO t SELECT * FROM t;
ERROR 1100: Table 't' was not locked with LOCK TABLES
mysql> INSERT INTO t SELECT * FROM t AS t1;
```

第一个 INSERT 语句发生错误，因为对锁定表有两个相同名称的引用。第二个 INSERT 语句可以成功执行，因为对表的引用使用不同的名称。

如果在语句中通过别名引用表，则必须使用相同的别名锁定表。如果不指定别名，则无法锁定表。例如：

```
mysql> LOCK TABLE t READ;
mysql> SELECT * FROM t AS myalias;
ERROR 1100: Table 'myalias' was not locked with LOCK TABLES
```

相反，如果使用别名锁定表，则必须使用该别名在语句中引用。例如：

```
mysql> LOCK TABLE t AS myalias READ;
mysql> SELECT * FROM t;
ERROR 1100: Table 't' was not locked with LOCK TABLES
mysql> SELECT * FROM t AS myalias;
```

WRITE 锁定比 READ 锁定通常具有更高的优先级，以确保尽快处理更新。这意味着如果一个会话获得 READ 锁定，然后，另一个会话请求 WRITE 锁定，则后续 READ 锁定请求将等待，直到请求 WRITE 锁定的会话获得锁定并将其释放。

使用 LOCK TABLES 语句获取表级锁定的过程如下。

（1）按内部定义的顺序对要锁定的所有表进行排序。

（2）如果要使用 READ 锁定和 WRITE 锁定来锁定表，则应在 READ 锁定请求之前放置 WRITE 锁定请求。

（3）一次锁定一个表，直到会话获得所有锁定。

这个策略确保表级锁定无死锁。

【例 7.8】在学生成绩管理数据库中，对 student 表放置一个 READ 锁定。

使用 mysql 客户端工具，连接到 MySQL 服务器上，然后输入以下语句。

```
mysql> USE sams;
mysql> LOCK TABLES student READ;
```

执行结果如图 7.18 所示。

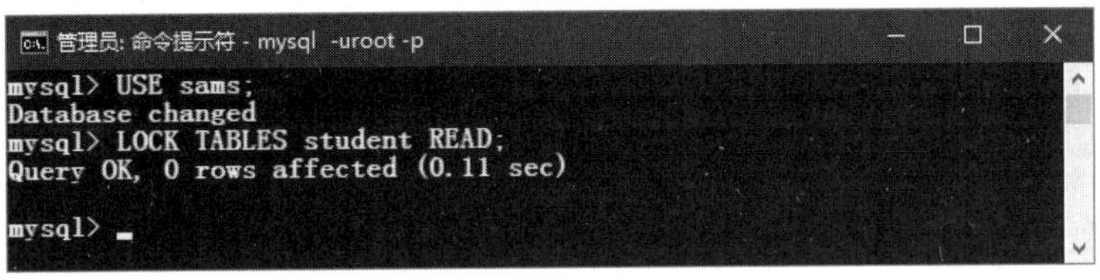

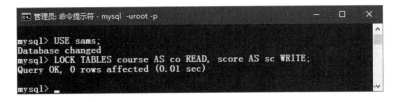

图 7.18　对表设置 READ 锁定

【例 7.9】在学生成绩管理数据库中，对 course 表放置一个 READ 锁定，对 score 表放置一个 WRITE 锁定，要求对这两个表指定别名。

使用 mysql 客户端工具，连接到 MySQL 服务器上，然后输入以下语句。

```
mysql> USE sams;
mysql> LOCK TABLES course AS co READ, score AS sc WRITE;
```

执行结果如图 7.19 所示。

图 7.19　同时对多个表设置锁定

7.2.3　释放表级锁定

在 MySQL 中，可以使用 UNLOCK TABLES 语句显式释放当前会话持有的任何表级锁定，语法格式如下。

UNLOCK TABLES

UNLOCK TABLES 语句还可以用于释放使用 FLUSH TABLES WITH READ LOCK 语句获取的全局读取锁定，这种形式的 FLUSH TABLES 语句可以锁定所有数据库中的所有表。

当释放会话持有的表级锁定时，它们将会同时释放。会话既可以使用 UNLOCK TABLES 语句显式释放其锁定，也可以在某些条件下隐式释放锁定。

如果在一个会话中发出 LOCK TABLES 语句，以便在已经持有锁定的情况下获取锁定，则在授予新的锁定之前将会隐式释放其现有锁定。

如果在会话中开始事务（如使用 START TRANSACTION 语句），则会隐式执行 UNLOCK TABLES 语句，导致释放现有锁定。

如果客户端会话的连接终止，无论是正常还是异常，服务器都会隐式释放会话持有的所有表级锁定（事务性和非事务性）。当客户端重新连接时，锁定将不再有效。此外，如果客户端具有活动事务，则服务器在断开连接时将回滚事务。当客户端重新连接时，新的会话将以启用自动提交模式开始。因此，客户端可能希望禁用自动重新连接。使用自动重新连接时，如果发生重新连接，则不会通知客户端，但任何表级锁或当前事务都将丢失。禁用自动重新连接后，如果连接断开，则发出的下一个语句将发生错误。客户端可以检测错误并采取适当的操作，如重新获取锁定或重启事务。

如果在锁定的表上使用 ALTER TABLE 语句，则可能会解锁。例如，如果尝试第二次 ALTER TABLE 操作，结果可能出现错误。要处理此问题，应在第二次更改之前再次锁定表。

7.2.4 锁定与事务的交互

LOCK TABLES 和 UNLOCK TABLES 与事务的相互作用表现在以下几个方面。

（1）LOCK TABLES 不是事务安全的，并且在尝试锁定表之前隐式提交任何活动事务。

（2）UNLOCK TABLES 隐式提交任何活动事务，仅当 LOCK TABLES 用于获取表级锁定时。例如，在以下语句序列中，UNLOCK TABLES 释放全局读锁但不会提交事务，因为没有表级锁定是有效的：

```
FLUSH TABLES WITH READ LOCK;
START TRANSACTION;
SELECT ... ;
UNLOCK TABLES;
```

（3）当开始事务（如使用 START TRANSACTION 语句）时，将隐式提交任何当前事务并释放现有表级锁定。

（4）具有 READ LOCK 的 FLUSH TABLES 获取全局读取锁定而不是表级锁定，因此，在表级锁定和隐式提交方面，它不受与 LOCK TABLES 和 UNLOCK TABLES 相同的行为约束。例如，START TRANSACTION 不会释放全局读锁定。

（5）隐式导致提交事务的其他语句不会释放现有的表级锁定。

（6）对事务表（如 InnoDB 表）使用 LOCK TABLES 和 UNLOCK TABLES 的正确方法是使用 SET autocommit = 0 禁用自动提交模式，而不是使用 START TRANSACTION 开始一个事务，然后使用 LOCK TABLES，并且在明确提交事务之前不要调用 UNLOCK TABLES。例如，如果需要写入表 t1 并从表 t2 读取，则可以执行以下操作。

```
SET autocommit=0;
LOCK TABLES t1 WRITE, t2 READ, ...;
... do something with tables t1 and t2 here ...
COMMIT;
UNLOCK TABLES;
```

当调用 LOCK TABLES 语句时，InnoDB 在内部拥有自己的表锁，而 MySQL 也拥有自己的表锁。InnoDB 会在下次提交时释放其内部表锁，但是为了释放其表锁，MySQL 必须调用 UNLOCK TABLES。不应该使用 autocommit = 1，因为 InnoDB 在调用 LOCK TABLES 后会立即释放它的内部表锁，并且很容易发生死锁。当设置 autocommit 为 1 时，为了帮助旧应用程序避免不必要的死锁，InnoDB 根本不会获取内部表锁。

（7）执行 ROLLBACK 语句不会释放表级锁定。

7.2.5　表级锁定与触发器

如果使用 LOCK TABLES 语句显式锁定表，则触发器中使用的任何表也会隐式锁定。

（1）锁定与使用 LOCK TABLES 语句显式获取的锁定时间相同。

（2）触发器中使用表上的锁定取决于该表是否仅用于读取。如果是则使用读取锁定，否则使用写入锁定。

（3）如果为了读取数据而使用 LOCK TABLES 语句显式锁定表，又要为写入数据需要而锁定表，则将执行写入锁定而不是读取锁定。换言之，由于表在触发器中的出现而需要隐式写入锁定，这将导致表的显式读取锁定请求转换为写入锁定请求。

假设使用以下语句对两个表 t1 和 t2 进行读取锁定。

```
mysql> LOCK TABLES t1 WRITE, t2 READ;
```

如果表 t1 或 t2 中存在触发器，则触发器中使用的表也将被锁定。现在，假设表 t1 有一个触发器，其定义如下。

```
mysql> CREATE TRIGGER t1_a_ins AFTER INSERT ON t1 FOR EACH ROW
    BEGIN
        UPDATE t4 SET count = count+1
        WHERE id = NEW.id AND EXISTS (SELECT a FROM t3);
```

```
        INSERT INTO t2 VALUES(1, 2);
    END;
```

执行 LOCK TABLES 语句的结果是表 t1 和 t2 被锁定，因为它们本身就出现在该语句中，并且表 t3 和 t4 被锁定，因为它们在触发器中使用。

根据 WRITE 锁定请求锁定 t1 以进行写入。

即使请求是用于 READ 锁定，t2 也会被锁定以进行写入。这是因为在触发器内向表 t2 插入，因此，READ 请求被转换为 WRITE 请求。

t3 被锁定以进行读取，因为它仅在触发器内读取。

t4 被锁定以进行写入，因为它可能在触发器中更新。

习　题　7

一、选择题

1. 在下列各项中，（　　）不是事务必须具有的属性。

    A. 原子性　　　　　　　B. 一致性　　　　　　C. 隔离性　　　　D. 完整性

2. 在下列语句中，（　　）在执行后不会导致事务隐式提交。

    A. UPDATE　　　　　　　　　　B. CREATE DATABASE

    C. CREATE TABLE　　　　　　　D. ALTER TABLE

3. 在下列事务隔离级别中，级别最高的是（　　）。

    A. READ COMMITTED　　　　　B. READ UNCOMMITTED

    C. SERIALIZABLE　　　　　　　D. REPEATABLE READ

二、判断题

1. 事务是由一组 SQL 语句组成的逻辑处理单元。　　　　　　　　　　　　　（　　）

2. 在 MySQL 中，当前会话的自动提交模式默认为禁用。　　　　　　　　　（　　）

3. 使用 START TRANSACTION 语句将会启用自动提交模式。　　　　　　　（　　）

4. 开始事务将会导致提交任何挂起的事务。　　　　　　　　　　　　　　　（　　）

5. AND CHAIN 子句导致新事务在当前事务结束后立即开始，并且新事务与刚刚终止的事务具有相同的隔离级别。　　　　　　　　　　　　　　　　　　　　　　　　　（　　）

6. COMMIT RELEASE 语句使服务器在终止事务之后不会断开连接。　　　　（　　）

7. 默认的事务完成行为取决于系统变量 completion_type 的值。　　　　　　（　　）

8. 创建数据库和表的语句都是可以回滚的。　　　　　　　　　　　　　　　（　　）

9. 使用 ROLLBACK TO SAVEPOINT 语句，可以将当前事务回滚到指定的保存点。（　　）

10. 执行 COMMIT 不会删除当前事务中的所有保存点。　　　　　　　　　　（　　）

11. 脏读是指一个事务读取到了另一个事务未提交的数据。 （ ）

12. 不可重复读是指在同一个事务范围内，两个相同的查询返回了不同数据。 （ ）

13. 设置事务隔离级别为 READ COMMITTED 可以避免出现幻读。 （ ）

三、操作题

1. 查看全局变量和会话变量 autocommit 的值。

2. 查看全局变量和会话变量 completion_type 的值。

3. 在学生成绩管理数据库中开始一个事务，并在修改学生成绩后回滚事务。

4. 以学生成绩管理数据库的成绩表为例，使用 mysql 客户端工具对 4 种事务隔离级别进行测试。

5. 在学生成绩管理数据库中，对学生表放置一个 WRITE 锁定。

第 8 章　数据库的备份与恢复

为了保证数据库的安全性和完整性，在使用数据库的过程中，通常要通过备份来制作数据库副本并将其存储到新的位置。日后一旦出现了数据故障，就可以通过恢复将先前备份好的数据重新加载到数据库系统，从而使数据库恢复到备份时的正确状态。MySQL 拥有强大的备份和恢复功能，为存储数据库中的关键数据提供了重要的保护手段。本章讨论如何使用 SQL 语句和客户端程序对 MySQL 数据库进行备份和恢复。

8.1　使用 SQL 语句

在 MySQL 中，可以使用 SQL 语句实现数据的导出、导入，即通过 SELECT ... INTO OUTFILE 语句将数据库表中的数据导出到文本文件中，或者通过 LOAD DATA INFILE 语句将文本文件中的数据导入表中。但使用这种方法只能导出、导入表的数据，并不包括表的结构。如果表的结构损坏，则必须先恢复或重建表的结构。

8.1.1　SELECT ... INTO OUTFILE

SELECT ... INTO OUTFILE 语句，可以将通过查询选定的行写入文件中，并通过指定列和行的结束符来指定输出格式，语法格式如下。

```
SELECT [列名列表] FROM 表名 [WHERE 条件]
    INTO OUTFILE '文件名' 导出选项
    | DUMPFILE '文件名'
导出选项:
    [FIELDS TERMINATED BY '字符串'
        [ENCLOSED BY '字符']
        [OPTIONALLY ENCLOSED BY '字符']
        [ESCAPED BY '字符']
    [LINES STARTING BY '字符串'
        [TERMINATED BY '字符串']]
```

其中，INTO OUTFILE 子句设置目标文件的路径。在默认情况下，导出文件的保存位置为 C:\ProgramData\MySQL\MySQL Server 8.0\Uploads，可以在 MySQL 配置文件 my.ini 中通过设置 secure_file_priv 选项来指定导出文件的保存位置。例如，secure_file_priv = D:/MySQL。

FIELDS 子句用于设置字段的分隔符、定界符和转义字符，相关选项如下。

- TERMINATED BY '字符串'：用于设置字符串为字段之间的分隔符，可以为单个或多个字符。默认值是制表符"\t"。

- ENCLOSED BY '字符'：用于设置字段值的定界符，必须是单个字符。在默认情况下，不使用任何符号。

- OPTIONALLY ENCLOSED BY '字符'：用于设置字符串类型字段的定界符。在默认情况下，不使用任何符号。

- ESCAPED BY '字符'：用于设置转义字符，只能是单个字符。默认值为"\"。

LINES 子句字将用于设置行的开头和结尾的字符，相关选项如下。

- STARTING BY '字符串'：用于设置每行数据开头的字符，可以是单个或多个字符。在默认情况下不使用任何字符。

- TERMINATED BY '字符串'：用于设置每行数据结尾的字符，可以是单个或多个字符。默认值为"\n"。

如果不指定 FIELDS 和 LINES 子句，则默认使用以下设置。

```
FIELDS TERMINATED BY '\t' ENCLOSED BY '' ESCAPED BY '\\'
LINES TERMINATED BY '\n'
```

如果使用 SELECT ... INTO DUMPFILE 语法格式，则会将查询到的单一行写入文件中，而且不进行任何格式化设置。如果此时查询返回了多行，则会出现错误 1172 (42000)。

> **注意**：使用 SELECT...INTO OUTFILE 语句时，导出的目标文件将被创建到 MySQL 服务器的主机上，因此，必须拥有创建文件权限才能使用这种语法格式。语句中指定目标文件不能是一个已经存在的文件，而且导出的路径必须是在配置文件中设置的文件夹，否则会出现错误。SELECT...INTO OUTFILE 语句可以快速地把一个表转存到服务器的主机上。如果想要在服务器主机之外的部分客户主机上创建结果文件，则不能使用 SELECT...INTO OUTFILE。在这种情况下，应该在客户主机上使用 mysql -e "SELECT ..." > file_name 命令来生成结果文件。

【例 8.1】在学生成绩管理数据库中，将学生表中的数据导出到文本文件中。

使用 mysql 客户端工具，连接到 MySQL 服务器上，然后输入以下语句。

```
mysql> USE sams;
mysql> SELECT * FROM student
       INTO OUTFILE 'D:/MySQL/student.txt'
```

```
FIELDS TERMINATED BY ','
    OPTIONALLY ENCLOSED BY '"' ESCAPED BY '\\'
LINES TERMINATED BY '\r\n';
```

执行结果如图 8.1 所示。

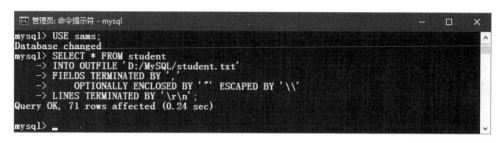

图 8.1　将表数据导出到文本文件中

用记事本程序打开导出的文本文件，即可看到所导出的数据内容，如图 8.2 所示。

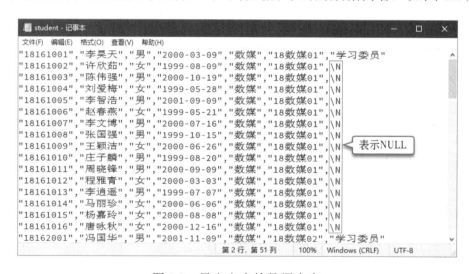

图 8.2　导出文本的数据内容

【**例 8.2**】在学生成绩管理数据库中，将一行数学成绩数据导出到文本文件中。

使用 mysql 客户端工具，连接到 MySQL 服务器上，然后输入以下语句。

```
mysql> USE sams;
mysql> SELECT * FROM st_sc_view WHERE 课程='数学' LIMIT 1
    INTO DUMPFILE'D:/MySQL/math_score.txt';
```

执行结果如图 8.3 所示。

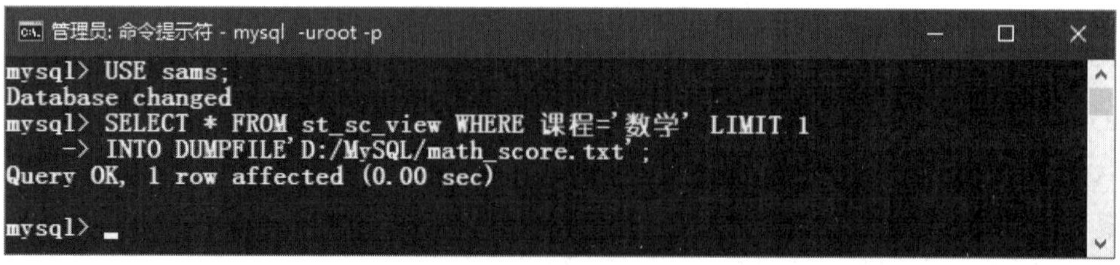

图 8.3　导出一行数学成绩

用记事本程序打开导出的文本文件，即可看到所导出的文本内容，如图 8.4 所示。

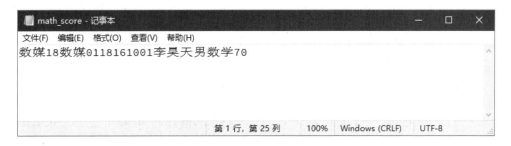

图 8.4　导出文本的文件内容

8.1.2　LOAD DATA INFILE

LOAD DATA INFILE 语句是 SELECT…INTO OUTFILE 语句的补充。使用 SELECT…INTO OUTFILE 语句可以将表中的数据写入文件；反过来，要将文件中的数据读回表中，则应当使用 LOAD DATA INFILE 语句，语法格式如下。

```
LOAD DATA [LOW_PRIORITY | CONCURRENT] [LOCAL] INFILE '文件名'
[REPLACE | IGNORE]
INTO TABLE 表名
[CHARACTER SET 字符集名]
[{FIELDS | COLUMNS}]
[TERMINATED BY '字符串']
[[OPTIONALLY] ENCLOSED BY '字符']
[ESCAPED BY '转义字符']]
[LINES
[STARTING BY '字符串']
[TERMINATED BY '字符串']]
[IGNORE 行数 {LINES | ROWS}]
[(列名或用户变量[, ...])]
[SET 列名={表达式 | DEFAULT}[, ...]}]]
```

如果使用 LOW_PRIORITY 选项，则延迟执行 LOAD DATA 语句，直到没有其他客户端从表中读取为止。如果指定 CONCURRENT 选项，则当 LOAD DATA 语句正在执行时，其他线程可以从表中获取数据。

如果指定 LOCAL 修饰符，则文件会被客户主机上的客户端程序读取并发送到服务器。文件可以作为完整的路径名称提供，以指定确切的位置。如果给定一个相对路径名称，则相对于启动客户端程序的目录来解释此名称。如果没有指定 LOCAL，则文件必须位于服务器主机上，并且由服务器直接读取。

文件名用于指定要加载的文件，该文件中包含要导入数据库表中的数据行。该文件既可以是 SELECT…INTO OUTFILE 语句导出数据时生成的，也可以是使用其他应用程序（如记事本）创建的。指定文件名时，如果使用绝对路径，则 MySQL 按照这个路径搜索文件。如果使用相对路径，则 MySQL 会搜索相对于服务器数据目录的文件；如果只给出文件名，则 MySQL 将在默认数据库的数据库目录中读取。在 Windows 平台上，路径名中的反斜杠 "\" 应指定为正斜杠 "/" 或双反斜杠 "\\"。

REPLACE 和 IGNORE 关键字用于控制输入记录的操作。如果指定 REPLACE，则当文件中出现与原有行相同的唯一键值时，输入行会替换原有行。如果指定 IGNORE，则跳过原有行有相同的唯一键值的输入行。如果这两个选项都不指定，则运行情况将根据是否指定 LOCAL 而定。当不使用 LOCAL 时，如果出现重复键值，则会发生错误并忽略剩下的文本文件。如果使用 LOCAL 修饰符，则默认的运行情况与指定 IGNORE 时的情况相同，这是因为在运行期间服务器是无法中止文件传输的。

表名用于指定要导入数据的数据库表。该表必须在数据库中存在，而且表的结构必须与导入文件中的数据行一致。

CHARACTER SET 子句用于指定文件的字符集。MySQL 服务器使用 character_set_database 系统变量指示的字符集来解释文件中的信息。SET NAMES 和 character_set_client 的设置不影响输入的解释。如果输入文件的内容使用的字符集与默认值不同，最好使用 CHARACTER SET 子句来指定文件的字符集。目前，无法加载使用 ucs2、utf16、utf16le 和 utf32 字符集的数据文件。

对于 LOAD DATA INFILE 语句和 SELECT ... INTO OUTFILE 语句，FIELDS 和 LINES 子句的语法是相同的，请参阅 8.1.1 节。这两个子句都是可选的，但如果指定了两个子句，则 FIELDS 必须在 LINES 之前。

如果指定 FIELDS 子句，则 TERMINATED BY、[OPTIONALLY] ENCLOSED BY 和 ESCAPED BY 子句也是可选的，但至少要指定其中的一个子句。这些子句的参数仅包含 ASCII 字符。反斜杠是 SQL 语句字符串中的 MySQL 转义字符，因此，要使用反斜杠必须指定为 "\\"，转义序列 "\t" 和 "\n" 分别表示制表符和换行符。

如果没有指定 FIELDS 或 LINES 子句，则使用以下默认值。

```
FIELDS TERMINATED BY '\t' ENCLOSED BY '' ESCAPED BY '\\'
LINES TERMINATED BY '\n' STARTING BY ''
```

IGNORE 行数 LINES 子句用于指定在文件开头忽略前几行。例如，使用 IGNORE 1 LINES 可以跳过一个包含列名的标题行。例如：

```
LOAD DATA INFILE 'D:/MySQL/test.txt'
INTO TABLE test IGNORE 1 LINES;
```

在默认情况下，如果在 LOAD DATA INFILE 语句末尾没有提供列名列表，则输入行应包含每个表列的字段。如果只想加载表中的部分列或者输入文件中字段的顺序与表中列的顺序不同，则应指定一个列清单，其中可以包含列名或用户变量。例如：

```
LOAD DATA INFILE 'test.txt'
INTO TABLE test (col1, col2, col3);
```

在使用用户变量时，使用 SET 子句在将结果分配给列之前对其值执行转换。SET 子句中的用户变量可以多种方式使用。例如，下例中直接使用第一个输入列作为 t1.column1 的值，并将第二个输入列分配给用户变量，该变量在用于 t1.column2 的值之前经过除法运算。

```
LOAD DATA INFILE 'file.txt'
INTO TABLE t1 (column1, @var1)
SET column2=@var1/100;
```

SET 子句可以用于提供不是从输入文件导入的数据。例如，下面的语句将 column3 设置为当前日期和时间。

```
LOAD DATA INFILE 'file.txt'
INTO TABLE t1 (column1, column2)
SET column3 = CURRENT_TIMESTAMP;
```

也可以通过将输入值分配给用户变量而不将变量分配给表列，从而丢弃输入值。例如：

```
LOAD DATA INFILE 'file.txt'
INTO TABLE t1
(column1, @dummy, column2, @dummy, column3);
```

【例 8.3】在学生成绩管理数据库中创建一个学生表，然后将例 8.1 中所导出文本文件中的数据导入学生表中。

使用 mysql 客户端工具，连接到 MySQL 服务器上，然后输入以下语句。

```
mysql> USE sams;
mysql> CREATE TABLE IF NOT EXISTS 学生
        LIKE student;
mysql> LOAD DATA INFILE 'D:/MySQL/student.txt'
        REPLACE
        INTO TABLE 学生
        FIELDS TERMINATED BY ','
            OPTIONALLY ENCLOSED BY '"' ESCAPED BY '*'
        LINES TERMINATED BY '\r\n';
mysql> SELECT * FROM 学生;
```

执行结果如图 8.5 所示。

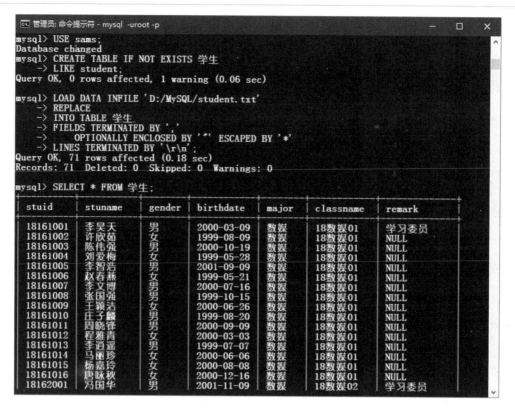

图 8.5　导入并查看数据

8.2　使用客户端工具

在默认情况下，安装 MySQL 时会在 MySQL Server 8.0\bin 文件夹中安装一些命令行工具，其中，包括数据库备份客户端程序 mysqldump 和数据导入客户端程序 mysqlimport，前者可以将 MySQL 数据库作为 SQL 语句、文本和 XML 转储到文件中，后者则使用 LOAD DATA INFILE 将文本文件导入 MySQL 数据库的相关表中。这两个命令行工具的使用方法如下。

8.2.1　mysqldump

mysqldump 客户端实用程序用于执行数据库的逻辑备份。可以生成一组 SQL 语句，即根据要备份的表结构生成相应的 CREATE 语句，并将表中的所有记录转换成相应的 INSERT 语句，表的结构和数据以 SQL 语句的形式存储在脚本文件中，通过执行该脚本文件可以重现原始数据库对象定义和表数据。

使用 mysqldump 可以对数据库进行备份，即在同一个 MySQL 服务器上转储一个或多个 MySQL 数据库，或将数据库传输到另一个 MySQL 服务器。使用 mysqldump 还可以生成 CSV、其他分隔文本和 XML 格式的输出。

1. mysqldump 的调用方式

mysqldump 通常有以下 3 种调用方式。

（1）要备份单个数据库及其表结构和数据，可以使用以下命令格式。

```
mysqldump [选项] 数据库名 [表名 ...]
```

其中，数据库名指定要备份的数据库；表名指定转储的表，可以指定多个表名，各种表名之间用空格分隔。如果不提供表名，则会备份整个数据库。当使用这种命令格式时，不会生成 CREATE DATABASE 语句。

（2）要备份多个数据库，可以使用以下命令格式。

```
mysqldump [选项] --databases 数据库名 ...
```

其中，--databases 用于指定多个数据库。数据库名指定要备份的数据库，可以指定多个数据库，数据库名之间用空格分隔。当使用这种语法格式时，会自动生成 CREATE DATABASE 和 USE 语句。

（3）要备份 MySQL 服务器上的所有数据库，可以使用以下命令格式。

```
mysqldump [选项] --all-databases
```

其中，--all-databases 用于指定整个 MySQL 服务器上的所有数据库。

2. mysqldump 命令选项

mysqldump 命令行工具有很多选项，这些选项用于控制数据库转储过程的各个方面，包括服务器连接、配置文件、数据定义、调试、帮助信息、国际化、复制、输出格式、过滤、性能和事务等。下面列出常用的 mysqldump 命令选项。

- --host=主机名，-h 主机名：指定服务器主机，将从给定主机上的 MySQL 服务器转储数据。默认主机为 localhost。
- --login-path=name：从登录路径文件.mylogin.cnf 指定登录路径中的读取选项。"登录路径"是一个选项组，其中，包含要连接到哪个 MySQL 服务器及要进行身份验证的账户的选项。要创建或修改登录路径文件，请使用 mysql_config_editor 实用程序。通过创建登录路径文件，可以实现 MySQL 服务器的免密登录，使用客户端工具连接 MySQL 服务器时，不需要输入用户名和密码。
- --password[=密码]，-p[密码]：指定连接服务器时使用的密码。如果使用短格式，则选项-p 与密码之间不能有空格。如果在命令行上省略--password 或-p 选项后面的密码值，则 mysqldump 会提示输入密码。在命令行上指定密码是不安全的，可以使用配置文件以避免在命令行上提供密码。
- --port=端口号，-P 端口号：用于指定连接的 TCP/IP 端口号。
- --user=用户名，-u 用户名：连接到服务器时使用的 MySQL 用户名。

- --add-drop-database：在每个 CREATE DATABASE 语句之前编写 DROP DATABASE 语句。这个选项通常与--all-databases 或--databases 选项一起使用，只有指定了其中的一个选项，才会写入 CREATE DATABASE 语句。

- --add-drop-table：在每个 CREATE TABLE 语句之前编写 DROP TABLE 语句。

- --add-drop-trigger：在每个 CREATE TRIGGER 语句之前编写 DROP TRIGGER 语句。

- --no-create-db，-n：如果给出了--databases 或--all-databases 选项，则禁止在输出中包含 CREATE DATABASE 语句。

- --no-create-info，-t：不编写创建每个转存表的 CREATE TABLE 语句。

- --replace：编写 REPLACE 语句而不是 INSERT 语句。

- --default-character-set=字符集名称：指定要使用的默认字符集。如果未指定字符集，则 mysqldump 使用 utf8。

- --compact：产生更紧凑的输出。

- --compatible=名称：生成与其他数据库系统或旧 MySQL 服务器更兼容的输出。此选项唯一允许的值是 ansi。

- --complete-insert，-c：使用包含列名的完整 INSERT 语句。

- --create-options：在 CREATE TABLE 语句中包含所有特定于 MySQL 的表选项。

- --fields-terminated-by=... ， -fields-enclosed-by=... ， -fieldsoptionally-enclosed-by=... ， -fields-escaped-by=...：这些选项与--tab 选项一起使用，其含义与 LOAD DATA INFILE 的相应 FIELDS 子句相同。请参阅 8.1.2 节。

- --lines-terminated-by=...：此选项与--tab 选项一起使用，其含义与 LOAD DATA INFILE 的相应 LINES 子句相同。请参阅 8.1.2 节。

- --quote-names，-Q：用反引号"'"将标识符（如数据库、表和列名）引起来。在默认情况下，启用此选项。使用--skip-quote-names 可以禁用它，但是，此选项应在任何选项之后给出。

- --result-file=文件名，-r 文件名：直接输出到指定文件。即使在生成转存时发生错误，也会创建结果文件并覆盖其先前的内容。应在 Windows 上使用此选项，以防止换行符"\n"转换为回车换行符序列"\r\n"。

- --tab=目录名，-T 目录名：生成制表符分隔的文本格式数据文件。对于每个转存表，mysqldump 将创建一个"表名.sql"文件，其中，包含创建表的 CREATE TABLE 语句，服务器会写入包含其数据的"表名.txt"文件。此选项后面的目录名指定写入文件的目录。仅当 mysqldump 与 mysqld 服务器在同一台机器上运行时，才使用此选项。在默认情况下，对.txt 数据文件进行格式化处理，即列值之间使用制表符，每行末尾使用换行符。

- --xml，-X：将转存输出写为格式良好的 XML。

- --all-databases，-A：转存所有数据库中的所有表。这与使用--databases 选项并指定所有数据库名称效果相同。

- --databases，-B：转存多个数据库。通常 mysqldump 将命令行上的第一个名称参数视为数据库名称，将后续名称视为表名称。使用此选项，可以将所有名称参数都视为数据库名称。CREATE DATABASE 和 USE 语句包含在每个新数据库之前的输出中。

- --events，-E：在输出中包含转存数据库的事件调度程序事件。此选项需要这些数据库的 EVENT 权限。使用此选项生成的输出包含 CREATE EVENT 语句以创建事件。

- --ignore-table=数据库名.表名：指定不转存给定的表，必须使用数据库和表名来指定该表。要忽略多个表，请多次使用此选项。此选项也可以用于忽略视图。

- --no-data，-d：不写任何表中的行信息，即不转存表的数据内容。如果只需要转存表的 CREATE TABLE 语句，这将非常有用。

- --routines，-R：在输出中包含转存数据库的存储例程。此选项需要全局 SELECT 权限。使用该选项生成的输出中，包含 CREATE PROCEDURE 和 CREATE FUNCTION 语句来创建存储例程。

- --tables：覆盖--databases 或-B 选项。将该选项后面的所有名称参数均视为表名。

- --triggers：在输出中包含每个转存表的触发器。在默认情况下启用此选项。如果要禁用此选项，可以使用--skip-triggers 选项。

- --where='条件'，-w'条件'：仅转存由给定 WHERE 条件选择的行。

3. 转存数据库示例

在命令行使用 mysqldump 转存数据库时，会生成一组 SQL 语句。在默认情况下，这些 SQL 语句的文本内容是显示在屏幕上，此时，可以通过复制、粘贴将这些内容插入文件中并保存为脚本文件（.sql）。不过，在命令提示符下可以使用重定向操作符 ">" 将命令输出重定向到文件；反过来，也可以使用另一个重定向操作符 "<" 实现从文件中读入命令输入，而不是从键盘中读入命令输入。

如何使用 mysqldump 实现数据库的备份？

【例 8.4】在学生成绩管理数据库中，将学生表的结构定义和数据记录作为 SQL 语句转存到脚本文件中，然后，通过执行该脚本文件将表结构和表数据恢复到数据库中。

（1）打开命令提示符窗口，然后输入以下命令。

```
C:\>mysqldump -uroot -p sams student > D:\MySQL\sams.student.sql
```

执行结果如图 8.6 所示。

图 8.6　转存数据库中的一个表

此时，可以使用记事本程序打开脚本文件 sams.student.sql，查看用于创建表和插入记录的 SQL 语句。由于本例中仅转存了一个表，所以，不会生成 CREATE DATABASE 和 USE 语句。如果要通过执行脚本文件 sams.student.sql 将表结构和表数据恢复到 sams 数据库中，则需要运行 mysql 客户端工具，首先，使用 USE 选择 sams 作为当前的默认数据库，然后，使用 source 命令来执行该脚本文件。

（2）使用 mysql 客户端工具，连接到 MySQL 服务器上，然后输入以下语句。

```
mysql> USE sams;
mysql> source D:\MySQL\sams.student.sql;
```

执行结果如图 8.7 所示。

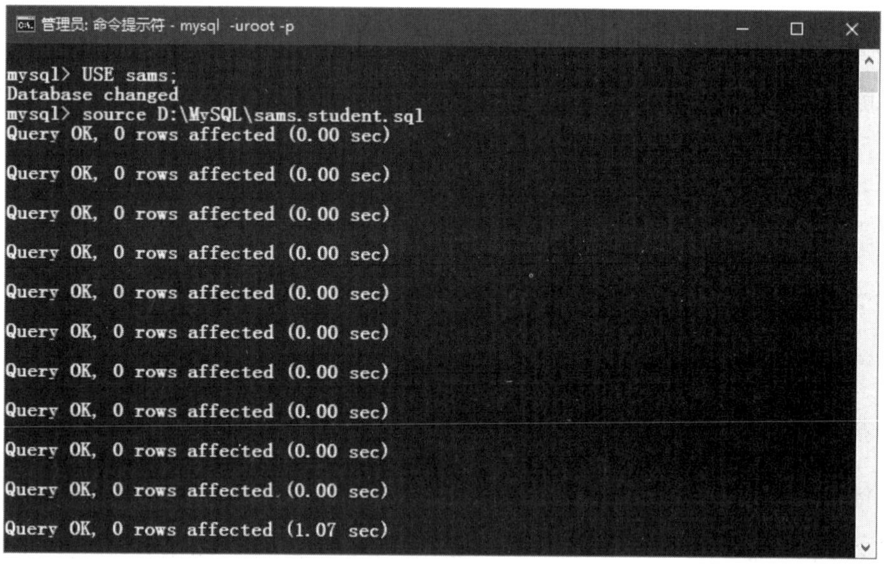

图 8.7　通过 mysql 工具执行脚本文件以恢复表结构和表数据

【例 8.5】将整个学生成绩管理数据库转存到脚本文件中，然后，通过执行该脚本文件将该数据库恢复到 MySQL 服务器中。

（1）在命令提示符下运行 mysqldump 程序以转储指定的数据库，命令格式如下。

```
C:\>mysqldump -uroot -p --skip-quote-names --databases sams >
D:\MySQL\sams.sql
```

执行结果如图 8.8 所示。

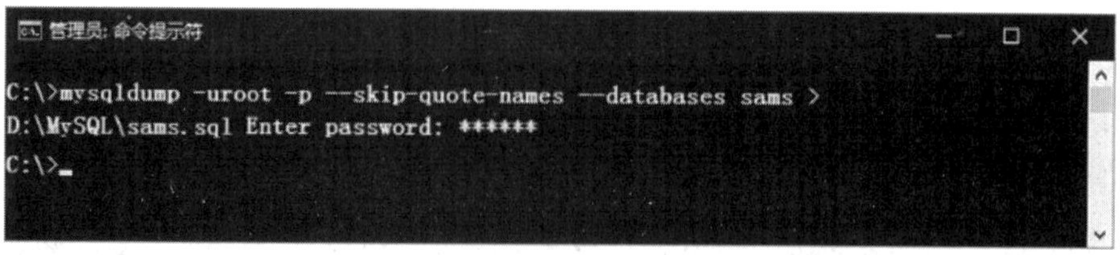

图 8.8　转存整个数据库

（2）在命令提示符下运行 mysql 程序，执行脚本文件以恢复数据库，命令格式如下。

```
C:\>mysql -uroot -p < D:\MySQL\sams.sql
```

执行结果如图 8.9 所示。

图 8.9　通过执行脚本文件恢复数据库

【例 8.6】将 sakila 和 world 数据库转存到脚本文件中。

打开命令提示符窗口，运行 mysqldump 程序以转存指定的数据库，命令格式如下。

```
C:\>mysqldump -uroot -p --databases sakila world >D:\MySQL\sakila_world.sql
```

执行结果如图 8.10 所示。

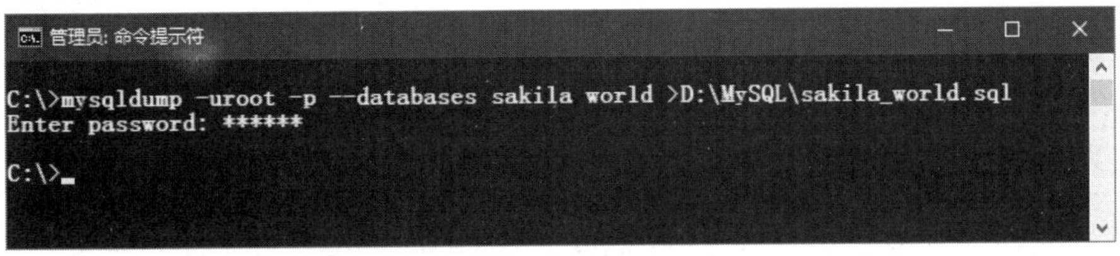

图 8.10　转存多个数据库

【例 8.7】将当前 MySQL 服务器主机上的所有数据库转存到脚本文件中。

打开命令提示符窗口，然后输入以下命令。

```
C:\>mysqldump -uroot -p --all-databases >D:\MySQL\all_databases.sql
```

执行结果如图 8.11 所示。

图 8.11　转存所有数据库

8.2.2　mysqlimport

mysqlimport 客户端程序提供了 LOAD DATA INFILEQL 语句的一个命令行接口，它的大多数选项直接对应 LOAD DATA INFILE 子句。调用 mysqlimport 的命令格式如下。

```
mysqlimport [选项] 数据库名 文本文件1 [文本文件2 ...]
```

对于在命令行中所指定的每个文本文件，mysqlimport 将去掉文件名的扩展名，并使用结果来确定将导入文件内容的表名。例如，文件 patient.txt、patient.text 和 patient 均导入表 patient。

下面列出常用的 mysqlimport 选项。

- --help，-？：显示帮助消息并退出。

- --bind-address=ip_address：在具有多个网络接口的计算机上，使用此选项选择用于连接 MySQL 服务器的接口。

- --columns=列名列表，-c 列名列表：此选项将以逗号分隔的列名列表作为其值。列名称的顺序指示如何将数据文件中的列与表中的列匹配。

- --compress，-C：如果两者都支持压缩，则压缩客户端与服务器之间发送的所有信息。

- --default-character-set=字符集名称：指定要使用的作为默认字符集。

- --default-auth=插件：有关要使用的客户端身份验证插件的提示。

- --defaults-extra-file=文件名：在全局选项文件之后读取此选项文件，但在用户选项文件之前读取。如果指定的文件不存在或无法访问，则会发生错误。如果以相对路径名而不是完整路径名的形式给出，则相对于当前目录解释文件名。

- --defaults-file=文件名：仅使用给定的选项文件。如果文件不存在或无法访问，则会发生错误。如果以相对路径名而不是完整路径名的形式给出，则相对于当前目录解释文件名。

- --delete，-D：在导入文本文件之前清空表。

- --enable-cleartext-plugin：启用 MySQL 明文身份验证插件。

- --fields-terminated-by=...，-fields-enclosed-by=...，-fieldsoptionally-enclosed-by=...，-fields-escaped-by=...：这些选项与 LOAD DATA INFILE 语句的相应子句具有相同的含义。请参阅 8.1.2 节。

- --force，-f：忽略错误。例如，如果文本文件的表不存在，则继续处理任何剩余文件。如果没有指定此选项，当表不存在时 mysqlimport 将退出。

- --host=主机名，-h 主机名：将文件中的数据导入给定主机上的 MySQL 服务器。默认主机为 localhost。

- --ignore，-i：请参阅--replace 选项的说明。

- --ignore-lines=N：忽略数据文件的前 N 行。

- --lines-terminated-by=...：此选项与 LOAD DATA INFILE 的相应子句具有相同的含义。例如，要导入具有以回车换行符结束行的 Windows 文件，应使用--lines-terminated-by="\r\n"。

- --local，-L：在默认情况下，MySQL 服务器将读取服务器主机上的文件。如果使用此选项，则 mysqlimport 在客户端主机上读取本地输入文件。启用本地数据加载还需要服务器允许它。服务器端的 LOCAL 功能由系统变量 local_infile 控制。根据 local_infile 的设置情况，MySQL 服务器可以拒绝或允许客户端加载本地数据。为了安全起见，系统变量 local_infile 的默认值被设置为 0，即禁用客户端加载本地数据。如果要启用客户端加载本地数据，则可以在运行时将 local_infile 设置为 1。如果在禁用 LOCAL 功能的情况下试图加载本地数据，则会发生错误 1148（The used command is not allowed with this MySQL version）。

- --lock-tables，-l：在处理任何文本文件之前锁定所有表以进行写入。这可以确保在服务器上同步所有表。

- --login-path=name：从登录路径文件.mylogin.cnf 指定登录路径中读取选项。如果已经创建登录路径文件，则使用 MySQL 客户端连接服务器时可以实现免密码登录。

- --low-priority：加载表时使用 LOW_PRIORITY。这仅仅影响使用表级锁定的存储引擎（如 MyISAM、MEMORY 和 MERGE）。

- --no-defaults：不读取任何选项文件。如果由于从选项文件中读取未知选项而导致程序启动失败，则可以使用--no-defaults 来防止它们被读取。如果存在登录路径文件.mylogin.cnf，它在所有情况下都会被读取。允许以比命令行更安全的方式指定密码，即使用--no-defaults 也是如此。

- --password[=密码]，-p[密码]：连接 MySQL 服务器时使用的密码。如果使用短格式选项（-p），则选项与密码之间不能有空格。如果省略命令行上--password 或-p 选项后面的密码值，mysqlimport 会提示输入密码值。在命令行上指定密码应该被认为是不安全的，可以使用登录路径来避免在命令行上提供密码。

- --pipe，-W：在 Windows 平台上，使用命名管道连接到服务器。仅当服务器支持命名管道连接时，此选项才适用。

- --plugin-dir=目录名称：指定查找插件的目录。如果使用--default-auth 选项指定身份验证插件，但 mysqlimport 找不到它，请指定此选项。

- --port=端口号，-P 端口号：指定用于连接的 TCP／IP 端口号。

- --print-defaults：打印程序名称及从选项文件中获取的所有选项。

- --protocol={TCP|SOCKET|PIPE|MEMORY}：指定用于连接服务器的连接协议。当其他连接参数通常会导致协议被使用而不是想要的协议时，此选项很有用。

- --replace，-r：--replace 和--ignore 选项用于控制对唯一键值上的现有行复制输入行的处理。如果指定--replace，则新行将替换具有相同唯一键值的现有行。如果指定--ignore，则会跳过复制唯一键值上现有行的输入行。如果未指定任一选项，则在找到重复键值时会发生错误，并忽略文本文件的其余部分。

- --shared-memory-base-name=名称：在 Windows 平台上，对于使用共享内存与本地服务器建立的连接所使用的共享内存名称。默认值为 MySQL。共享内存名称区分大小写。必须使用--shared-memory 选项启动服务器以启用共享内存连接。

- --silent，-s：启用静默模式。仅在发生错误时生成输出。
- --socket=路径，-S 路径：用于指定连接 localhost 所使用的 UNIX 套接字文件，或者在 Windows 平台上要使用的命名管道的名称。
- --tls-version=协议列表：指定客户端允许的加密连接协议。该值是以逗号分隔的列表，其中包含一个或多个协议名称。
- --user=用户名，-u 用户名：连接到服务器时使用的 MySQL 用户名。
- --use-threads=N：使用 N 个线程并行加载文件。
- --verbose，-v：详细模式。打印有关程序功能的更多信息。
- --version，-V：显示版本信息并退出。

【例 8.8】使用 mysqlimport 将文本文件中的数据导入到数据库表中。

（1）准备数据文件。使用记事本程序创建一个文本文件，然后输入以下内容。

```
100     Python 程序设计
101     MySQL 数据库技术
102     Photoshop 图像处理
```

在输入这些内容时，编号与姓名之间用制表符分隔。在保存文件时，选择编码为 UTF-8，文件名为"imptest.txt"，保存文件夹为"D:\MySQL"，数据文件内容如图 8.12 所示。

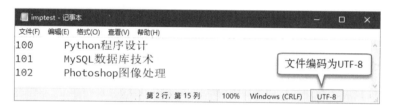

图 8.12 数据文件内容

（2）创建登录路径文件，以实现免密码登录。进入命令提示符窗口，然后，运行 MySQL 配置编辑器 mysql_config_editor，命令格式如下。

```
C:\mysql_config_editor set --login-path=client --host=localhost
--user=root --password
```

当提示"Enter password"时，输入以 root 用户账户连接 MySQL 服务器时所使用的密码并按 Enter 键，执行结果如图 8.13 所示。

图 8.13 创建登录路径文件

（3）使用 mysql 客户端工具，连接到 MySQL 服务器（免密码登录）上，设置服务器端允许加载本地文件，并在 test 数据库中创建名为 imptest 的表（用于接收数据），所用 SQL 语句如下。

```
mysql> SET global local_infile=1;
mysql> USE test;
mysql> CREATE TABLE IF NOT EXISTS imptest (
          id INT, title VARCHAR(30)
       );
```

执行结果如图 8.14 所示。

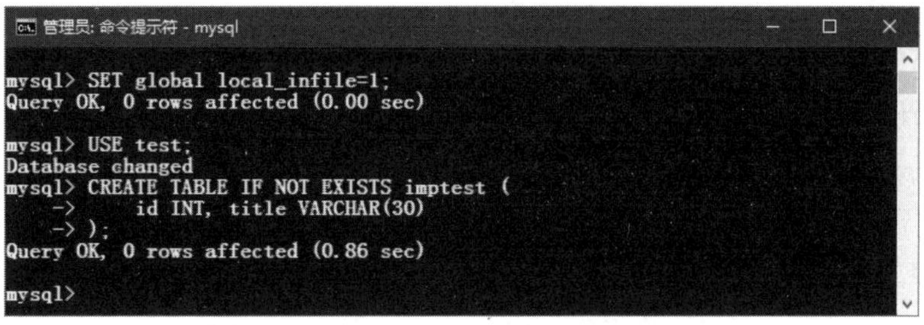

图 8.14　创建数据库表

（4）使用 mysqlimport 客户端程序，将文本文件中的数据导入到数据库表中。在命令提示符下输入以下命令。

```
C:\> mysqlimport --local test D:\MySQL\imptest.txt
```

执行结果如图 8.15 所示。

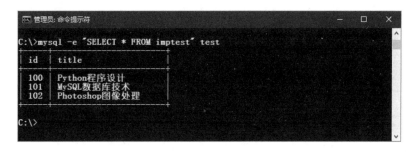

图 8.15　使用 mysqlimport 工具导入数据

（5）使用 mysql 客户端程序，查询数据库表中的记录。在命令行提示符下输入以下命令。

```
C:\> mysql -e "SELECT * FROM imptest" test
```

执行结果如图 8.16 所示。

图 8.16　查询导入的数据

习　题　8

一、选择题

1．在使用 SELECT ... INTO OUTFILE 语句导出表数据时，字段之间的分隔符默认为（　　）。

　　A．空格　　　　　　　　B．逗号　　　　　　　　C．分号　　　　　　　　D．制表符

2．在使用 mysqldump 客户端工具转存数据库时，要在每个 CREATE DATABASE 语句之前编写 DROP DATABASE 语句，则使用（　　）选项。

　　A．--add-drop-database　　　　　　　　　B．--add-drop-table

　　C．--add-drop-trigger　　　　　　　　　　D．--no-create-db

二、判断题

1．通过 SELECT...INTO OUTFILE 语句将表结构和表中的数据导出到文本文件中。　　　　　　（　　）

2．在使用 SELECT...INTO OUTFILE 语句导出表数据时，目标文件路径可以在配置文件中通过 secure_file_priv 来设置。　　　　　　（　　）

3．使用 SELECT...INTO DUMPFILE 语句可以将表中所有数据导入文本文件中。　　　　　　（　　）

4．要使用 mysqlimport 工具从客户端主机上读取本地输入文件，则必须将系统变量 local_infile 设置为 1，否则会发生 1148 错误。　　　　　　（　　）

三、操作题

1．使用 SQL 语句将学生成绩管理数据库的学生表数据导出到文本文件中。

2．使用 SQL 语句将学生成绩管理数据库的成绩表中的一行数据导出到文本文件中。

3．在 test 数据库中创建一个学生表，然后，将第 1 道操作题中所生成的文本文件中的数据导入到该表中。

4．在学生成绩管理数据库中，将学生表的结构定义和数据记录作为 SQL 语句转存到脚本文件中，然后，通过执行该脚本文件将表结构和表数据恢复到数据库中。

5．将整个学生成绩管理数据库转存到脚本文件中，然后，通过执行该脚本文件将该数据库恢复到 MySQL 服务器中。

6．将 sakila 和 world 数据库转存到脚本文件中。

7．将当前 MySQL 服务器主机上的所有数据库转存到脚本文件中。

8．使用 mysqlimport 将文本文件中的数据导入数据库表中。

第 9 章 数据库的安全管理

前面各章基本上都是使用 root 用户账户连接 MySQL 服务器并进行相关操作，而该用户是 MySQL 中拥有至高无上权限的根用户，实际应用中不能随意使用。因为在 MySQL 数据库中通常存储着大量的机密数据，如个人信息、客户资料、财务数据、金融数据等。为了保证关键数据免受恶意泄露和篡改，在 MySQL 中可以通过用户、角色和权限系统来防止信息资源的非授权使用。本章讨论在 MySQL 中如何通过用户和角色对访问权限进行控制。

9.1 用户管理

MySQL 用户简称为用户，也称为 MySQL 账户，是根据用户名和用户可以连接的服务器主机来定义的，用户的相关信息存储在 mysql 系统数据库的 user 表中。每个用户通常都有密码并有某种支持身份验证的插件，因此，用户可能使用某种外部身份验证方法进行身份验证。要连接 MySQL 服务器并访问数据库，首先必须拥有一个 MySQL 用户账户。下面介绍在 MySQL 中如何对用户账户进行管理。

9.1.1 创建用户

在 MySQL 中，可以 CREATE USER 语句来创建一个或多个用户账户，语法格式如下。

```
CREATE USER [IF NOT EXISTS]
用户 [身份验证选项][, 用户 [身份验证选项]] ...
DEFAULT ROLE 角色[, 角色] ...
[REQUIRE {NONE | SSL/TLS 选项 [[AND] SSL/TLS 选项] ...}]
[WITH 资源选项 [资源选项] ...]
[密码选项 | 锁定选项] ...
用户:
'用户名'@'主机名'
身份验证选项: {
IDENTIFIED BY '身份验证字符串' | IDENTIFIED WITH 身份验证插件
| IDENTIFIED WITH 身份验证插件 BY '身份验证字符串'
```

```
| IDENTIFIED WITH 身份验证插件 AS '哈希字符串'}
SSL/TLS 选项: {
SSL | X509 | CIPHER '密码'
| ISSUER '颁发者' | SUBJECT '主题'}
资源选项: {
MAX_QUERIES_PER_HOUR count | MAX_UPDATES_PER_HOUR count
| MAX_CONNECTIONS_PER_HOUR count | MAX_USER_CONNECTIONS count}
密码选项: {
PASSWORD EXPIRE [DEFAULT | NEVER | INTERVAL N DAY]
| PASSWORD HISTORY {DEFAULT | N}
| PASSWORD REUSE INTERVAL {DEFAULT | N DAY}
| PASSWORD REQUIRE CURRENT [DEFAULT | OPTIONAL]}
锁定选项: {
ACCOUNT LOCK|ACCOUNT UNLOCK}
```

使用 CREATE USER 语句可以创建一个或多个新的 MySQL 用户账户，这将在 mysql.user 系统表中添加一个或多个新行，并为新用户设置身份验证、所属角色、SSL/TLS 及资源限制和密码管理等属性，还可以控制用户账户最初是锁定还是解锁。

要使用 CREATE USER 语句，必须具有全局 CREATE USER 权限或 mysql 系统数据库的 INSERT 权限。当启用 read_only 系统变量时，还需要 CONNECTION_ADMIN 或 SUPER 权限。

在默认情况下，如果尝试创建已经存在的用户账户，则会发生错误。如果给出了 IF NOT EXISTS 子句，则 CREATE USER 语句会为已存在的每个命名用户生成警告，而不是错误。

用户账户使用 '用户名'@'主机名' 语法格式指定。仅由用户名组成的账户名称实际上相当于 '用户名'@'%'，例如，'me' 相当于 'me'@'%'，其中 "%" 为通配符，表示任意主机。具有空白用户名的账户是匿名用户。如果要在 SQL 语句中指定匿名用户，可以使用带引号的空用户名部分，如'@'localhost'。如果用户名和主机名都是合法的，则不需要用引号引起来。如果在用户名中使用了特殊字符（如空格或 "-"），或者在主机名中使用了通配符（如 "." 或 "%"），则必须使用引号将用户名或主机名分别引起来，例如，'test-user'@'%.com'。主机值可以是主机名或 IP 地址（IPv4 或 IPv6），名称 "localhost" 表示本地主机；IP 地址 '127.0.0.1' 表示 IPv4 环回接口。IP 地址 '::1' 表示 IPv6 环回接口。

身份验证选项用于指定用户的身份验证插件名称、凭据或同时指定两者，每个选项值仅适用于紧接其前面的用户。身份验证插件名称可以是带引号或不带引号的字符串，其值可以是 mysql_native_password、sha256_password、caching_sha2_password。如果未指定验证插件，则默认插件取决于 default_authentication_plugin 系统变量的值。身份验证选项格式如下。

- IDENTIFIED BY '身份验证字符串'：将身份验证插件设置为默认插件，并将 '身份验证字符串' 值（明文密码）传递给插件进行散列。

- IDENTIFIED WITH 身份验证插件：将身份验证插件设置为指定值，将凭据清除为空字符串。
- IDENTIFIED WITH 身份验证插件 BY '身份验证字符串'：将身份验证插件设置为指定值，将明文 '身份验证字符串' 值（明文密码）传递给插件以进行散列。
- IDENTIFIED WITH 身份验证插件 AS '哈希字符串'：将身份验证插件设置为指定值，并将散列的"哈希字符串"值存储在 mysql.user 账户行中。

DEFAULT ROLE 子句定义当用户连接到服务器并进行身份验证时，或者会话期间执行 SET ROLE DEFAULT 语句时，哪些角色变为活动状态。角色名称与用户名称语法格式类似，允许指定一个或多个以逗号分隔的角色名称的列表。

REQUIRE 子句为用户指定 SSL/TLS 相关选项，REQUIRE 选项顺序无关紧要，但不能指定两次选项，其中 AND 关键字是可选的，允许使用的 SSL/TLS 选项值如下。

- NONE：表示该语句指定的所有用户都没有 SSL 或 X.509 要求，是默认值。
- SSL：告知服务器仅允许该语句命名的所有用户的加密连接。
- X509：对于语句指定的所有用户要求客户端提供有效证书，但确切的证书、颁发者和主题无关紧要。
- ISSUER '颁发者'：对于语句指定的所有用户，要求客户端提供由 CA '颁发者' 颁发的有效 X.509 证书。如果客户端提供的证书有效但具有不同的颁发者，则 MySQL 服务器拒绝该连接。
- SUBJECT '主题'：对于语句指定的所有用户，要求客户端提供包含主题的有效 X.509 证书。如果客户端提供的证书有效但主题不同，则服务器会拒绝该连接。
- CIPHER '密码'：对于语句指定的所有用户，需要特定的密码来进行加密连接。

资源选项用于对用户使用服务器资源进行限制，可以使用指定一个或多个资源选项值的 WITH 子句。WITH 选项的顺序无关紧要。允许使用的资源选项值如下。

- MAX_QUERIES_PER_HOUR count：对于指定的所有用户限制在任何给定的 1 小时内允许每个账户访问服务器的查询次数。count 默认为 0，表示没有限制。
- MAX_UPDATES_PER_HOUR count：对于指定的所有用户限制在任何给定的 1 小时内允许每个账户访问服务器的更新次数。count 默认为 0，表示没有限制。
- MAX_CONNECTIONS_PER_HOUR count：对于指定的所有用户限制在任何给定的 1 小时内允许每个账户访问服务器的连接次数。count 默认为 0，表示没有限制。
- MAX_USER_CONNECTIONS count：对于指定的所有用户限制每个用户与服务器的最大并发连接数。非零计数明确指定用户的限制。如果参数 count 默认为 0，则服务器将根据 max_user_connections 系统变量的全局值确定用户的并发连接数。如果系统变量 max_user_connections 的值也为 0，则用户没有限制。

密码管理选项仅适用于在 mysql.user 系统表（mysql_native_password、sha256_password

或 caching_sha2_password）内部存储凭据的用户，允许使用以下密码管理选项。

- PASSWORD EXPIRE：立即为该语句指定的所有用户标记密码已过期。
- PASSWORD EXPIRE DEFAULT：设置由语句命名的所有用户应用全局过期策略，如 default_password_lifetime 系统变量所指定。
- PASSWORD EXPIRE NEVER：覆盖该语句指定的所有用户的全局策略。对于每个用户，它会禁用密码到期，从而使密码永不过期。
- PASSWORD EXPIRE INTERVAL N DAY：覆盖该语句指定的所有账户的全局策略。对于每个账户，它将密码生存期设置为 N 天。
- PASSWORD HISTORY DEFAULT：设置由语句命名的所有用户应用关于密码历史记录长度的全局策略，禁止在 password_history 系统变量指定的更改次数之前重用密码。
- PASSWORD HISTORY N：覆盖该语句指定的所有用户的全局策略。对于每个密码，它将密码历史记录长度设置为 N 个密码，禁止重用最近选择的 N 个密码中的任何一个。
- PASSWORD REUSE INTERVAL DEFAULT：设置语句指定的所有用户应用有关时间的全局策略，以禁止重用比 password_reuse_interval 系统变量指定的天数更新的密码。
- PASSWORD REUSE INTERVAL N DAY：覆盖该语句指定的所有用户的全局策略。对于每个账户，将密码重用间隔设置为 N 天，以禁止重用比这多 N 天更新的密码。
- PASSWORD REQUIRE CURRENT：覆盖该语句指定的所有用户的全局策略。对于每个账户，要求密码更改指定当前密码。
- PASSWORD REQUIRE CURRENT OPTIONAL：覆盖该语句指定的所有用户的全局策略。对于每个账户，不要求更改当前密码。
- PASSWORD REQUIRE CURRENT DEFAULT：设置语句指定的所有用户应用密码验证的全局策略，如 password_require_current 系统变量所指定。

如果指定了给定类型的多个密码管理选项（PASSWORD EXPIRE、PASSWORD HISTORY、PASSWORD REUSE INTERVAL、PASSWORD REQUIRE），则最后一个选项优先。

ACCOUNT LOCK 和 ACCOUNT UNLOCK 选项用于支持账户的锁定和解锁，这两个选项指定用户的锁定状态。如果指定了多个用户锁定选项，则最后一个选项优先。

【例 9.1】用不同的身份验证插件创建 MySQL 账户。

使用 mysql 客户端工具，连接到 MySQL 服务器上，然后输入以下语句。

```
mysql> CREATE USER IF NOT EXISTS 'jack'@'localhost'
        IDENTIFIED BY '31032198';
mysql> CREATE USER IF NOT EXISTS 'hegel'@'localhost'
        IDENTIFIED WITH mysql_native_password BY '91032167';
mysql> CREATE USER IF NOT EXISTS 'mary'@'localhost'
        IDENTIFIED WITH sha256_password BY '61032163';
```

```
mysql> CREATE USER IF NOT EXISTS 'admin'@'%'
       IDENTIFIED WITH caching_sha2_password BY '11336699';
mysql> SELECT User AS 用户名, Host AS 主机名, plugin AS 验证插件 FROM
       mysql.user;
```

执行结果如图 9.1 所示。

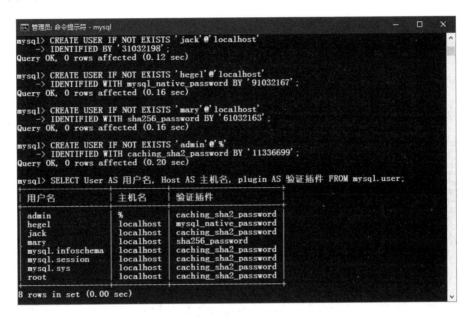

图 9.1　用不同的身份验证插件创建 MySQL 账户

【例 9.2】创建一个 MySQL 用户，限制该用户在任何给定 1 小时内最多查询 500 次，最多更新 100 次。

使用 mysql 客户端工具，连接到 MySQL 服务器上，然后输入以下语句。

```
mysql> CREATE USER IF NOT EXISTS 'jeffrey'@'localhost'
       WITH MAX_QUERIES_PER_HOUR 500 MAX_UPDATES_PER_HOUR 100;
mysql> SELECT User, Host, max_questions, max_updates
       FROM mysql.user WHERE User='jeffrey';
```

执行结果如图 9.2 所示。

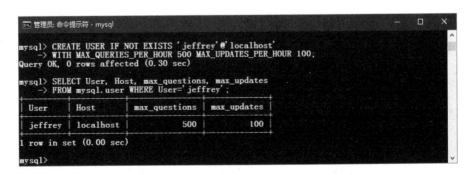

图 9.2　设置账户访问资源限制

【例 9.3】用不同的密码管理选项创建 MySQL 账户，具体要求分别为：禁止重复使用以前的 6 个密码、要求密码每 180 天更改一次、密码永不过期。

使用 mysql 客户端工具，连接到 MySQL 服务器上，然后输入以下语句。

```
mysql> CREATE USER 'albert'@'localhost' PASSWORD HISTORY 6;
mysql> CREATE USER 'kerry'@'localhost' PASSWORD EXPIRE INTERVAL 180 DAY;
mysql> CREATE USER 'mabel'@'localhost' PASSWORD EXPIRE NEVER;
mysql> SELECT User, Host, Password_lifetime, Password_reuse_time,
       Password_reuse_history
       FROM mysql.user
       WHERE User IN ('albert', 'kerry', 'mabel');
```

执行结果如图 9.3 所示。

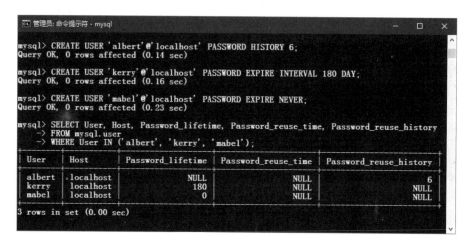

图 9.3 设置账户密码管理选项

9.1.2 修改用户

在 MySQL 中，可以使用 ALTER USER 语句来修改现有 MySQL 账户的身份验证、角色、SSL/TLS、资源限制和密码管理属性，并启用账户锁定和解锁，语法格式如下。

```
ALTER USER [IF EXISTS]
用户 [身份验证选项][, 用户 [身份验证选项]] ...
[REQUIRE {NONE|SSL/TLS 选项 [[AND] SSL/TLS 选项] ...}]
[WITH 资源选项 [资源选项] ...]
[密码选项|锁定选项] ...
用户：
'用户名'@'主机名'
身份验证选项：{
IDENTIFIED BY '身份验证字符串' [REPLACE '当前身份验证字符串']
| IDENTIFIED WITH 身份验证插件
| IDENTIFIED WITH 身份验证插件 BY '身份验证字符串' [REPLACE '当前身份验证字符串']
| IDENTIFIED WITH 身份验证插件 AS '哈希字符串' }
SSL/TLS 选项：{
```

```
SSL | X509 | CIPHER '密码' | ISSUER '颁布者' | SUBJECT '主题' }
资源选项: {
MAX_QUERIES_PER_HOUR count | MAX_UPDATES_PER_HOUR count
| MAX_CONNECTIONS_PER_HOUR count | MAX_USER_CONNECTIONS count}
密码选项: {
PASSWORD EXPIRE [DEFAULT | NEVER | INTERVAL N DAY]
| PASSWORD HISTORY {DEFAULT | N}
| PASSWORD REUSE INTERVAL {DEFAULT | N DAY}
| PASSWORD REQUIRE CURRENT [DEFAULT | OPTIONAL] }
锁定选项: {
ACCOUNT LOCK | ACCOUNT UNLOCK }
```

在大多数情况下，使用 ALTER USER 语句需要全局 CREATE USER 权限或 mysql 系统数据库的 UPDATE 权限，但也有一些例外的情况。

对于每个受影响的用户，ALTER USER 会修改相应的 mysql.user 表行以反映语句中指定的属性，未指定的属性则保留其当前值。

要修改的用户使用 '用户名'@'主机名' 格式表示。也可以使用 USER()、CURRENT_USER() 或 CURRENT_USER 来引用与当前会话关联的用户。如果省略主机名部分，则默认为 '%'。

用户后面可能跟一个身份验证选项，用于指定用户的身份验证插件、凭据或两者都有。还可能包含一个 REPLACE 子句，用于指定要替换的当前用户的密码，应作为未加密明文的字符串提供。如果需要对当前用户进行密码更改，则必须提供 REPLACE 子句，用于验证尝试进行更改的用户是否实际知道当前密码。如果给出了 REPLACE 子句，但指定的当前密码不匹配，则整个语句失败。只有在更改当前用户的账户密码时才能指定 REPLACE。

其他选项与 CREATE USER 语句中的相应选项相同，这里不再赘述。

【例 9.4】使用默认身份验证插件为例 9.2 中创建的 jeffrey@localhost 账户设置密码。

使用 mysql 客户端工具，连接到 MySQL 服务器上，然后输入以下语句。

```
mysql> ALTER USER IF EXISTS jeffrey@localhost
       IDENTIFIED BY '13692318';
mysql> SELECT User, Host, Plugin FROM mysql.user
       WHERE User='jeffrey';
```

执行结果如图 9.4 所示。

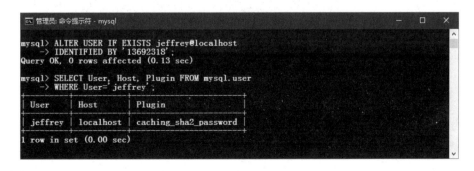

图 9.4　为 MySQL 账户设置密码

【例 9.5】修改例 9.1 中创建的 hegel@localhost 账户，将该账户的身份验证插件更改为 caching_sha2_password，并要求每过 180 天换一个新密码。

使用 mysql 客户端工具，连接到 MySQL 服务器上，然后输入以下语句。

```
mysql> ALTER USER IF EXISTS hegel@localhost
       IDENTIFIED WITH caching_sha2_password BY '15606688'
       PASSWORD EXPIRE INTERVAL 180 DAY;
```

执行结果如图 9.5 所示。

图 9.5　修改账户的身份验证插件、密码和密码过期策略

【例 9.6】修改例 9.3 中创建的 albert@localhost 账户，将该账户的身份验证插件设置为 mysql_native_password，并指定一个散列密码值。

使用 mysql 客户端工具，连接到 MySQL 服务器上，然后输入以下语句。

```
mysql> ALTER USER IF EXISTS albert@localhost
       IDENTIFIED WITH mysql_native_password
       AS '*6C8989366EAF75BB670AD8EA7A7FC1176A95CEF4';
mysql> SELECT User, Host, Plugin, Authentication_string
       FROM mysql.user WHERE User='albert';
```

执行结果如图 9.6 所示。

图 9.6　修改账户的身份验证插件和散列密码

【例 9.7】修改当前账户的登录密码，保持身份验证插件不变。

使用 mysql 客户端工具，连接到 MySQL 服务器上，然后输入以下语句。

```
mysql> ALTER USER IF EXISTS
       USER() IDENTIFIED BY '336699' REPLACE '123456';
```

执行结果如图 9.7 所示。

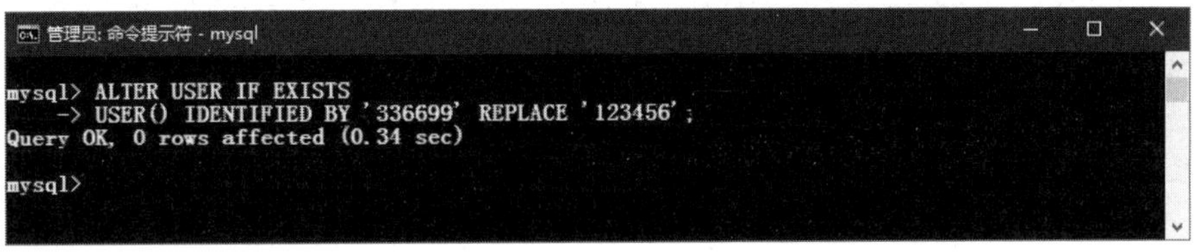

图 9.7　修改当前账户的密码

可以使用 ALTER USER ... DEFAULT ROLE 语句定义，当单个用户连接到服务器并进行身份验证时，或者用户在会话期间执行 SET ROLE DEFAULT 语句时，哪些角色变为活动状态，语法格式如下。

```
ALTER USER [IF EXISTS]
用户 DEFAULT ROLE
{NONE | ALL | 角色[, 角色] ...}
用户: '用户名'@'主机名'
角色: '角色名'@'主机名'
```

ALTER USER ... DEFAULT ROLE 是 SET DEFAULT ROLE 的替代语法。但是，ALTER USER 语句只能为单个用户设置默认角色，而 SET DEFAULT ROLE 语句可以为多个用户设置默认角色。另外，在 ALTER USER 语句中，可以指定 CURRENT_USER 作为用户名，在 SET DEFAULT ROLE 语句中则不能这样。

用户账户名称使用 '用户名'@'主机名' 格式，角色名称使用 '角色名'@'主机名' 格式。如果省略主机名部分，则默认为 '%'。DEFAULT ROLE 关键字后面的子句允许以下各值。

- NONE：将默认角色设置为 NONE（无角色）。
- ALL：将默认角色设置为授予账户的所有角色。
- 角色[, 角色] ...：将默认角色设置为一个或多个命名角色，这些角色必须已经存在并在执行 ALTER USER ... DEFAULT ROLE 时授予账户。

例如，下面的语句将用户 joe@localhost 的默认角色设置为命名角色 administrator@localhost 和 developer@localhost。

```
ALTER USER joe@localhost DEFAULT ROLE administrator, developer;
```

9.1.3　重命名用户

使用 RENAME USER 语句，可以对现有 MySQL 用户进行重命名，语法格式如下。

```
RENAME USER 旧用户 TO 新用户[, 旧用户 TO 新用户] ...
```

其中，每个账户名使用 '用户名'@'主机名' 格式指定。如果省略账户名的主机名部分，则默认为'%'。如果不存在旧账户或者已经存在新账户，则会出错。

要使用 RENAME USER 语句，必须具有全局 CREATE USER 权限或 mysql 系统数据库的 UPDATE 权限。启用 read_only 系统变量时，RENAME USER 还需要 CONNECTION_ADMIN 或 SUPER 权限。

RENAME USER 使旧用户拥有的权限成为新用户持有的权限。但是，RENAME USER 不会自动删除旧用户创建的数据库或对象。这包括 DEFINER 属性为旧用户命名的存储程序或视图。如果在定义的安全性上下文中执行，则尝试访问此类对象可能会产生错误。

【例 9.8】将 MySQL 用户账户 'albert'@'localhost' 重命名为 'carter'@'%'。

使用 mysql 客户端工具，连接到 MySQL 服务器上，然后输入以下语句。

```
mysql> RENAME USER 'albert'@'localhost' TO 'carter'@'%';
mysql> SELECT User, Host FROM mysql.user WHERE User='carter';
```

执行结果如图 9.8 所示。

```
管理员: 命令提示符 - mysql                                          —   □   ×

mysql> RENAME USER 'albert'@'localhost' TO 'carter'@'%';
Query OK, 0 rows affected (0.39 sec)

mysql> SELECT User, Host FROM mysql.user WHERE User='carter';
+--------+------+
| User   | Host |
+--------+------+
| carter | %    |
+--------+------+
1 row in set (0.00 sec)

mysql> _
```

图 9.8　重命名用户

9.1.4　修改密码

使用 SET PASSWORD 语句，可以为 MySQL 用户账户分配密码，语法格式如下。

```
SET PASSWORD [FOR 用户]='身份验证字符串' [REPLACE '当前身份验证字符串']
```

设置指定账户的密码（带有 FOR 子句）需要 mysql 系统数据库的 UPDATE 权限。为自己设置密码（对于没有 FOR 子句的非用户账户）不需要特殊权限。启用 read_only 系统变量时，除了任何其他所需权限外，SET PASSWORD 还需要 CONNECTION_ADMIN 或 SUPER 权限。

其中，'身份验证字符串' 表示未加密的明文密码。SET PASSWORD 将明文密码传递给与账户关联的身份验证插件，并将插件返回的结果存储在 mysql.user 账户行中。

如果给定 REPLACE 子句，则必须指定要替换的当前账户密码。如果需要对账户密码进行修改，则必须提供当前密码。如果给出了该子句，但与当前密码不匹配，则语句失败。只有在更改当前用户的账户密码时，才能指定 REPLACE 子句。

在 SET PASSWORD 语句中，FOR 子句是可选的。

如果使用 FOR 子句，则可以设置指定账户的密码。例如：

```
SET PASSWORD FOR 'jeffrey'@'localhost' = 'auth_string';
```

如果没有使用 FOR 子句，则设置当前用户的密码。例如：

```
SET PASSWORD ='auth_string';
```

使用非账户连接到服务器的任何客户端都可以更改该账户的密码。要查看服务器对进行身份验证的账户，请调用 CURRENT_USER()函数。

```
SELECT CURRENT_USER();
```

【例 9.9】对 MySQL 用户账户 'carter'@'%' 的密码进行修改。

使用 mysql 客户端工具，连接到 MySQL 服务器上，然后输入以下语句。

```
mysql> SET PASSWORD FOR 'carter'@'%'='123456789';
```

执行结果如图 9.9 所示。

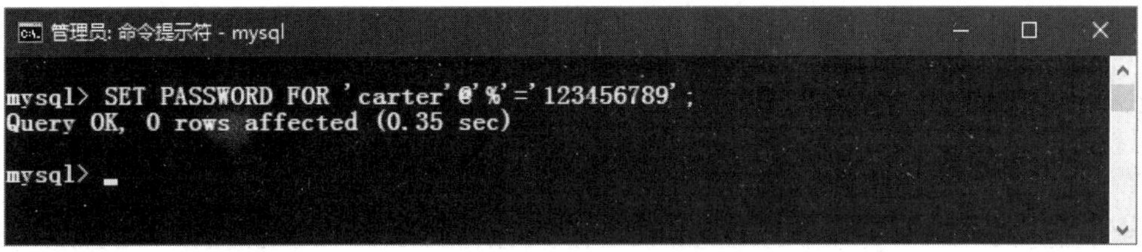

```
管理员: 命令提示符 - mysql                                    —    □    ×

mysql> SET PASSWORD FOR 'carter'@'%'='123456789';
Query OK, 0 rows affected (0.35 sec)

mysql>
```

图 9.9　修改密码

9.1.5　删除用户

在 MySQL 中，可以使用 DROP USER 语句删除一个或多个 MySQL 用户及其权限，从所有授权表中删除用户的权限行，语法格式如下。

```
DROP USER [IF EXISTS] 用户[, 用户] ...
```

要使用 DROP USER 语句，必须具有全局 CREATE USER 权限或 mysql 系统数据库的 DELETE 权限。启用 read_only 系统变量时，DROP USER 还需要 CONNECTION_ADMIN 或 SUPER 权限。

DROP USER 对所有命名用户都成功或回滚，如果发生任何错误则无效。在默认情况下，如果尝试删除不存在的用户，则会发生错误。如果给出了 IF EXISTS 子句，则该语句会为每个不存在的命名用户生成警告，而不是错误。

如果语句执行成功，则将语句写入二进制日志，如果失败则不写入。在这种情况下，发生回滚并且不进行任何更改。

每个用户账户使用 '用户名'@'主机名' 格式。如果省略主机名部分，则默认为 '%'。

DROP USER 语句不会自动关闭任何打开的用户会话。相反，如果删除了具有打开会话

的用户，则该语句在该用户的会话关闭之前不会生效。当会话关闭后，用户将被删除，该用户下次尝试登录将失败。

DROP USER 不会自动删除旧用户创建的数据库或对象。这包括存储程序或视图，DEFINER 属性为已删除的命名用户。如果在定义的安全性上下文中执行，则尝试访问此类对象可能会产生错误。

【例 9.10】删除一些 MySQL 用户账户。

使用 mysql 客户端工具，连接到 MySQL 服务器上，然后输入以下语句。

```
mysql> DROP USER jeffrey@localhost, joe@localhost;
```

执行结果如图 9.10 所示。

图 9.10　删除 MySQL 用户

9.2　角色管理

MySQL 8.0 现在支持角色，这些角色被命名为一组权限的集合。与用户账户一样，可以创建角色和删除角色。角色可以拥有授予和撤销的权限，角色可以授予用户账户并从用户账户中撤销，可以从授予账户的角色中选择适用的活动角色并在账户会话期间进行更改，从而修改账户的权限。如何在 MySQL 中创建角色和管理角色呢？

9.2.1　创建角色

在 MySQL 中，可以使用 CREATE ROLE 语句创建一个或多个角色，语法格式如下。

```
CREATE ROLE [IF NOT EXISTS] 角色[, 角色] ...
```

要使用 CREATE ROLE 语句，必须具有全局 CREATE ROLE 或 CREATE USER 权限。启用 read_only 系统变量时，CREATE ROLE 还需要 CONNECTION_ADMIN 或 SUPER 权限。

创建时的角色已被锁定，没有密码，并被分配了默认的身份验证插件。

CREATE ROLE 对所有命名角色成功或回滚，如果发生任何错误，则无效。

在默认情况下，如果尝试创建已存在的角色，则会发生错误。如果给出了 IF NOT EXISTS 子句，则该语句会为已存在的每个命名角色生成警告，而不是错误。

如果成功，则将语句写入二进制日志；但如果失败，则不写入。在这种情况下，发生回滚并且不进行任何更改。写入二进制日志的语句包括所有命名角色。如果给出 IF NOT EXISTS 子句，则包括已存在且未创建的角色。

每个角色名称使用 '角色名'@'主机名'。如果省略主机名部分，则默认为 '%'。

【例 9.11】创建一些 MySQL 角色。

使用 mysql 客户端工具，连接到 MySQL 服务器上，然后输入以下语句。

```
mysql> CREATE ROLE 'administrator', 'developer';
mysql> CREATE ROLE 'webapp'@'localhost';
```

执行结果如图 9.11 所示。

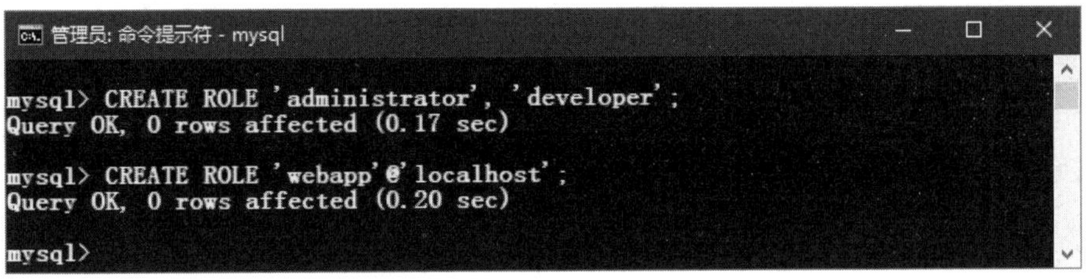

图 9.11　创建角色

除了使用 CREATE ROLE 创建角色之外，还可以通过 mandatory_roles 系统变量来定义角色，这种角色是强制角色，MySQL 服务器会将其授予所有用户，因此，不需要将其明确授予任何账户。定义强制角色可以通过以下两种方式来实现。

（1）在 MySQL 配置文件中设置 mandatory_roles 系统变量。例如：

```
[mysqld]
mandatory_roles='role1,role2@localhost,r3@%.example.com'
```

（2）使用 SET PERSIST 将全局变量修改持久化到配置文件（下次启动时生效）。例如：

```
SET PERSIST mandatory_roles='role1,role2@localhost,r3@%.example.com';
```

强制角色在激活之前是不会生效的。在登录时，如果启用了 activate_all_roles_on_login 系统变量，则对所有授予的角色进行角色激活，否则，仅对设置为默认值的角色进行激活。在运行时，可以使用 SET ROLE 语句来激活角色。

9.2.2　授予权限

通常情况下，数据库管理员首先创建账户并定义账户的非权限特征，例如，密码、是否使用安全连接及对服务器资源的访问限制等，然后，创建角色作为一组命名的权限集合。在这个基础上，还必须使用 GRANT 语句为用户账户和角色分配权限或角色，语法格式如下。

```
GRANT
权限类型 [(列名列表)] [, 权限类型 [(列名列表)]] ...
ON [对象类型] 权限级别
```

```
TO 用户或角色[, 用户或角色] ...
[WITH GRANT OPTION]
GRANT PROXY ON 用户或角色
TO 用户或角色[, 用户或角色] ...
[WITH GRANT OPTION]
GRANT 角色[, 角色] ...
TO 用户或角色[, 用户或角色] ...
[WITH ADMIN OPTION]
对象类型: { TABLE | FUNCTION | PROCEDURE }
权限级别: { * | *.* | 数据库名.* | 数据库名.表名 | 表名 | 数据库名.例程名 }
用户或角色: { 用户 | 角色 }
用户: '用户名'@'主机名'
角色: '角色名'@'主机名'
```

GRANT 语句使系统管理员对用户账户和角色授予权限与角色。

使用 GRANT 语句时，不能混合在同一个语句中同时授予权限与角色。给定的 GRANT 语句，要么授予权限，要么授予角色。根据是否使用 ON 子句来区分语句是授予权限还是授予角色。如果使用 ON，则语句用于授予权限；如果没有使用 ON，则语句用于授予角色。也允许为用户账户分配权限和角色，但必须使用单独的 GRANT 语句。

要使用 GRANT 语句，必须具有 GRANT OPTION 权限，并且必须具有要授予的权限。当启用 read_only 系统变量时，GRANT 还需要 CONNECTION_ADMIN 或 SUPER 权限。

GRANT 要么对所有命名用户和角色成功，要么回滚，如果发生任何错误，则无效。只有当所有命名用户和角色成功时，该语句才会写入二进制日志。

REVOKE 语句与 GRANT 相关，可以使管理员删除账户权限。请参阅 9.3.3 节。

每个账户名称使用 '用户名'@'主机名' 格式，每个角色名称使用 '角色名'@'主机名' 格式。如果省略账户或角色名称的主机名部分，则默认为 '%'。GRANT 支持最多 60 个字符的主机名。用户名最多可以包含 32 个字符。数据库、表、列和例程名称最多可以包含 64 个字符。

GRANT 语句中的多个对象都需要使用引号，尽管在许多情况下引号是可选的：账户、角色、数据库、表、列和例程名称。例如，如果账户名中的用户名或主机名值是合法的，则可以作为不带引号的标识符使用，无须用引号引起来。对于包含特殊字符或通配符的用户名或主机名，需要使用引号引起来。

在 GRANT 语句中指定数据库级别（GRANT ... ON 数据库名.*）授予权限时，允许使用"_"和"%"通配符，此时，要将"_"字符用作数据库名称的一部分，应在 GRANT 语句中将其指定为"_"，以防止用户能够访问与通配符模式匹配的其他数据库。例如，GRANT ... ON 'foo_bar'.* TO ....。如果不使用数据库名称在数据库级别授予权限，但作为用于向某些其他对象授予权限的限定符，则会将通配符作为普通字符来处理。

GRANT 语句中的用户值表示该语句适用的 MySQL 账户。为了适应从任意主机向用户授予权限，MySQL 支持以 '用户名'@'主机名' 的形式指定用户值，可以在主机名中指定通配符，但不支持在用户名中使用通配符。如果要引用匿名用户，则应指定具有空用户名的账户，如 "@'localhost'。

　　MySQL 支持静态权限和动态权限。静态权限内置于服务器中，它们始终可以授予用户账户，并且无法取消注册。动态权限可以在运行时注册和注销，这会影响其可用性，无法授予尚未注册的动态权限。为 GRANT 和 REVOKE 语句指定的静态权限和动态权限类型及可以授予每个权限的级别分别在表 9.1 和表 9.2 中列出。

表 9.1　GRANT 和 REVOKE 允许的静态权限

权　　限	意义和可授予级别
ALL [PRIVILEGES]	授予除 GRANT OPTION 之外的指定访问级别的所有权限和 PROXY
ALTER	允许使用 ALTER TABLE。级别：全局、数据库、表
ALTER ROUTINE	允许更改或删除存储例程。级别：全局、数据库、例程
CREATE	允许创建数据库和表。级别：全局、数据库、表
CREATE ROUTINE	允许创建存储例程。级别：全局、数据库
CREATE TABLESPACE	允许创建、更改或删除表空间和日志文件组。级别：全局
CREATE TEMPORARY TABLES	允许使用 CREATE TEMPORARY TABLE。级别：全局、数据库
CREATE USER	允许使用 CREATE USER、DROP USER、RENAME USER 和 REVOKE ALL PRIVILEGES。级别：全局
CREATE VIEW	允许创建和更改视图。级别：全局、数据库、表
DELETE	允许使用 DELETE。级别：全局、数据库、表
DROP	允许删除数据库、表和视图。级别：全局、数据库、表
EVENT	启用事件计划程序的事件使用。级别：全局、数据库
EXECUTE	允许执行存储例程。级别：全局、数据库、例程
FILE	允许用户从服务器读取或写入文件。级别：全局
GRANT OPTION	允许授予其他账户或从其他账户中删除权限。级别：全局、数据库、表、例程、代理
INDEX	允许创建或删除索引。级别：全局、数据库、表
INSERT	允许使用 INSERT。级别：全局、数据库、表、列
LOCK TABLES	在具有 SELECT 权限的表上允许使用 LOCK TABLES。级别：全局、数据库
PROCESS	允许用户使用 SHOW PROCESSLIST 查看所有进程。级别：全局
PROXY	允许使用用户代理。级别：从用户到用户
REFERENCES	允许创建外键。级别：全局、数据库、表、列
RELOAD	允许 FLUSH 操作。级别：全局
REPLICATION CLIENT	使用户可以询问主服务器或从服务器的位置。级别：全局
REPLICATION SLAVE	允许复制从属服务器以便从主服务器读取二进制日志事件。级别：全局
SELECT	允许使用 SELECT。级别：全局、数据库、表、列
SHOW DATABASES	允许使用 SHOW DATABASES 显示所有数据库。级别：全局
SHOW VIEW	允许使用 SHOW CREATE VIEW。级别：全局、数据库、表
SHUTDOWN	允许使用 mysqladmin shutdown。级别：全局

权　限	意义和可授予级别
SUPER	允许使用其他管理操作，如 CHANGE MASTER TO、KILL、PURGE BINARY LOGS、SET GLOBAL 和 mysqladmin debug 命令。级别：全局
TRIGGER	允许使用触发操作。级别：全局、数据库、表
UPDATE	允许使用 UPDATE。级别：全局、数据库、表、列
USAGE	"没有权限"的同义词

表 9.2　GRANT 和 REVOKE 允许的动态权限

权　限	意义和可授予级别
AUDIT_ADMIN	允许审核日志配置。级别：全局
BINLOG_ADMIN	允许二进制日志控制。级别：全局
CONNECTION_ADMIN	允许连接限制控制。级别：全局
ENCRYPTION_KEY_ADMIN	允许 InnoDB 密钥轮换。级别：全局
FIREWALL_ADMIN	允许防火墙规则管理，任何用户。级别：全局
FIREWALL_USER	允许防火墙规则管理，自我。级别：全局
GROUP_REPLICATION_ADMIN	允许组复制控制。级别：全局
REPLICATION_SLAVE_ADMIN	允许常规复制控制。级别：全局
ROLE_ADMIN	允许 WITH ADMIN OPTION。级别：全局
SET_USER_ID	允许设置非自身 DEFINER 值。级别：全局
SYSTEM_VARIABLES_ADMIN	允许修改或持久化全局系统变量。级别：全局
VERSION_TOKEN_ADMIN	允许使用版本标记 UDF。级别：全局

触发器是与表关联的。如果要创建或删除触发器，则必须具有表的 TRIGGER 权限，而不是触发器。

在 GRANT 语句中，ALL [PRIVILEGES] 或 PROXY 权限必须由其自身命名，不能与其他权限一起指定。ALL [PRIVILEGES] 代表授予指定权限级别上除 GRANT OPTION 和 PROXY 权限之外的所有可用权限。

MySQL 账户信息存储在 mysql 系统数据库的表中。如果授权表包含混合大小写的数据库名或表名的权限行，并且 lower_case_table_names 系统变量设置为非零值，则不能使用 REVOKE 来撤销这些权限，必须直接操作授权表。

使用 GRANT 语句可以在多个级别上授予权限，具体取决于 ON 子句使用的语法格式。对于全局、数据库、表和例程级别，GRANT ALL 仅分配授予的级别上存在的权限。例如，GRANT ALL ON 数据库名.*是一个数据库级语句，因此，它不会授予任何全局权限。

全局权限适用于给定服务器上的所有数据库。如果要为用户账户或角色分配全局权限，则应使用"ON *.*"语法格式。例如：

```
GRANT ALL ON *.* TO 'someuser'@'somehost';
GRANT SELECT, INSERT ON *.* TO 'someuser'@'somehost';
```

CREATE TABLESPACE、CREATE USER、FILE、PROCESS、RELOAD、REPLICATION CLIENT、REPLICATION SLAVE、SHOW DATABASES、SHUTDOWN 及 SUPER 静态权限都是管理性权限，只能全局授予。动态权限都是全局性权限，也只能全局授予。其他权限则可以在全局级别或更具体的级别上授予。

在全局级别授予的 GRANT OPTION 的效果因静态权限和动态权限而异：为任何静态全局权限所授予的 GRANT OPTION 适用于所有静态全局权限；为任何动态权限所授予的 GRANT OPTION 则仅适用于该动态权限。全局级别的 GRANT ALL 授予所有静态全局权限和所有当前注册的动态权限。在执行 GRANT 语句之后，注册的动态权限不会追溯授予任何账户。

MySQL 将全局权限存储在 mysql.user 系统表中。

数据库权限适用于给定数据库中的所有对象。如果要为用户账户或角色分配数据库权限，则应使用"ON 数据库名.*"语法格式。例如：

```
GRANT ALL ON mydb.* TO 'someuser'@'somehost';
GRANT SELECT, INSERT ON mydb.* TO 'someuser'@'somehost';
```

如果使用"ON *"，而不是"ON *.*"语法格式，则会在数据库级别上为默认数据库分配权限。如果没有默认数据库，将会发生错误。在数据库级别上可以指定 CREATE、DROP、EVENT、GRANT OPTION、LOCK TABLES 及 REFERENCES 权限。在数据库级别也可以指定表或例程权限，在这种情况下，它们适用于数据库中的所有表或例程。

MySQL 将数据库权限存储在 mysql.db 系统表中。

表级权限适用于给定表中的所有列。如果要为用户账户或角色分配表级权限，则应使用"ON 数据库名.表名"语法格式。例如：

```
GRANT ALL ON mydb.mytbl TO 'someuser'@'somehost';
GRANT SELECT, INSERT ON mydb.mytbl TO 'someuser'@'somehost';
```

如果只指定表名而不是数据库名.表名，则该语句将应用于默认数据库中的指定表。如果没有默认数据库，则会发生错误。

表级别允许的权限类型值为 ALTER、CREATE VIEW、CREATE、DELETE、DROP、GRANT OPTION、INDEX、INSERT、REFERENCES、SELECT、SHOW VIEW、TRIGGER 和 UPDATE。

表级权限适用于基表和视图。即使表名匹配，它们也不适用于使用 CREATE TEMPORARY TABLE 创建的临时表。

MySQL 将表权限存储在 mysql.tables_priv 系统表中。

列级权限适用于给定表中的单个列。在列级别上所授予的每个权限必须后跟括号内的一列或多列。例如：

```
GRANT SELECT (col1), INSERT (col1, col2) ON mydb.mytbl TO
'someuser'@'somehost';
```

列级别允许权限类型值是 INSERT、REFERENCES、SELECT 和 UPDATE。

MySQL 将列权限存储在 mysql.columns_priv 系统表中。

在例程级别上，允许的权限类型值是 ALTER ROUTINE、EXECUTE 和 GRANT OPTION。CREATE ROUTINE 不是例程级别权限，因为必须拥有全局或数据库级别的权限才能创建例程。除 CREATE ROUTINE 之外，还可以在例程级别为单个例程授予这些权限。例如：

```
GRANT CREATE ROUTINE ON mydb.* TO 'someuser'@'somehost';
GRANT EXECUTE ON PROCEDURE mydb.myproc TO 'someuser'@'somehost';
```

MySQL 将例程级权限存储在 mysql.procs_priv 系统表中。

PROXY 权限允许一个用户成为另一个用户的代理。代理用户可以取得用户的身份，从而拥有用户的权限。例如：

```
GRANT PROXY ON 'localuser'@'localhost' TO 'externaluser'@'somehost';
```

授予 PROXY 时，必须是 GRANT 语句中唯一的权限，并且唯一允许的 WITH 选项是 WITH GRANT OPTION。要求代理用户通过插件进行身份验证，该插件在代理用户连接时将代理用户的名称返回给服务器，并且代理用户具有 PROXY 权限。

MySQL 将代理权限存储在 mysql.proxies_priv 系统表中。

当使用没有 ON 子句的 GRANT 语句时，将为用户账户或角色授予角色而不是单个权限。角色是命名的一组权限的集合。例如：

```
GRANT 'role1', 'role2' TO 'user1'@'localhost', 'user2'@'localhost';
```

在这种情况下，必须存在要授予的每个角色以及被授予的每个用户账户或角色。

如果 GRANT 语句包含 WITH ADMIN OPTION 子句，则每个命名用户都可以将命名角色授予其他用户或角色，或者从其他用户或角色中撤销，包括使用 WITH ADMIN OPTION 本身的能力在内。

在 GRANT 语句中可以创建循环引用。例如：

```
CREATE USER 'u1', 'u2';    -- 创建两个用户
CREATE ROLE 'r1', 'r2';    -- 创建两个角色
GRANT 'u1' TO 'u1';    -- 简单循环（用户）：u1 => u1
GRANT 'r1' TO 'r1';    -- 简单循环（角色）：r1 => r1
GRANT 'r2' TO 'u2';    -- 循环循环（用户/角色）：u2 => r2 => u2
GRANT 'u2' TO 'r2';
```

虽然允许使用循环授权，但不会向授予者添加新的权限或角色，因为用户或角色已具有其权限和角色。

可选的 WITH 子句使得用户能够向其他用户授予权限。WITH GRANT OPTION 子句使得用户能够向其他用户提供用户在指定权限级别拥有的任何权限。要在不更改其权限的情况下将 GRANT OPTION 权限授予账户，请执行以下操作。

```
GRANT USAGE ON *.* TO 'someuser'@'somehost' WITH GRANT OPTION;
```

授予 GRANT OPTION 权限的人员，因为具有不同权限的两个用户可能能够组合权限。不能向其他用户授予自己没有的权限，GRANT OPTION 权限只能分配自己拥有的权限。

当在特定权限级别授予用户 GRANT OPTION 权限时，该用户在该级别拥有的任何权限也可以由该用户授予其他用户。假设授予用户对数据库的 INSERT 权限。如果随后在数据库上授予 SELECT 权限并指定 WITH GRANT OPTION，则该用户不仅可以向其他用户提供 SELECT 权限，还可以提供 INSERT 权限。如果随后向数据库上的用户授予了 UPDATE 权限，则用户可以授予 INSERT、SELECT 和 UPDATE 权限。

使用 GRANTS 对 MySQL 用户账户或角色分配权限和角色之后，可以使用 SHOW GRANTS 语句来查看分配的结果，语法格式如下。

```
SHOW GRANTS
[FOR 用户或角色
[USING 角色 [，角色] ...]]
用户或角色：{用户 | 角色}
```

其中，用户或角色指定要查看的 MySQL 用户账户或角色。当添加 USING 子句时，该语句还会显示与子句中指定的每个角色关联的权限。

使用不带 FOR 子句的 SHOW GRANTS 可以显示当前用户的权限，包括强制角色在内。如果使用 SHOW GRANTS FOR 来显示指定用户的权限，则不包括强制角色。

【例 9.12】创建用户并对其授予全局权限，然后查看其权限。

使用 mysql 客户端工具，连接到 MySQL 服务器上，然后输入以下语句。

```
mysql> CREATE USER 'dba'@'localhost' IDENTIFIED BY 'sysadminpass';
mysql> GRANT ALL ON *.* TO 'dba'@'localhost'
       WITH GRANT OPTION;
mysql> SHOW GRANTS FOR 'dba'@'localhost'\G
```

执行结果如图 9.12 所示。

图 9.12　授予用户账户权限

【例 9.13】创建 3 个角色并对其分配权限，然后创建 4 个用户并对其分配角色，最后查看这些用户拥有的角色和权限。

使用 mysql 客户端工具，连接到 MySQL 服务器上，然后输入以下语句：

```
mysql> -- 查看用户 dev1@localhost 拥有的角色和权限
mysql> SHOW GRANTS FOR 'dev1'@'localhost'
    USING 'app_developer';
mysql> -- 查看用户 read_user1@localhost 拥有的角色和权限
mysql> SHOW GRANTS FOR 'read_user1'@'localhost'
    USING 'app_read';
mysql> -- 查看用户 read_user2@localhost 拥有的角色和权限
mysql> SHOW GRANTS FOR 'read_user2'@'localhost'
    USING 'app_read';
mysql> -- 查看用户 rw_user1@localhost 拥有的角色和权限
mysql> SHOW GRANTS FOR 'rw_user1'@'localhost'
    USING 'app_read', 'app_write';
```

执行结果如图 9.13 所示。

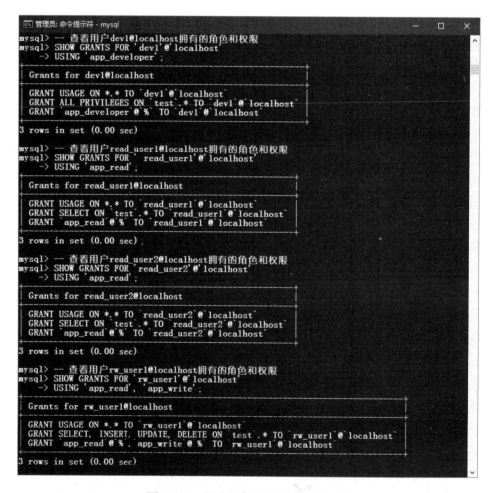

图 9.13　通过角色对用户授予权限

9.2.3 撤销权限

对于已经授予用户账户或角色的权限和角色,可以使用 REVOKE 语句从用户账户和角色中撤销。REVOKE 语句按功能可以分为以下 4 种语法格式。

(1)从指定 MySQL 用户账户或角色中撤销已授予的权限。

```
REVOKE
权限类型 [(列名列表)] [, 权限类型[(列名列表)]] ...
ON [对象类型] 权限级别
FROM 用户或角色 [, 用户或角色] ...
```

在使用这种形式的 REVOKE 语句时,要求必须具有 GRANT OPTION 权限、要撤销的权限。例如:

下面的语句从用户账户 jeffrey@localhost 中撤销全局 INSERT 权限。

```
REVOKE INSERT ON *.* FROM 'jeffrey'@'localhost';
```

下面的语句从角色 role3 中撤销数据库级别上的 SELECT 权限。

```
REVOKE SELECT ON world.* FROM 'role3';
```

(2)从指定 MySQL 用户账户或角色中撤销已授予的所有权限,包括全局权限、数据库权限、表权限、列权限以及例程权限。

```
REVOKE ALL [PRIVILEGES], GRANT OPTION
FROM 用户或角色 [, 用户或角色] ...
```

REVOKE ALL PRIVILEGES,GRANT OPTION 不会撤销任何角色。

要使用这种形式的 REVOKE 语句,必须拥有全局 CREATE USER 权限或 mysql 系统数据库的 UPDATE 权限。

【例 9.14】从例 9.12 中创建的用户账户中撤销全局权限。

使用 mysql 客户端工具,连接到 MySQL 服务器上,然后输入以下语句。

```
mysql> REVOKE ALL, GRANT OPTION FROM 'dba'@'localhost';
mysql> SHOW GRANTS FOR 'dba'@'localhost';
```

执行结果如图 9.14 所示。

图 9.14 从用户账户中撤销全局权限

（3）从 MySQL 用户账户或角色中撤销用户代理。

```
REVOKE PROXY ON 用户或角色
FROM 用户或角色 [，用户或角色] ...
```

（4）从 MySQL 用户账户或角色中撤销已授予的角色。

```
REVOKE 角色 [，角色] ...
FROM 用户或角色 [，用户或角色] ...
用户或角色：{用户 | 角色}
```

REVOKE 关键字后跟的角色名称指定要撤销的角色，FROM 子句中的用户或角色指示要从其中撤销的 MySQL 用户账户或角色。使用这种形式的 REVOKE 无法撤销在 mandatory_roles 系统变量值中命名的强制角色。

例如，下面的语句用于从 MySQL 用户账户 user1@localhost 和 user2@localhost 中撤销角色 role1 和 role2。

```
REVOKE 'role1', 'role2' FROM 'user1'@'localhost', 'user2'@'localhost';
```

撤销的角色会立即影响撤销该角色的任何用户账户，以便在该账户的任何当前会话中为下一个执行的语句调整其权限。

REVOKE 对所有命名用户和角色成功或回滚，如果发生任何错误，则无效。只有当所有命名用户和角色成功时，该语句才会写入二进制日志。

每个账户名称使用 '用户名'@'主机名' 语法格式，每个角色名称使用 '角色名'@'主机名' 格式。如果省略账户或角色名称的主机名部分，则默认为'%'。

REVOKE 语句允许的权限类型、权限级别和对象类型值与 GRANT 语句中相同，详情请参阅 9.3.2 节。

撤销角色会撤销角色本身，而不是撤销角色所代表的权限。如果为用户账户授予包含给定权限的角色，并且还明确授予该权限或包含该权限的其他角色，则在撤销第一个角色后，该账户仍会被授予该权限。例如，如果对一个用户账户授予了两个角色，而且每个角色都包含 SELECT 权限，则该账户仍然可以在撤销任一角色后进行选择。

REVOKE ALL ON *.*在全局级别撤销所授予的所有静态全局权限和动态权限。

必须存在要撤销权限和角色的用户账户和角色，但当前不需要授予要撤销的角色。

REVOKE 删除权限，但不会删除 mysql.user 表中的条目。要完全删除用户账户，请使用 DROP USER 语句。

当从 mysql 程序成功执行时，REVOKE 以 Query OK 响应，0 行受影响。如果要确定操作后剩余的权限，可以使用 SHOW GRANTS 语句。

9.2.4 激活角色

使用 GRANTS 授予的角色在账户会话中可以处于活动或非活动状态。如果授予的角色在会话中处于活动状态，则其权限适用；否则没有其权限。在默认情况下，向账户授予的角色或在 mandatory_roles 系统变量中定义的强制角色，都不会自动使角色在账户会话中变为活动状态。在 MySQL 中，既可以使用 SET DEFAULT ROLE 语句来设置账户会话中默认激活的账户角色，也可以使用 SET ROLE DEFAULT 语句将当前会话中的活动角色设置为当前账户默认角色。如果要确定当前会话中哪些角色处于活动状态，则可以使用 CURRENT_ROLE() 函数。

1. SET DEFAULT ROLE 语句

SET DEFAULT ROLE 语句用于设置当用户连接到服务器并进行身份验证时，或者在用户会话期间执行 SET ROLE DEFAULT 语句时，哪些角色变为活动状态，语法格式如下。

```
SET DEFAULT ROLE
{NONE | ALL | 角色 [, 角色] ...}
TO 用户[, 用户] ...
```

SET DEFAULT ROLE 是 ALTER USER ... DEFAULT ROLE 的替代语法（参见 9.1.2 节）。但是，ALTER USER 只能为单个用户设置默认角色，而 SET DEFAULT ROLE 可以为多个用户设置默认角色。另外，在 ALTER USER 语句中，可以指定 CURRENT_USER 作为用户名，在 SET DEFAULT ROLE 语句中则不能。

当使用 SET DEFAULT ROL 为其他用户设置默认角色时，需要全局 CREATE USER 权限或 mysql.default_roles 系统表的 UPDATE 权限。当为自己设置默认角色时，则不需要特殊权限。

每个角色名称使用 '角色名'@'主机名' 格式。如果省略主机名部分，则默认为 '%'。

在 DEFAULT ROLE 关键字后面的子句允许以下各值。

- NONE：将默认角色设置为 NONE（无角色）。
- ALL：将默认角色设置为授予账户的所有角色。
- 角色[, 角色] ...：将默认角色设置为一个或多个命名角色，这些角色必须存在并在执行 SET DEFAULT ROLE 时授予账户。

【例 9.15】对例 9.13 中创建的用户账户设置默认活动角色。

（1）使用 mysql 客户端工具，以 root 账户连接到 MySQL 服务器上，然后输入以下语句。

```
mysql> SET DEFAULT ROLE app_developer TO dev1@localhost;
mysql> SET DEFAULT ROLE app_read TO read_user1@localhost,
       read_user2@localhost;
mysql> SET DEFAULT ROLE ALL TO rw_user1@localhost;
```

执行结果如图 9.15 所示。

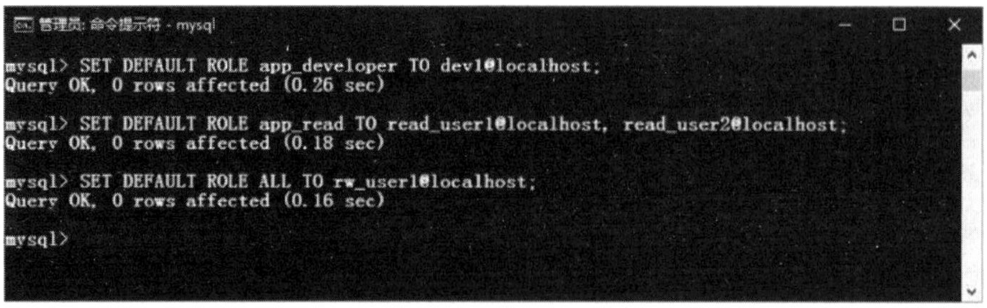

图 9.15　设置用户账户的默认活动角色

（2）使用 mysql 客户端工具，以 dev1@localhost 用户账户身份连接到 MySQL 服务器上，然后输入以下语句。

```
mysql> SELECT CURRENT_ROLE();
mysql> USE test;
```

执行结果如图 9.16 所示。

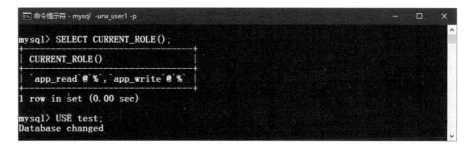

图 9.16　测试角色的激活状态（1）

（3）使用 mysql 客户端工具，以 rw_user1@localhost 用户账户身份连接到 MySQL 服务器上，然后输入以下语句。

```
mysql> SELECT CURRENT_ROLE();
mysql> USE test;
```

执行结果如图 9.17 所示。

图 9.17　测试角色的激活状态（2）

2. SET ROLE 语句

使用 SET ROLE 语句，可以通过指定其授予的哪些角色处于活动状态来修改当前用户账户在当前会话中的有效权限，语法格式如下。

```
SET ROLE {
DEFAULT | NONE | ALL
| ALL EXCEPT 角色[, 角色] ...
| 角色 [, 角色] ...}
```

其中，角色使用 '角色名'@'主机名' 格式表示，如果省略主机名，则默认为 '%'。授予的角色包括明确授予用户的角色和 mandatory_roles 系统变量值中指定的角色。直接授予用户账户的权限不受活动角色更改的影响。

SET ROLE 语句允许使用以下角色说明符。

- DEFAULT：激活账户的默认角色。默认角色是使用 SET DEFAULT ROLE 指定的角色。
- NONE：将活动角色设置为 NONE（即无活动角色）。
- ALL：激活授予该账户的所有角色。
- ALL EXCEPT 角色 [，角色] ...：激活授予账户的所有角色，但命名的角色除外。指定的角色不需要存在或被授予该账户。
- 角色 [，角色] ...：激活授予账户的命名角色。

下面给出几个示例。

```
-- 激活当前账户的默认角色
SET ROLE DEFAULT;
-- 激活当前账户的 role1 和 role2 角色
SET ROLE 'role1', 'role2';
-- 激活当前账户的所有默认角色
SET ROLE ALL;
-- 激活当前账户除 role1 和 role2 之外的所有角色
SET ROLE ALL EXCEPT 'role1', 'role2';
```

当用户连接到服务器并成功进行身份验证时，服务器会确定要激活哪些角色作为默认角色，如果启用了 activate_all_roles_on_login 系统变量，则服务器将激活所有已授予的角色。否则，服务器隐式执行 SET ROLE DEFAULT。服务器仅激活可以激活的默认角色。对于无法激活的默认角色，服务器会将警告写入其错误日志，但客户端不会收到警告。

如果用户在会话期间执行 SET ROLE DEFAULT，则无法激活任何默认角色（例如，如果它不存在或未授予用户），并且会发生错误。在这种情况下，当前活动角色不会更改。

【例 9.16】对于例 9.13 中创建的用户账户 rw_user1@localhost，通过激活不同角色来更改其权限并显示当前活动角色和该账户的有效权限。

（1）使用 mysql 客户端工具，以 rw_user1@localhost 用户账户身份连接到 MySQL 服务器上，然后输入以下语句，使该账户的所有角色处于非活动状态。

```
mysql> SET ROLE NONE;
mysql> SELECT CURRENT_ROLE();
```

```
mysql> SHOW GRANTS;
```

执行结果如图 9.18 所示。

```
命令提示符 - mysql -urw_user1 -p
mysql> SET ROLE NONE;
Query OK, 0 rows affected (0.00 sec)

mysql> SELECT CURRENT_ROLE();
+----------------+
| CURRENT_ROLE() |
+----------------+
| NONE           |
+----------------+
1 row in set (0.00 sec)

mysql> SHOW GRANTS;
+---------------------------------------------------------------+
| Grants for rw_user1@localhost                                 |
+---------------------------------------------------------------+
| GRANT USAGE ON *.* TO `rw_user1`@`localhost`                  |
| GRANT `app_read`@`%`,`app_write`@`%` TO `rw_user1`@`localhost` |
+---------------------------------------------------------------+
```

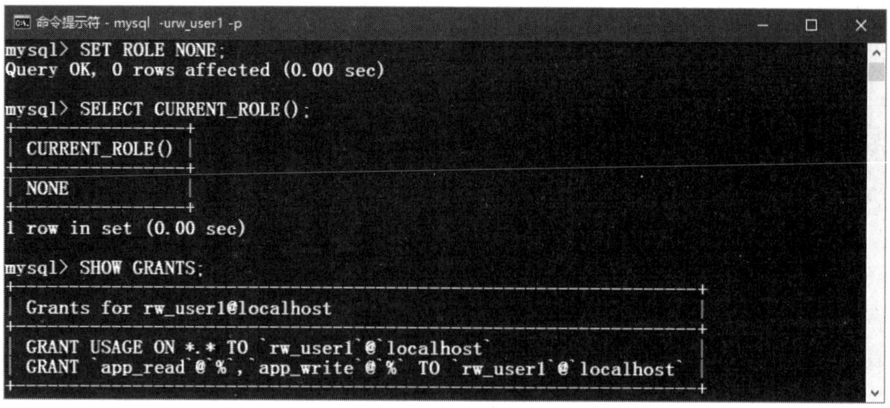

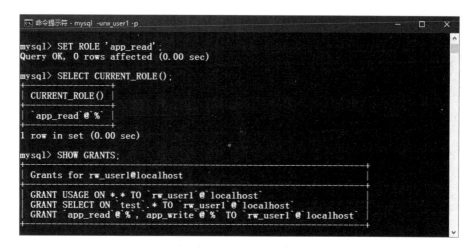

图 9.18　当前无活动角色

（2）输入以下语句，激活该账户的 app_read 角色。

```
mysql> SET ROLE 'app_read';
mysql> SELECT CURRENT_ROLE();
mysql> SHOW GRANTS;
```

执行结果如图 9.19 所示。

```
命令提示符 - mysql -urw_user1 -p

mysql> SET ROLE 'app_read';
Query OK, 0 rows affected (0.00 sec)

mysql> SELECT CURRENT_ROLE();
+----------------+
| CURRENT_ROLE() |
+----------------+
| `app_read`@`%` |
+----------------+
1 row in set (0.00 sec)

mysql> SHOW GRANTS;
+---------------------------------------------------------------+
| Grants for rw_user1@localhost                                 |
+---------------------------------------------------------------+
| GRANT USAGE ON *.* TO `rw_user1`@`localhost`                  |
| GRANT SELECT ON `test`.* TO `rw_user1`@`localhost`            |
| GRANT `app_read`@`%`,`app_write`@`%` TO `rw_user1`@`localhost` |
+---------------------------------------------------------------+
```

图 9.19　当前活动角色为 app_read

（3）输入以下语句，激活该账户的 app_write 角色。

```
mysql> SET ROLE 'app_write';
mysql> SELECT CURRENT_ROLE();
mysql> SHOW GRANTS;
```

执行结果如图 9.20 所示。

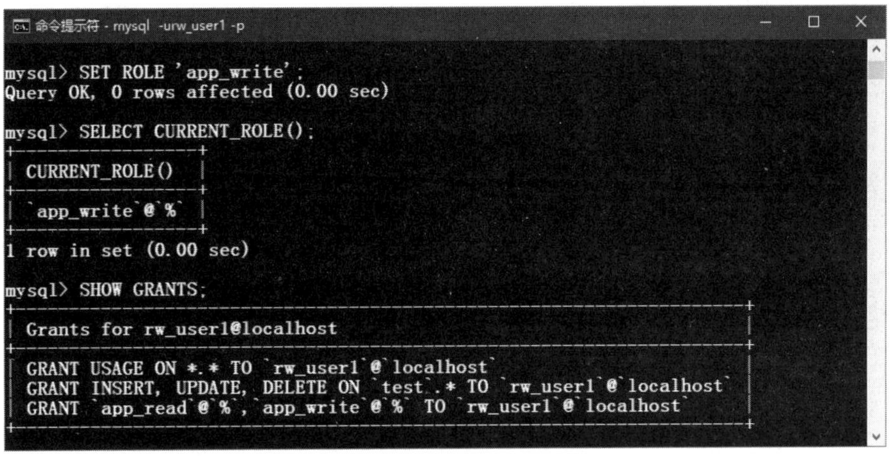

图 9.20　当前活动角色为 app_write

（4）输入以下语句，激活该账户的所有默认角色。

```
mysql> SET ROLE ALL;
mysql> SELECT CURRENT_ROLE();
mysql> SHOW GRANTS;
```

执行结果如图 9.21 所示。

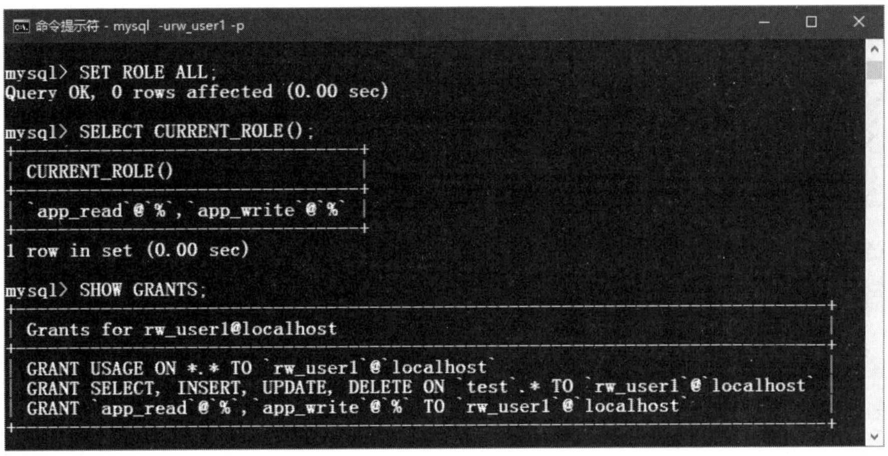

图 9.21　当前活动角色为 app_read 和 app_write

9.2.5　删除角色

在 MySQL 中，可以使用 DROP ROLE 语句删除一个或多个角色，语法格式如下。

```
DROP ROLE [IF EXISTS] 角色[, 角色] ...
```

要使用 DROP ROLE 语句，必须具有全局 DROP ROLE 或 CREATE USER 权限。当启用 read_only 系统变量时，DROP ROLE 还需要 CONNECTION_ADMIN 或 SUPER 权限。

无法删除在 mandatory_roles 系统变量值中命名的角色。

DROP ROLE 对所有命名角色成功或回滚，如果发生任何错误，则无效。在默认情况下，

如果尝试删除不存在的角色，则会发生错误。如果给出了 IF EXISTS 子句，则该语句会为每个不存在的命名角色生成警告而不是错误。

如果成功，则将语句写入二进制日志；但如果失败则不写入。在这种情况下，发生回滚并且不进行任何更改。写入二进制日志的语句包括所有命名角色。如果给出了 IF EXISTS 子句，则包括不存在且未被删除的角色。

每个角色名称使用 '角色名'@'主机名'。如果省略主机名部分，则默认为 '%'。

已被删除的角色会自动从已授予角色的任何用户账户（或角色）中撤销。在此类账户的任何当前会话中，将针对下一个执行的语句调整其权限。

例如，下面的语句用于删除 3 个角色。

```
DROP ROLE 'role1', 'role2', 'role3';
```

习　题　9

一、选择题

1. 创建用户时，要限制用户在任何给定 1 小时内允许的查询次数，应使用（　　）。

    A．MAX_QUERIES_PER_HOUR count

    B．MAX_UPDATES_PER_HOUR count

    C．MAX_CONNECTIONS_PER_HOUR count

    D．MAX_USER_CONNECTIONS count

2. 创建用户时，要标记用户密码永不过期，应使用（　　）。

    A．PASSWORD EXPIRE   B．PASSWORD EXPIRE DEFAULT

    C．PASSWORD EXPIRE NEVER   D．PASSWORD EXPIRE INTERVAL N DAY

3. 在下列各项权限中，（　　）表示允许使用 ALTER TABLE。

    A．ALTER   B．ALTER ROUTINE

    C．CREATE   D．CREATE ROUTINE

4. 在下列各项权限中，（　　）表示允许创建外键。

    A．GRANT OPTION   B．PROCESS

    C．REFERENCES   D．RELOAD

5. 在下列各项权限中，（　　）表示允许授予其他账户或从其他账户中删除权限。

    A．GRANT OPTION   B．REPLICATION CLIENT

    C．REPLICATION SLAVE   D．SHOW DATABASES

6. 在下列各项权限中，（　　）表示允许常规复制控制。

    A．CONNECTION_ADMIN   B．ENCRYPTION_KEY_ADMIN

C．GROUP_REPLICATION_ADMI
D．REPLICATION_SLAVE_ADMI

7．在下列各项权限中，（　　）属于动态权限。

A．CREATE ROUTINE
B．CREATE TABLESPACE

C．AUDIT_ADMIN
D．CREATE TEMPORARY TABLES

二、判断题

1．如果要使用 ALTER USER 修改当前用户的密码，则可以用 USER() 指定用户。　　　（　　）

2．使用 ALTER USER ... DEFAULT ROLE 语句可以设置多个用户的默认角色。　　　（　　）

3．使用 RENAME USER 语句只能对一个用户进行重命名。　　　（　　）

4．使用 SET PASSWORD 语句为自己设置密码时必须使用 FOR 子句。　　　（　　）

5．使用 DROP USER 语句删除一个或多个 MySQL 用户及其权限。　　　（　　）

6．DROP USER 将自动删除旧用户创建的数据库或对象。　　　（　　）

7．使用 CREATE ROLE 语句可以创建一个或多个角色。　　　（　　）

8．CREATE ROLE 对所有命名角色成功或回滚，如果发生任何错误则无效。　　　（　　）

9．通过 mandatory_roles 系统变量的角色是强制角色。　　　（　　）

10．强制角色在激活之前会自动生效。　　　（　　）

11．静态权限内置于服务器中，始终可以授予用户账户，并且可以取消注册。　　　（　　）

12．全局权限适用于给定服务器上的所有数据库。　　　（　　）

13．要分配全局权限，应使用 "ON *" 语法格式。　　　（　　）

三、操作题

1．使用默认身份验证插件，创建一个用户并指定验证字符串。

2．使用 mysql_native_password 身份验证插件，创建一个用户并指定验证字符串。

3．使用 sha256_password 身份验证插件，创建一个用户并指定验证字符串。

4．使用 caching_sha2_password 身份验证插件，创建一个用户并指定验证字符串。

5．创建一个 MySQL 用户，限制该用户在任何给定 1 小时内最多查询 100 次，最多更新 50 次。

6．修改当前账户的登录密码，保持身份验证插件不变。

7．对于在第 2、第 3 操作题中创建的用户进行重命名。

8．创建一些 MySQL 角色。

9．创建一个用户并对其授予全局权限。

10．创建 3 个角色并对其分配权限，然后，创建 5 个用户并对其分配角色，最后，查看这些用户拥有的角色和权限。

11．对于在第 10 操作题中创建的用户账户，通过激活不同角色来更改其权限并查看当前活动角色和该账户的有效权限。

反侵权盗版声明

电子工业出版社依法对本作品享有专有出版权。任何未经权利人书面许可，复制、销售或通过信息网络传播本作品的行为；歪曲、篡改、剽窃本作品的行为，均违反《中华人民共和国著作权法》，其行为人应承担相应的民事责任和行政责任，构成犯罪的，将被依法追究刑事责任。

为了维护市场秩序，保护权利人的合法权益，我社将依法查处和打击侵权盗版的单位和个人。欢迎社会各界人士积极举报侵权盗版行为，本社将奖励举报有功人员，并保证举报人的信息不被泄露。

举报电话：（010）88254396；（010）88258888

传　　真：（010）88254397

E-mail：　dbqq@phei.com.cn

通信地址：北京市万寿路 173 信箱

　　　　　电子工业出版社总编办公室

邮　　编：100036